# ALEJANDRO MARTÍNEZ ABRAÍN

## EL DETECTIVE ECOLÓGICO
*Reflexiones sobre historia natural*

ediciones *rodeno*

© 2014, Alejandro Martínez Abraín
http://ellenguajedelabiosfera.blogspot.com.es/
© 2014, Ediciones Rodeno
Subida al fuerte, 4. 46400 Cullera (Valencia)
www.edicionesrodeno.com

ISBN: 978-84-938364-7-4
Depósito legal: v-496-2014
Ilustración peces: Mercedes Abraín de Castro

Printed in Spain – Impreso en España
Impreso en GRAFO IMPRESORES S.L.
(Alaquàs, Valencia)

Impreso en papel proveniente de bosques gestionados de manera responsable, certificado con la Etiqueta Ecológica Europea. EU Ecolabel: FR/011/003 y la etiqueta Ángel Azul.

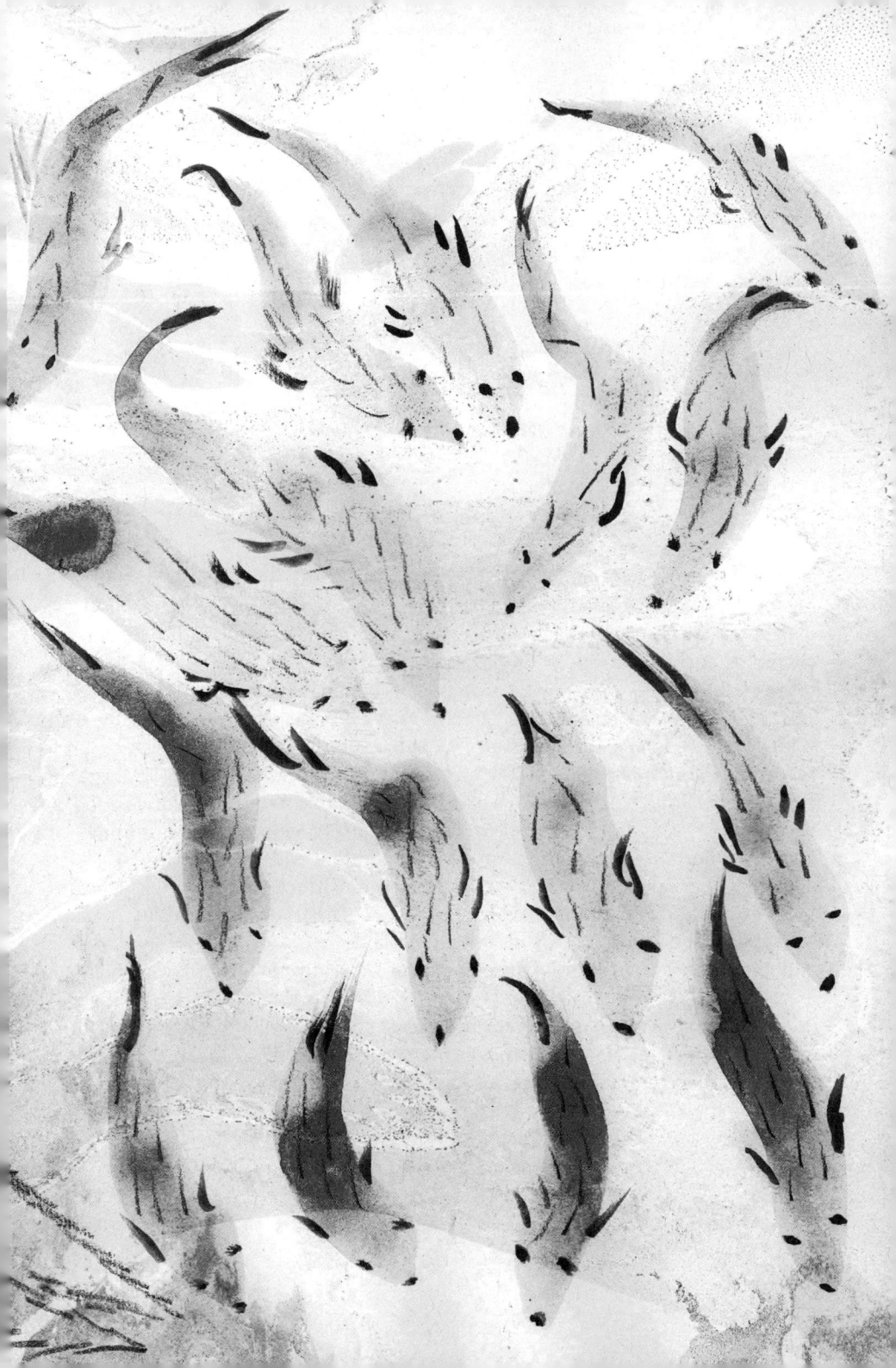

*El autor en el Parque Nacional de Amboseli (Kenia). Noviembre de 2012.*

## Breve biografía

Nací en Montreal (Canadá) en 1966 donde viví mis primeros tres años. De regreso a España acabamos instalados en Torrent (Valencia), donde me crie, bien arropado por la cercana Albufera de Valencia. Sin embargo mis primeros contactos con la naturaleza empezaron en los veranos gallegos de la infancia, sobre todo a través de las aves. Comencé a estudiar biología en Valencia pero regresé a Canadá a terminar la carrera. Tras esto trabajé como gestor del Parc Natural de l'Albufera durante cuatro años hasta que regresé de nuevo al mundo académico, concretamente en la Universidad de Missouri-St.Louis (EE.UU), con una beca Fulbright. Después de ello hice el doctorado por la Universidad de Barcelona, en el marco de dos proyectos de conservación financiados por la UE y la Conselleria de Medi Ambient de la Generalitat Valenciana. Desde que me doctoré he trabajado como investigador postdoctoral para el Instituto Mediterráneo de Estudios Avanzados (CSIC-UIB) de Mallorca y para la Universidade da Coruña, en el campo de la ecología de poblaciones y de la biología de la conservación. En estos años he realizado diversas estancias de investigación en el Reino Unido (Gales, Inglaterra) y en los EE.UU (California). Además he publicado más de 60 artículos científicos en revistas científicas, incluyendo revistas de la Bristish Ecological Society, la Zoological Society of London, la Society for Conservation Biology de EEUU o del CNRS francés. También soy autor, coautor o coeditor de más de 10 capítulos de libro o libros técnicos de ecología y conservación.

*A mi madre,
por alentarme a seguir mi camino.*

*A Carlos Herrera,
Rafael Serra y
Nacho Ruiz,
por confiar en mí
para este proyecto*

# Índice General

PRESENTACIÓN (por Rafael Serra) .................................. 9
PRÓLOGO (por Carlos M. Herrera) .................................. 11
INTRODUCCIÓN: (-La poesía del conocimiento-) .................................. 17

## PRIMERA PARTE: ECOLOGÍA

1. La naturaleza...de la ecología .................................. 23
2. Las apariencias engañan .................................. 27
3. Fotogramas .................................. 30
4. Juntos pero no revueltos .................................. 35
5. El hábito no hace el monje, pero sí el hábitat .................................. 39
6. No es normal .................................. 43
7. Raro sí, pero por relicto .................................. 47
8. Plasticidad .................................. 52
9. De la redundancia al desperdicio .................................. 57
10. El color de los cormoranes .................................. 60
11. Torpezas trucos .................................. 64
12. La intuición derrotada .................................. 69
13. ¡Ostras! y otros efectos imprevistos .................................. 73
14. La única regla es el cambio .................................. 78
15. Los múltiples arquitectos del paisaje .................................. 83
16. No en el sur .................................. 87
17. El cazador de procesos .................................. 92

## SEGUNDA PARTE: EVOLUCIÓN

18. Hacia una visión renovada de la biología .................................. 97
19. No todo es posible .................................. 102
20. De vuelta a El Origen .................................. 106
21. Todos los caminos llevan a Darwin, pasando por Wallace .................................. 109
22. Innovaciones .................................. 114
23. Las vitrinas del museo .................................. 118
24. Avanzar desacelerando .................................. 122
25. ¿Gradual, puntual o gradual-puntual? .................................. 126
26. Compromisos y conflictos .................................. 131
27. Conocer, lo que se dice conocer... .................................. 136
28. Los hijos de los hijos de los hijos .................................. 140
29. La segunda oportunidad .................................. 144
30. ¿Mató el video a la estrella de la radio? .................................. 149
31. Todo para mí .................................. 153
32. El reclamo de la curruca .................................. 157
33. ¿Parentesco o convergencia? .................................. 161
34. Jugar a dioses .................................. 165
35. La naturaleza humana .................................. 170
36. El tiempo profundo .................................. 174

**TERCERA PARTE: CONSERVACIÓN**

| | | |
|---|---|---|
| 37. | Ese invento llamado conservación | 179 |
| 38. | Desde un Cadillac sin frenos | 183 |
| 39. | Gestionar el miedo | 188 |
| 40. | Paisajes inventados | 193 |
| 41. | Alienígenas | 197 |
| 42. | Lo mejor es enemigo de lo bueno | 201 |
| 43. | Me perturbas | 205 |
| 44. | El efecto investigador | 210 |
| 45. | Islas dentro de islas | 214 |
| 46. | La regla del veinte | 218 |
| 47. | Después del abandono | 223 |
| 48. | ¡Qué limpio está mi jardín! | 228 |
| 49. | Patrones emergentes | 232 |

**EPÍLOGO** ........ 239
**BIBLIOGRAFÍA** ........ 243
**AGRADECIMIENTOS** ........ 251
**ÍNDICE DE TÉRMINOS TÉCNICOS** ........ 253

# PRESENTACIÓN

## La naturaleza vista con lupa

No es uno de esos tipos que hablan entre dientes con las manos metidas en los bolsillos de la gabardina. Sus investigaciones son de otra índole, menos urbanas y más científicas, pero ayudan a esclarecer casos que esconden una sorpresa final. De momento, su ámbito de actuación es Mallorca, sus sierras, costas y campiñas, lejos de tugurios y callejuelas nocturnas. Es un detective, sí, pero ecológico, que describe sus pesquisas en las páginas de la revista *Quercus*. Al estilo del paleontólogo americano Stephen Jay Gould, al que ambos admiramos, ha subtitulado su sección "Reflexiones sobre Historia Natural".

Alejandro Martínez Abraín, el autor de este libro, otea el campo con una mente abierta. Trata de escudriñar más allá de lo aparente para descubrir el entramado que sostiene cada escenario al que se asoma. Y, encima, tiene la generosidad de compartir sus descubrimientos. En eso consiste la labor detectivesca, en darnos mascado lo que al principio era un embrollo. Los lectores de *Quercus* valoran su trabajo y lo agradecen con abundantes mensajes y comentarios, una respuesta considerable para una revista que ya hace gala de ser muy interactiva. Tras unos cuantos años de andadura, Ediciones Rodeno ha propuesto a Alejandro que reúna en un libro las cincuenta primeras entregas de su sección. Lo cual, como director de *Quercus*, es una iniciativa que me llena de orgullo.

Ya he apadrinado tres obras que proceden de los contenidos mensuales de la revista. La primera fue el *Manual de jardinería ecológica* de Luciano Labajos, publicado por Ecologistas en Acción. La segunda se tituló *Estudios sobre comportamiento animal* y fue publicada por la Universidad de Extremadura bajo la cuidadosa edición de Juan Carranza, Juan Moreno y Manuel Soler. Finalmente, aunque en formato digital, la Universidad Autónoma de Madrid difundió entre sus alumnos una recopilación de los artículos publicados en nuestra sección de *Etnobotánica*, a lo que contribuyó decisivamente Ramón Morales. La complicidad de Alejandro y Nacho Ruiz, editor de Rodeno, ha dado como resultado esta cuarta entrega.

Alejandro y yo hemos cruzado infinidad de mensajes sobre sus inquietudes detectivescas y me consta que Carlos M. Herrera también ha contribuido lo suyo a que ambos soportes, revista y libro, cumplan su compromiso con la alta divulgación científica. Una parcela, por cierto, que parece ir superando los rancios prejuicios de antaño. Así que, bienvenidos sean estos cincuenta casos resueltos por Alejandro Martínez Abraín. Aparte de entretener a sus lectores, los hará un poco más sabios.

Rafael Serra
Director de *Quercus*

# PRÓLOGO

## Historia natural y ecología

Imagino que cada quien tendrá sus frases favoritas al comienzo de un libro. Me refiero a las que técnicamente se conocen como *incipits*, que a veces nos ofrecen brillantes versiones resumidas de las sensaciones o el ambiente que el autor ha querido llevar al libro que acabamos de abrir y en cuya lectura nos sumergimos por primera vez. La frase *"Cuando Gregor Samsa se despertó una mañana después de un sueño intranquilo..."*, o la secuencia *"Hoy ha muerto mamá. O quizá ayer. No lo sé"*, evocarán en muchos lectores más de lo que las frases, tomadas aisladamente, transmiten. Nos hablan del ambiente único de *La Metamorfosis* de Franz Kafka, o de esa mezcla de absurdo vital y luz mediterránea difícilmente repetible que proyectan las páginas de *El Extranjero* de Albert Camus. Los libros de ciencia, al menos los libros de ciencia estereotipados que se escriben ahora, pocas veces nos regalan íncipits tan memorables. Los antiguos lo hacían a veces, y yo puedo, sin dudarlo un momento, decir aquí cuál es mi preferido sobre cualquier otro: *"Durante el verano de 1860, me sorprendió encontrar tantos insectos pegados a las hojas de la atrapamoscas (Drosera rotundifolia) en un brezal de Sussex. Había escuchado que capturaban así a los insectos, pero no sabía nada más sobre el asunto."* No es el comienzo de ningún libro famoso, aunque su autor sí lo sea. Se trata de la monografía de Charles Darwin sobre las plantas carnívoras, aparecida casi veinte años después de la publicación de la gran obra que le aseguró un lugar en la historia. En ese libro poco conocido para el gran público, Darwin abordó con su consabida maestría un pequeño, quizás incluso marginal, problema biológico, el de las plantas que obtienen parte de su sustento a base de comer animales. Se trata ciertamente de poco más que una curiosidad biológica si lo cuantificamos con esas divisas del capitalismo naturalista que son la biomasa o las transferencias de energía en el ecosistema. Pero las palabras simples y llanas que Darwin eligió para comenzar uno de los últimos libros de su vida resumen todo lo que, a mi juicio, le permitió entender la naturaleza mejor que otros y cambiar para siempre nuestra manera de interrogarla: viaje a la realidad, contacto personal, observación directa y, sobre todo, sorpresa. Después habrán de venir, por supuesto, las hipótesis, los experimentos, las teorías... Pero lo que salga de ese largo y azaroso proceso sólo será valioso y duradero si su punto de arranque inicial fue el contacto directo del observador con la realidad que desencadena la sorpresa y mueve a la inquietud buscadora.

La ciencia ecológica, desarrollada como disciplina independiente a lo largo del siglo XX, fue durante la mayor parte de su historia una fiel seguidora de las maneras darwinianas de interrogar a la naturaleza, donde la observación y la sorpresa precedían siempre a las hipótesis, las mediciones y los intentos de formular leyes más o menos universales. No me atrevo a decir cuándo sucedió exactamente, pero en algún momento de la segunda mitad del siglo XX las cosas cambiaron. Las observaciones sobre la historia natural de los organismos en sus ambientes, las observaciones "porque sí", dejaron poco a poco de ser el punto de partida que alimentaba sorpresas y encendían la mecha de los estudios ecológicos. Las observaciones de historia natural comenzaron a ser miradas en el mundo académico con cierta envanecida displicencia, cuando no de una manera abiertamente despreciativa. Casi al mismo tiempo, una parte significativa de la ciencia ecológica aceptó convertirse en víctima colateral del cambio global, transmutándose en una industria forense cuya mayor aspiración intelectual es erigirse en oráculo, fedatario y rentista (todo a la vez) de invasiones, fragmentaciones, calentamientos y otras penurias ambientales por desgracia cada vez más frecuentes. Otra parte de la ciencia ecológica también se distanció, aunque por diferentes caminos, del excitante contacto directo con la realidad natural y sus sorpresas. Los practicantes de esta línea se dedicaron a producir descripciones idealizadas del mundo natural a la manera de los cuadros de Henri Rousseau, ese pintor que nunca salió de Francia ni jamás visitó una jungla pero que alcanzó gran fama por sus representaciones pictóricas de coloridas escenas selváticas. ¿Pueden los tigres o mandriles idealizados por Rousseau, con sus formas tan atractivas como ilusorias, producir en nosotros siquiera una pizca del asombro, la curiosidad y la inquietud que despertarían la contemplación de los verdaderos tigres y mandriles que devoran, rugen y copulan? Lo dejó escrito Francis Bacon hace quinientos años: las proposiciones abstractas están siempre formadas por símbolos de nociones, de modo que cuando las nociones quedan muy lejos de los hechos cualquier proposición basada en ellas será poco fiable como descripción verdadera de la realidad. Mientras más alejados de los organismos estén ecuaciones, modelos, simulaciones, meta-análisis y demás nociones abstractas con que trabaja la "Ecología Rousseau" actual, menos fiables e informativas serán sus proposiciones, por mucho prestigio social que se insista en otorgarles.

A pesar de todo lo anterior, no debemos temer por la supervivencia de la tradición ecológica asentada sobre el contacto cercano con lo estudiado y las preguntas impulsadas por el asombro. Darwin solamente siguió la estela de una tradición milenaria. La misma que impulsó a Heródoto de Halicarnaso hace más de dos milenios a viajar por la mayoría del orbe entonces conocido para comprobar personalmente sobre el terreno lo que había de verdad en lo que otros le habían contado. La que movió a Van Leeuwenhoek a escudriñar con su rudimentario microscopio recién inventado la dentadura de paisanos poco higiénicos, descubriendo así los microbios. Esta larga trayectoria histórica me hace pensar, y espero no equivocarme confundiendo deseos con realidad, que esa manera clásica de investigar el mundo natural circundante es intrínseca a la naturaleza humana. Que tal vez sea la única capaz de satisfacer auténticamente nuestra curiosidad y que seguirá existiendo a pesar de las modas transitorias. Al abrigo de las displicencias, las miradas por encima del hombro y la asfixia financiadora que le depara ser considerada una disciplina de segundo orden, la ecología basada en la historia natural de los organismos sigue viva en su pequeño rincón, e incluso se perciben ciertos síntomas de mejoría. Conscientes de su importancia como única fuente posible de conocimientos nuevos sobre la naturaleza, muchos ecólogos profesionales empiezan a sacudirse los posibles complejos y se atreven a defender públicamente el valor insustituible de la historia natural. Por poner un ejemplo, Robert Ricklefs, uno de los ecólogos vivos más prestigiosos, dedicaba hace muy poco un extenso ensayo a desarrollar el argumento de que *"la historia natural, consistente en observar el mundo natural y descifrar sus pautas, sigue siendo tan importante hoy para el desarrollo de la ecología y la biología evolutiva como lo fuera en los tiempos de Darwin."* No es una opinión aislada, sino la manifestación individual de un sentir colectivo creciente, como nos demuestra la reciente instauración de una Sección de Historia Natural en el seno de la influyente Sociedad Americana de Ecología, que se refiere a la historia natural como *"el corazón y el alma de la ecología"*.

Los ecólogos ibéricos con fijación naturalista hemos sido afortunados, porque nunca nos han faltado referentes ni defensores del conocimiento directo del mundo natural. Uno de esos referentes ha sido tradicionalmente la revista *Quercus*, que independiente de las modas y de las miserias de una ecología profesional cada vez más monetarizada, se adelantó hace décadas a la tendencia que hoy se vislumbra de volver a apreciar el valor intrínseco de la historia natural. Año tras año sus páginas han sido un foro inigualado para la divulgación de los resultados de investigaciones ecológicas cimentadas en la historia natural. Ejemplo del compromiso de *Quercus* con la historia natural ha sido su sección permanente *"El Detective Ecológico"*, firmada por Alejandro Martínez Abraín, quien nos ha regalado una sucesión de reflexiones imaginativas y enriquecedoras sobre el funcionamiento de los sistemas naturales, combinando con maestría la didáctica, el rigor científico y, por encima de todo, una desbordante pasión por conocer la naturaleza. No conozco a nadie que la posea en semejante grado. Las complicaciones de la evolución, los engaños y peligros del sentido común y la intuición simplista cuando de entender a la naturaleza se trata, las infinitas capas de entrelazada complejidad que conforman la biosfera, los errores y falsedades de la ciencia ecológica oficial, son solo algunos de los temas recurrentes que han dado argumentos al detective ecológico para compartir con los lectores sus reflexiones sobre historia natural. El presente libro homónimo compendia todos los artículos en un único volumen, para beneficio y disfrute de los lectores que no los conozcan, los descubrieron tarde o, simplemente, quieran releerlos o compartirlos. Me parece también que esta recopilación es más que una suma de partes. La yuxtaposición de historias crea un paisaje virtual nuevo, un mosaico formado por ideas y conceptos diversos que el lector podrá recorrer a su antojo sin tener que seguir ningún orden, tan ajeno a cualquier flecha indicadora de dirección como si caminara campo a través por una duna o un bosque. De ese paseo desordenado obtendrá ideas e inspiración, pero también valiosas incertidumbres, porque nuestro detective ecológico se empeña en decirnos que no conocemos todas las respuestas, ni tan siquiera todas las preguntas. La incertidumbre es precisamente lo que nos impulsa a mirar el mundo con más atención y de ese modo darnos cuenta de algo que nadie había visto nunca antes. Darwin lo sabía muy bien. Otear la naturaleza desde la atalaya de la perplejidad es la mejor garantía para procurarnos el incomparable disfrute de una perpetua sorpresa. La lectura de este libro proporcionará un buen entrenamiento.

Carlos M. Herrera

Vadillo-Castril, Sierra de Cazorla, enero de 2014

# INTRODUCCIÓN

## La poesía del conocimiento

No sé si será culpa de la "crisis" económica o de la pérdida de valores éticos asociada al periodo de engañosa abundancia que nos llevó a ella, pero el caso es que asistimos a un retorno del empleo de explicaciones para-científicas de la realidad, especialmente entre la juventud. La ciencia pasa ahora por un periodo de baja credibilidad popular (aunque de máximo uso de sus producciones tecnológicas), coincidiendo curiosamente con la época de mayor esplendor histórico del conocimiento.

**¿Le resta la ciencia magia a la realidad?**
Este es uno de los argumentos más recurrentes: las explicaciones científicas le roban magia a la vida y la magia nos ayuda a vivir. Supongo que quien afirma algo similar no se ha parado nunca realmente a ahondar en lo que la ciencia ha descubierto hasta la fecha. El conocimiento actual de la biología no puede estar más cerca de la idea mística de que todos los seres vivos que hay sobre el planeta son un todo emparentado entre sí (y con el mundo mineral), ya adelantada por algunas religiones varias veces milenarias. No es ya que estemos muy cercanamente emparentados con los primates sino que los seres humanos somos poco más que peces modificados. Hay pocos elementos esenciales en el ser humano que no estuvieran ya presentes en los peces cartilaginosos de los mares de hace cientos de millones de años. Nuestras manos y pies no son sino aletas modificadas y hasta tal punto es esto cierto que los genes que controlan la forma de las aletas de la raya son los mismos que controlan la estructura de nuestras manos y pies. Toma uno de estos genes humanos para las manos, trasládalo a una raya y obtendrás una modificación en la forma de las aletas. Las causas de la estructura de nuestros ojos, de nuestros oídos, de nuestro cráneo, del aparato circulatorio, de la ilógica disposición de nuestros nervios craneales, hasta la razón de nuestra propensión al hipo y a las hernias, se puede trazar hasta los anfibios y los peces (1). Este mensaje, basado únicamente en evidencias de muy diversa índole (paleontológica, embriológica, genética), es enorme y sobre todo hermosísimo. No sólo es cierta la unidad de todos los seres humanos, por descendencia común,

sino nuestra hermandad con las restantes formas vivas, desde los primates a las medusas o a las bacterias a lo largo de un viaje que se remonta 3.500 millones de años atrás. Nuestras células eucariotas no son sino el resultado de la captación de diversos tipos de bacterias que han acabado trabajando en conjunto. Las mitocondrias, los cilios y los cloroplastos son antiguas bacterias de vida libre que ahora trabajan por el bien del conjunto celular. Así que nuestro cuerpo (y el de las plantas) es, de alguna manera, una gran colonia bacteriana, cuyas células se mantienen unidas en un todo pluricelular mediante sustancias como el colágeno inventadas por los propios procariotas miles de millones de años atrás. ¿Puede haber algo más mágico, integrador y bello que esto?

Para mí la poesía y la ciencia abordan los mismos problemas trabajando a niveles jerárquicos (o sea, de ordenamiento) diferentes, lo que convierte a ambas disciplinas en entidades no mutuamente excluyentes. Por ejemplo, la ciencia nos explica que el aire húmedo que llega desde el mar a las altas cordilleras costeras de California o de Perú o a los volcanes de las islas Canarias acaba descargando su humedad en forma de lluvia. Eso se debe a que las cordilleras provocan el ascenso de las nubes en altura, lo que produce la expansión adiabática del vapor de agua y con ello su enfriamiento (el enfriamiento no se debe a la ganancia de altura como solemos pensar sino a la expansión de las moléculas al ganar altura por reducción de la presión atmosférica), de modo que a partir de un tamaño crítico la gota de agua acaba precipitando en forma de lluvia. Esa misma lluvia sobre las vertientes costeras explica la presencia de desiertos en la ladera opuesta, orientada hacia tierra firme. Hermoso ¿no? Una explicación así no está reñida en absoluto con el verso de Machado:

> *¡Llueve, llueve; tu neblina*
> *que se torne en aguanieve,*
> *y otra vez en agua fina!*

Lo singular de la poesía es que observa la realidad, la pasa por los tamices del complejo pensamiento humano y de nuestras sensaciones más primarias, y lanza un resultado que no trata de explicar la realidad de manera absoluta sino tan sólo la realidad instantánea y relativa del poeta. Juega con imágenes y metáforas, hibrida conceptos, confunde ideas, y engendra un producto nuevo. Por contra, las explicaciones paranormales no asumen su papel de explicaciones al margen de la realidad. Inventan, como la poesía, pero invaden sin derecho el terreno de la racionalidad (es la perversa "mística de lo oscuro" a la que se refiere el entrañable Peter Matthiessen, que tanto daño ha hecho a la mística milenaria que tiene una visión intuitiva muy cercana a la de la ciencia actual) (2). De ahí los conflictos. Para mí esto queda perfectamente ejemplificado por la tremenda incorrección de la frase: "No creo en la ciencia". La ciencia precisamente es una disciplina en la que creencia pretende no jugar ningún papel y en eso se diferencia de otros modelos de explicación de las cosas. Eso hace de la para-ciencia algo no hermoso: es su falta de respeto, algo que ni remotamente le sucede a la poesía, cargada de magia pero sabedora del lugar que ocupa como explicación artística del mundo y sin pretensiones de suplantar a nadie.

*Nubes orográficas en la sierra de Tramuntana de Mallorca. La niebla tiene una explicación mecanicista pero eso no le resta a la bruma un ápice de su poesía. Foto del autor.*

### ¿Es la ciencia la causante de todos los males modernos?

Este es otro socorrido eslogan de los amantes de la "mística oscura". La ciencia en realidad es sólo un método. Un método de exploración del mundo basado en las evidencias, en hechos, en lugar de en creencias. La ciencia no es ni buena ni mala en sí misma. Son buenos o malos los usos que de ella se hacen, que es muy distinto. No creo que sea justificación adecuada decidir que no debemos iniciar o continuar una línea de investigación pensando en la posibilidad de que una mente malintencionada vaya a realizar un uso indebido de la misma. Prefiero ser positivo, confiar más en el ser humano, y pensar que van a ser muchos los usos positivos de un descubrimiento. También los usos de un mito pueden resultar beneficiosos o perjudiciales dependiendo del uso que se haga de ellos. Curiosamente a menudo los que critican a la ciencia como generadora de problemas no renuncian a sus productos tecnológicos: los automóviles, los aviones, los aparatos de aire acondicionado, los hospitales, los frigoríficos, los ordenadores o los teléfonos portátiles.

Al parecer, según los últimos descubrimientos neurológicos, la sensación espiritual de trascendencia es una propiedad de nuestro cerebro, una especie de subproducto inevitable de la evolución de un neocórtex muy pensante. Un subproducto que además puede tener secundariamente el efecto positivo de reducir el estrés neuronal al proporcionar explicaciones para todas nuestras dudas existenciales. Es bueno saber que la idea del alma y de la trascendencia radica dentro de nosotros mismos y son productos (involuntarios) de nuestra historia como especie altamente pensante. Si nos ayudan en el día a día de nuestras complejas vidas, bienvenidas sean, siempre y cuando sepamos evitar que entren en conflicto con el terreno que pertenece a la razón. La naturaleza nos ha dotado de un cerebro extraordinario y debemos usarlo y usarlo bien, en el camino de la búsqueda de la felicidad. Los enormes avances biológicos en materia de genética o microbiología de las enfermedades infecciosas no pueden barrerse de un plumazo haciendo valer un supuesto "destino" del paciente o un problema de flujo de "energía universal" atascada en alguno de nuestros supuestos siete "chakras". Habría que empezar recordando que la energía es en realidad nada más que un concepto; un concepto inventado por la física para explicar la potencialidad de un sistema material para realizar un trabajo. La energía no existe separada de la materia. Así, una piedra que se encuentra sujeta en nuestra mano a dos metros del suelo cuenta con una energía potencial mayor que una que descansa sobre la superficie del suelo. Nosotros hemos dotado de energía potencial a la piedra al elevarla mediante la energía mecánica de nuestro brazo, que a su vez ha empleado reservas químicas (ATP) de nuestros músculos, sintetizadas (es decir enlazadas contra-corriente) a partir de elementos más simples procedentes del alimento ingerido por nosotros, el cual se desarrolló en última instancia gracias a la radiación electromagnética emitida por el sol (consecuencia de la fusión de átomos de hidrógeno), que hizo posible en la fotosíntesis la escisión de la molécula de agua, cuyos electrones fueron empleados para dar lugar a complejas cadenas de azúcares que nosotros ingerimos en forma de tejido vegetal.

Me parece una lástima que confiemos en un cefalópodo o en un cocodrilo para predecir el resultado de una final de una competición de fútbol o de unas elecciones. De los pulpos me parecen mucho más apasionantes sus ojos, en los que el nervio óptico no hace sombra a la retina, al contrario que en los de los seres humanos, que se construyen durante el desarrollo como un guante del revés, causando un trabajo extra a nuestro cerebro para que sea posible una correcta visión. Espero que aún quede por ahí algún niño que, como todos nosotros, de mayor quiera ser naturalista, a pesar de lo difícil que se lo estamos poniendo.

# PRIMERA PARTE: ECOLOGÍA

## 1. La naturaleza...de la ecología

*La ecología es una ciencia muy particular. A diferencia de las ciencias básicas, como la física o la química, o incluso de las ramas basales de la biología, como la bioquímica o la biofísica, la ecología empírica trabaja habitualmente con datos basados en la observación, no procedentes de una experimentación controlada. Esta aparente nimiedad marca una barrera enorme entre nuestra ciencia y aquellas que disponen de datos experimentales.*

Los científicos experimentales lo tienen más fácil: en condiciones controladas de laboratorio, pueden aislar variable por variable y medir sus efectos dentro de los rangos que estimen oportunos. Todo está bajo control; o casi todo. Por el contrario, cuando un ecólogo sale al campo vuelve a casa con lo que buenamente haya podido conseguir, observaciones sobre variables que pueden estar influidas por un conjunto diverso de factores.

Pongamos que queremos saber de qué depende que los huevos de las gaviotas sean más o menos voluminosos. Obviamente, la disponibilidad de comida en la época anterior a la puesta es un factor clave, pero no bastará con evaluar el esfuerzo de la flota pesquera en torno a la colonia de cría. Las gaviotas se alimentan de los descartes pesqueros, desde luego, pero también pueden ser muy eclécticas en su dieta, así que tendremos que averiguar si hay cerca vertederos de basuras u otros recursos alternativos. También es posible que las gaviotas se agrupen por su condición física, de manera que las hembras de mayor calidad críen todas juntas. En tal caso, si nuestro muestreo no está estratificado, es decir, si no tiene en cuenta los diferentes núcleos con sus particularidades, los resultados no serán representativos del conjunto de la colonia. Si encima estamos trabajando a una escala geográfica amplia, en la que cabe esperar una gradación en el tamaño corporal de las gaviotas, nuestros modelos se equivocarán al relacionar el tamaño del huevo con la disponibilidad de fuentes de alimento, si no consideramos también el tamaño medio de las hembras de cada colonia, ya que las de mayor tamaño ponen huevos más voluminosos. ¡Buff! Complicado ¿no?
Queremos establecer relaciones de causa-efecto ("regresiones" en jerga estadística), pero eso suele ser muy complicado y lo más frecuente es que nos conformemos con encontrar simples correlaciones. Imaginad, por ejemplo, que nos encontramos con que las encinas muertas están plagadas

de líquenes. ¿Cómo se ha producido el proceso? ¿Las encinas murieron porque los líquenes impidieron que la luz llegara a sus hojas? ¿O, una vez muertas por otra causa, se llenaron secundariamente de líquenes? Otro ejemplo: si encuentras que en una población de carboneros los ejemplares más parasitados tienen el sistema inmune deprimido, ¿cómo sabes si las aves en ese estado son más susceptibles a la parasitación o si son los parásitos los que deprimen su sistema inmune? En este caso concreto podemos recurrir a un experimento relativamente sencillo para averiguar si fue antes el huevo o la gallina. Bastaría con desparasitar a un grupo de carboneros para ver si recuperan su condición inmunológica. Pero en la mayoría de los casos la experimentación no es tan viable en ecología empírica.

Los datos de la ecología son habitualmente observacionales en lugar de experimentales y eso condiciona el tipo de resultados. Foto del autor.

## Magnitud de los efectos

Otro de los grandes problemas de la ecología de campo es que, a diferencia del investigador de laboratorio, desconocemos cuáles son las magnitudes de interés para nuestros análisis, es decir, las magnitudes de los efectos que puedan ser biológicamente relevantes. Siguiendo con el ejemplo de las gaviotas, imaginad que estimamos el volumen de los huevos en dos poblaciones distintas y, tras aplicar una prueba estadística de comparación de medias, encontramos que los resultados son representativos. O sea, que las diferencias halladas en las muestras son extrapolables al conjunto de la población estadística, que es lo que nos interesa. ¿Podemos concluir que los huevos de ambas poblaciones difieren en una manera biológicamente sustancial? No necesariamente.

Es posible que hayamos tomado una muestra tan grande de huevos que la prueba estadística esté detectando unas diferencias muy pequeñas entre las dos poblaciones. El tamaño de la muestra es como la capacidad de aumento de una lupa: con lentes potentes vemos hasta los detalles más nimios. Para evitar este problema, antes de empezar el experimento, los investigadores de laboratorio utilizan un recurso estadístico que les permite determinar qué tamaño de muestra es necesario para emparejar la significancia estadística con la biológica. En otras palabras, para detectar diferencias estadísticas sólo cuando las magnitudes son biológicamente importantes. Ellos pueden hacerlo porque saben bien cuál es el rango de diferencias relevante para resolver su problema. En ecología, sin embargo, nos vemos forzados a hacer las cosas peor. Tomamos prestada la herramienta de la inferencia estadística, que fue inventada para la gente de bata blanca, y la aplicamos a nuestros datos basados en la pura observación, sin que en la mayoría de los casos podamos aplicar esas necesarias pruebas de potencia.

En el asunto de las gaviotas y sus huevos, por ejemplo, sí podríamos hacer las cosas mejor. Gracias a un experimento natural propiciado por una moratoria en la pesca de arrastre, sabemos que el volumen de los huevos se reduce un 6% cuando la comida escasea. De modo que podríamos pedir a nuestro sistema de análisis que nos avise si detecta diferencias estadísticas entre poblaciones sólo cuando sean superiores a ese 6%.

### Ecología empírica *versus* ecología teórica
Lo normal en ecología de campo es que las muestras sean pequeñas; entre otras cosas, porque son costosas de conseguir. Así que es habitual utilizar muestras de en torno a 30 individuos, que es una especie de medida de seguridad cuando no se dispone de información previa del sistema. De hecho, si con una muestra tan pequeña encontramos diferencias entre poblaciones es muy probable que éstas sean de gran magnitud. Sin embargo, dicho procedimiento tiene un problema: si las pruebas estadísticas indican que no hay diferencias, sólo podemos decir que no hemos sido capaces de encontrarlas. Las diferencias siempre existen, porque en la naturaleza no hay dos cosas iguales (1, 2).

En ecología teórica, disciplina donde los muestreos de campo son sustituidos por simulaciones de ordenador, el problema suele residir precisamente en manejar muestras demasiado grandes. Y, por tanto, en encontrar efectos pequeños que son biológicamente irrelevantes.

## Ecología: la ciencia de la complejidad

La ecología es pues una ciencia compleja, y por diferentes motivos. Tiene un componente histórico, ya que la evolución ejerce una fuerte influencia, y ese ámbito no admite muchas experimentaciones. También es una ciencia holística, que se preocupa de las propiedades emergentes de los sistemas biológicos, pero sin ser anti-reduccionista, es decir, sin dejar de reconocer que todo lo que vemos se reduce en última instancia a la física y la química. Lo cual, evidentemente, complica mucho las cosas. Es asimismo una ciencia muy sujeta al azar y no sólo al determinismo, aunque éste también juega su papel, sobre todo desde la perspectiva genética. Finalmente, es una ciencia tremendamente dependiente de la variabilidad o heterogeneidad que reina en la naturaleza, muy alejada de la homogeneidad que se da, por ejemplo, en la física de partículas.

Las preguntas que nos planteamos se contestan a menudo con un "depende", como suele decir mi amigo José Manuel Igual. Todo depende de la heterogeneidad de las condiciones locales, por lo que solemos producir resultados poco generalizables o extrapolables. Lo que es cierto en mi población, resulta que no es válido en la tuya. Y, claro, eso le resta mucha fuerza predictiva. Por eso nos ponemos muy contentos cuando encontramos algo como la regla de Bergmann, según la cual los animales homeotermos de una misma especie que viven a altas latitudes tienen tamaños corporales mayores, la cual se cumple con pocas excepciones y además son explicables, o la regla de Rapoport, según la cual al descender la latitud se da una disminución del rango de distribución geográfica de animales y plantas. Ambas son reglas biogeográficas, aunque la biogeografía no deja de ser ecología. Esos son nuestros objetivos: establecer relaciones de causalidad, tener capacidad predictiva y poder de generalización. Pero raramente lo conseguimos.

Lo cual no significa que la ecología carezca de sentido. Únicamente nos obliga a hacer réplicas a escala local y temporal de lo que se ha estudiado en otros sitios y momentos para captar las particularidades de nuestro sistema de estudio. Imagino que tanto la heterogeneidad como la complejidad, aunque sean grandes (enormes), no han de ser por ello irreductibles. Y ese es el camino apasionante por el que andamos, tratando de encontrar patrones en la naturaleza y de desentrañar los procesos que los generan.

## 2. Las apariencias engañan

Hay hábitats que son buenos y que ofrecen pistas de calidad, digamos, pistas honestas. Estos ambientes se llaman zonas *fuente*, porque en ellas el balance neto entre los factores que tienden a aportar individuos a una población (natalidad e inmigración) y a restarlos de ella (la mortalidad y la emigración) es positivo. Son el sitio perfecto donde estar si lo que quieres es maximizar tu eficacia biológica. Hay también hábitats que son malos y que ofrecen pistas indicadoras de baja calidad igualmente honestas. Estas zonas se llaman *sumideros*; son malos sitios donde estar pero si se va a ellas no es al menos por engaño, sino porque no hay otro remedio, porque las circunstancias fuerzan a ello (p.ej. por saturación de los hábitats buenos). Por el contrario hay hábitats buenos que ofrecen pistas de calidad engañosas; vaya, que parecen malos a primera vista, normalmente debido a cambios rápidos en muchos casos atribuibles a la acción humana. Estas zonas se llaman "*recursos infravalorados*" porque, a pesar de su alta calidad, no suelen ser escogidos (1). Finalmente hay hábitats que son malos de verdad pero que ofrecen pistas falsas indicadoras de gran calidad, lo que los hace parecer buenos a primer golpe de vista debido, habitualmente, a la introducción por parte de nuestra especie de elementos de confusión. Estos hábitats se llaman "*trampas ecológicas*" y son un caso particular de un fenómeno más amplio conocido como "trampas evolutivas". Lo ecológico siempre anida dentro de lo evolutivo. Para que un hábitat cumpla estrictamente la definición de trampa ecológica, un individuo debe tener la posibilidad de escoger entre un hábitat bueno y uno malo y, a pesar de ello, hacer una mala selección, debido a las pistas engañosas. Y además este individuo ha de experimentar una reducción de su eficacia biológica, ya sea por problemas en la supervivencia o en la reproducción a consecuencia de su elección. Las trampas ecológicas actúan, en efecto, a escala del individuo pero pueden acabar teniendo consecuencias a escala de la población, si muchos o todos los individuos de la población caen en la trampa. Un caso ilustrativo de trampa ecológica viene de un estudio que realizamos recientemente (2) en el que probábamos que las fochas comunes prefieren los acotados de caza de aves acuáticas de la Comunidad Valenciana frente a los humedales sin caza, fundamentalmente porque el aporte suplementario de comida (cantidades industriales de grano de diversos tipos) por parte de los cazadores les hace percibir los cotos cinegéticos como sitios de alta calidad, sin serlo realmente ya que a menudo el engaño les cuesta la vida. Y lo que es más, debido a que las fochas comunes y las fochas cornudas gustan de agruparse en bandos mixtos en invierno, las minoritarias cornudas, procedentes de un proyecto local de reintroducción de la especie, acaban muriendo también a manos de los cazadores. En este caso la trampa ecológica interactúa con una carga evolutiva (la formación invernal de bandos mixtos) para complicar aún más las cosas y generar un grave problema de conservación. Aportar grano para cazar acuáticas es, por tanto, jugar con demasiada ventaja (algo así como pescar de noche con luz) y, de hecho, es una actividad prohibida en numerosos países, e incluso en alguna comunidad autónoma del estado español como Andalucía. Poner ejemplos de un "recurso infravalorado" es más complicado, ya que este concepto ha sido recientemente propuesto y los ecólogos andan ahora a la caza y captura de este tipo de situaciones. Pero quizás el mejor ejemplo sea el de un espantapájaros en un campo de trigo. Las apariencias engañan. La presencia del tradicional espantapájaros difunde un mensaje de riesgo que es falso en última instancia ya que el cereal está perfectamente accesible a pesar del guardián de pega.

*Las fochas comunes caen en una trampa ecológica al acudir a los acotados de caza donde se aportan enormes cantidades de grano para atraerlas y cazarlas. A su vez las fochas cornudas son víctimas de la caza al agruparse en invierno en bandos mixtos con las comunes debido al lastre evolutivo del gregarismo. Foto del autor.*

## Del tiempo ecológico al evolutivo

El caso es que errores de percepción a la hora de leer las pistas de la naturaleza, similares a los antes descritos, podrían tener lugar a escalas de tiempo más largas y afectar no ya a la pervivencia de poblaciones sino de especies. En lo que llevamos de Holoceno (los últimos 10.000 años) se han sucedido unas 15 anomalías climáticas, ya sean enfriamientos o calentamientos del planeta. Casi se diría que las subidas y bajadas de temperatura, en periodos de varios siglos de duración, son la norma más que la excepción mirado con perspectiva. Las últimas anomalías fueron el óptimo climático medieval, que duró desde el siglo IX al XIII, y el posterior

*Los neveros artificiales en ruinas (aquí el pou de neu de Massanella, Mallorca) son testigos del fracaso de una actividad económica importante al acabarse la Pequeña Edad de Hielo. Especies animales y vegetales que se adaptasen rápidamente al frío pudieron perecer con el inesperado retorno a un periodo cálido. Foto del autor.*

enfriamiento conocido como "Pequeña Edad del Hielo", que se extendió desde el siglo XIV a mediados del XIX. Todos los neveros naturales que ahora se derriten en nuestras montañas, con el actual calentamiento (en mayor o menor proporción causado o coadyuvado por la actividad industrial humana), se formaron durante ese periodo frío y no son, por tanto, reliquias de la última glaciación cuaternaria que asolara gran parte del hemisferio norte durante casi 100.000 años. El caso es que las anomalías del Holoceno duran sólo unos cientos de años y bien pudieran actuar como pistas falsas de cambio climático a largo plazo. Si una especie, de corta vida y rápida tasa de multiplicación, se adaptase con celeridad a las nuevas condiciones de enfriamiento o calentamiento, en previsión de un serio recrudecimiento del clima, se equivocaría, al regresar a corto-medio plazo las condiciones originales o dirigirse el clima de manera decidida en dirección contraria. Durante la Pequeña Edad del Hielo, cuando el hemisferio norte se enfrió algo menos de un grado centígrado, muchas montañas de la Península e islas Baleares, y especialmente las montañas prelitorales valencianas, se llenaron de estructuras arquitectónicas, impresionantes para la época, conocidas como neveros artificiales, cavas, *pou de neu*, *pou de gel*, pozos neveros o ventisqueros (hoy las llamaríamos "fábricas"). Nacieron con el objetivo de acumular nieve y convertirla en hielo con destino a la medicina (por ejemplo para el tratamiento de fiebres causadas por el entonces común paludismo o por el cólera), la conservación de alimentos (especialmente del pescado desestibado en las lonjas costeras) o la fabricación de helados. En la imagen que acompaña estas líneas se ven las ruinas de uno de estos pozos de nieve que hablan de un breve pasado de gloria que tocó a su fin. La defunción de esta actividad tradicional (que quizás no tuvo mayores repercusiones económicas gracias a la coincidencia del final de la etapa fría con el comienzo de la revolución industrial) se suele atribuir a la invención de los modernos electrodomésticos pero, en honor a la verdad, habría que añadir que, aún en ausencia de neveras eléctricas, los neveros de las montañas habrían perdido su sentido a primeros del siglo pasado porque la Pequeña Edad de Hielo había tocado a su fin y ya no había nieve abundante que almacenar. Me tomo la libertad de emplear esta metáfora porque los esqueletos de los neveros ilustran muy gráficamente cómo una "adaptación" (en este caso cultural) puede acabar resultando una estrategia fallida debido a un error en la percepción de la profundidad del cambio que se avecina. Sin duda se habrían construido muchos menos neveros de haberse sabido de antemano que las nieves iban a acabarse pronto (¡aunque hoy en día seguimos llenando nuestras montañas de pistas de esquí, aún a sabiendas de que estamos inmersos en un periodo de calentamiento!). Solemos pensar en las especies que se extinguen por no estar adaptadas a los cambios climáticos pero... quién sabe cuántas especies se llevó consigo el final de la Pequeña Edad del Hielo debido a un "mal cálculo de probabilidades". Probablemente los individuos de muchas especies, aunque no de todas desde luego, cuenten con mecanismos para reconocer las pistas falsas o para salir de las trampas ecológicas una vez han caído en ellas, aunque aún se desconoce qué características hacen de un individuo de una especie dada un buen candidato para evitar una trampa o escapar de ella. Trazando de nuevo un paralelismo entre escalas temporales, sería de esperar que muchas especies cuenten también con mecanismos de amortiguación (tales como la constancia en la supervivencia y productividad) que las hagan permanecer inmutables a menos que las condiciones ambientales cambien de manera sustancial, evitando así las graves consecuencias de ser engañado por una naturaleza que en ocasiones puede ser muy tramposa.

## 3. Fotogramas

*En ecología, como en tantas otras disciplinas, no conviene fiarse de lo que se aprecia a primera vista. Siempre es preferible tener una perspectiva más amplia, tanto espacial como temporalmente.*

Un alienígena que no entendiese nada de fútbol y que aterrizase hoy en nuestro planeta tendría sin duda la sensación de que este deporte se inventó en Barcelona o en Madrid, a juzgar por el poderío económico y social de ambos clubes. Sin embargo, como todos sabemos, el fútbol, tal y como hoy lo conocemos, se inventó en Inglaterra y llegó a España durante el periodo de colonización económica inglesa de finales del XIX y principios del XX. De hecho, el primer club de fútbol español fue el hoy modesto Recreativo de Huelva, fundado en 1889 como consecuencia de que los ingleses practicaban este deporte en los ratos que les dejaban libres las Minas de Río Tinto.

De igual modo, a menudo observamos la naturaleza de manera puntual y extraemos conclusiones precipitadas sin tener en cuenta la imagen global. Muchas veces eso implica tener en cuenta que el pasado existe y que es la clave para entender el presente o trabajar a escalas espaciales y temporales más amplias.

Si tuviéramos que describir el hábitat de reproducción de la foca monje (*Monachus monachus*) basándonos en lo que vemos en sus contados enclaves actuales, diríamos que prefiere las zonas acantiladas con cuevas dotadas de pequeñas playas, donde dan a luz a sus cachorros. En la primera imagen que acompaña a estas líneas se ve la costa mauritana de Cabo Blanco, concretamente la zona de Las Cuevecillas, donde, como todo naturalista sabe, se ubica la última colonia de la especie en toda su área de distribución mundial. Como se aprecia en la foto, es una costa intensamente batida por el oleaje y cada temporada las focas pagan un alto precio en forma de cachorros muertos. Tanto es así, que su éxito reproductor medio es de apenas medio cachorro por pareja, según datos de la fundación española CBD-Hábitat. Sin embargo, a las focas monje les encantan las playas abiertas y soleadas, así que si no están en ellas es porque no les dejan. Buena prueba de ello es el color negro del pelaje de los cachorros, adaptado a la insolación, pero no a la inmersión prolongada en el agua. Digamos que en el pasado las focas monje debieron estar presentes tanto en playas como en zonas acantiladas, pero que las únicas poblaciones que han llegado hasta nuestros días son las que habitan en las zonas más inaccesibles (2). Así pues, si tuviéramos que diseñar un proyecto de recuperación de la especie, haríamos bien en tener en cuenta que lo que observamos ahora no es más que un fotograma aislado en una larga película y deberíamos garantizar la presencia de la especie en playas soleadas y tranquilas dentro de las zonas de reintroducción.

Algo bastante parecido sucede al parecer en el caso de los bisontes europeos (*Bison bonasus*). Aunque puedan parecer a primera vista especies forestales, numerosos rasgos de vida como su morfología dental, conducta de los neonatos, dieta o selección de microhábitat son características de especies propias de pastizales. Fue la sustitución de las estepas por bosques tras el último periodo postglacial y la persecución humana lo que llevó a los bisontes a refugiarse en los bosques (1).

Las cuevas no son el hábitat óptimo de las focas monje, pero ahora las encontramos allí criando porque en las playas abiertas fueron perseguidas y exterminadas en el pasado. Foto del autor hecha en Cabo Blanco (Mauritania).

## Huéspedes forzados y triángulos

Un caso muy parecido es el de la gaviota de Audouin (*Larus audouinii*). En los años setenta y ochenta del siglo pasado, cuando empezaba a descubrirse su presencia como especie reproductora en pequeños islotes de nuestro territorio, tales como Columbretes o Chafarinas, se empleó a esta gaviota como especie bandera para proteger los pequeños archipiélagos mediterráneos, utilizados hasta entonces como campos de tiro del Ejército. Con los años nos hemos ido dando cuenta de que, en realidad, las gaviotas de Audouin son más parecidas a un charrán que a una verdadera ave marina pelágica, ya que acarrean cargas evolutivas similares. Por ejemplo, estas gaviotas son profundamente nómadas y cambian de islote para criar de un año para otro sin razón aparente, incluso cuando el año anterior se han reproducido con éxito. Este comportamiento es típico de las especies que ocupan zonas inestables, cambiantes, como las playas y las dunas que se forman en los deltas fluviales. No en vano, desde que las gaviotas de Audouin descubrieron la punta de La Banya, en el delta del Ebro, su población no dejó de crecer exponencialmente hasta alcanzar la capacidad de carga del medio. Si estas gaviotas estaban o aún están presentes en pequeños islotes de roca mar adentro no es por propia elección, sino porque no les queda otro remedio, ya que las playas se han convertido en coto casi exclusivo de otros tetrápodos que nos resultan muy familiares: los turistas.

Un tercer ejemplo lo proporciona la interacción a tres bandas entre halcones peregrinos (*Falco peregrinus*), cuervos (*Corvus corax*) y escaladores. Estudios realizados en zonas calientes para la escalada de las montañas pre-alpinas han encontrado que los halcones que crían en acantilados donde hay escaladores o cuervos tienen un éxito reproductor más bajo que aquellos que crían en zonas libres de ambos vecinos. Es más, el éxito de los que crían en acantilados donde coinciden escaladores y cuervos es aún menor (3). Sin embargo, otros estudios a mayor escala temporal y geográfica, llevados a cabo en zonas sin apenas escaladores de los Alpes y la zona pre-alpina, han demostrado que el éxito reproductor de los halcones que crían junto a cuervos es mayor que donde anidan solos. Así pues, parece que son los halcones los que buscan la proximidad de los cuervos y no al revés (4). A los halcones les beneficia la labor de centinela de los cuervos e incluso pueden reproducirse en nidos viejos de estas aves. Por lo tanto, la depredación de huevos o pollos de halcón por parte de los cuervos es un hecho oportunista y normalmente asociado a una perturbación humana, como la presencia de escaladores que levanten a los halcones de su nido. Sólo si se da este "ménage à trois" los cuervos representan un problema para los halcones; el resto del tiempo son, sobre todo, un beneficio. Así pues, perseguir a los cuervos para favorecer la reproducción de los halcones sería un craso error. Sobre todo hay que evitar la presencia de escaladores, especialmente si hay córvidos en los mismos cortados que los halcones.

## Ataque por la retaguardia

Un último ejemplo tiene que ver con ratas, ardillas y piñas. Las piñas inmaduras de los pinos carrascos, o de Alepo (*Pinus halepensis*), son compactas y están bien protegidas por escudetes situados en la parte superior de las escamas. Estos escudetes no están de adorno, sino que han evolucionado como sistema de defensa frente a los depredadores. Sin embargo, las ratas negras (*Rattus rattus*) y las ardillas rojas (*Sciurus vulgaris*) se comen estas piñas sin ninguna dificultad, de modo que podría pensarse que los escudetes son un pésimo diseño de la selección natural. Pero, si observamos cómo ratas y ardillas se comen la piña, que es lo que refleja la segunda imagen, veremos que las piñas están indefensas ante la acción de los roedores ya que atacan a los conos desde la base, después de haberlos separado de las ramas, de manera que los escudetes no ejercen papel alguno en la defensa de las preciadas semillas. Por el contrario, si pensamos en la actividad de un ave depredadora de semillas de coníferas, como el piquituerto (*Loxia curvirostra*), la presencia de escudetes cobra mayor sentido, ya que estos pajarillos forestales atacan las piñas forzando la parte superior de las escamas con sus especializados picos cruzados. Por lo tanto, no es que los escudetes sean inútiles para la defensa, sino que allí donde (y cuando) evolucionaron los pinos de Alepo originalmente debían ser abundantes las aves depredadoras de semillas, pero no los roedores (salvo que los roedores hayan cambiado radicalmente su estrategia de aprovechar las piñas, lo cual representa una explicación menos parsimoniosa).

*Secuencia de consumo, de izquierda a derecha, de una piña de pino carrasco por una rata negra. Foto del autor.*

Los pinos de Alepo parecen ser propios de suelos poco desarrollados, como los que se dan en los acantilados costeros. Desde allí, el hombre lleva extendiéndolos desde hace milenios por toda la cuenca mediterránea, hasta el punto de haberse convertido ya en la masa forestal secundaria más abundante de toda la región. Las ardillas rojas (y las ratas negras que llegaron desde el sureste asiático) "depredan" ahora sobre sus semillas; pero, en origen, los principales consumidores de sus propágulos debieron ser las aves forestales. Así pues, juzgar el valor o la eficacia de una adaptación que vemos hoy requiere un viaje hacia el pasado, para visualizar la secuencia completa de los fotogramas, desde su origen.

Hemos visto cómo la selección del hábitat de cría (en focas y gaviotas) y la eficacia de una adaptación (la defensa de los pinos frente a los depredadores) no pueden juzgarse atendiendo sólo a lo que vemos en un instante, por muy bien que lo veamos. Podemos incurrir fácilmente tanto en errores prácticos (al diseñar estrategias de conservación) como teóricos (al valorar la legitimidad de las relaciones entre un consumidor y su presa). Queda a cuenta del lector imaginar nuevos casos, vinculados con sus animales o vegetales favoritos, como ejercicio para valorar las extensas repercusiones de llegar al cine a mitad de la película, en lugar de verla desde el principio para entender la trama correctamente.

## 4. Juntos pero no revueltos

*El hecho de compartir un mismo espacio físico no significa que sus ocupantes hayan desarrollado las mismas adaptaciones. La norma es la diversidad de estrategias, tanto en el rango de los individuos, como en el de las poblaciones e incluso en el de las especies.*

A nuestra mente le gusta delimitar fronteras abruptas entre campos, cortadas a cuchillo, y establecer categorías absolutas. Pero la naturaleza se resiste a esas clasificaciones estancas. Ahí fuera las cosas no se suelen dividir en blanco y negro, sino que hay miles de tonos de gris. La realidad establece continuos, de los que nosotros tan sólo aprehendemos los extremos. Las propiedades de la naturaleza no son absolutas, sino relativas. No hay nada bueno o malo *per se*, sino tan sólo mejor o peor.

Una de las categorías que nos gusta establecer a los naturalistas es que hay distintos tipos de hábitats, ocupados por especies con adaptaciones o estrategias vitales similares para sobrevivir en el marco de unas condiciones ambientales concretas. Así, hablamos de una vegetación de los desiertos adaptada a la escasez de agua o de una vegetación de las zonas palustres adaptada al exceso de agua. Sin embargo, la naturaleza supera a nuestra tipológica imaginación y se comporta, en realidad, de una manera mucho más barroca, más ricamente compleja.

Yucas y piteras viviendo codo con codo en un jardín. Su proximidad es un engañoso indicador de sus opuestas estrategias vitales. Foto del autor.

En los semidesiertos de México y el sur de Estados Unidos viven, codo con codo, las piteras o magüéis (del género *Agave*) y las yucas (del género *Yucca*), entre palos verdes, chumberas, mezquites y falsas pimientas. Ambas plantas del Nuevo Mundo son bien conocidas en nuestras latitudes mediterráneas porque antaño festoneaban los alrededores de las casas rurales y se empleaban para obtener fibras textiles y fijar taludes. Ahora, ese pasado práctico ha pasado al olvido y dichas plantas tienen sobre todo un uso ornamental en jardinería. El caso es que parece lógico, de sentido común, pensar que ya que ambas especies viven juntas en los semidesiertos americanos deberían contar con adaptaciones semejantes ante la baja pluviometría típica de tales biomas. Sin embargo, la realidad es bien distinta: cada una experimenta el mismo desierto de manera diametralmente opuesta. Mientras que los ágaves cuentan con un sistema radicular muy superficial, las yucas lanzan una raíz profunda que llega hasta el nivel freático. Así, los primeros únicamente reciben agua durante los escasos días de lluvia, mientras que las segundas viven con los pies en el agua. Para las piteras el desierto es un ambiente muy impredecible, mientras que para las yucas de impredecible tiene poco.

Esta distinta manera de experimentar su medio parece que determina, en gran medida, estrategias vitales absolutamente contrarias. Los ágaves se reproducen una sola vez en toda su vida (son semílparas), cuando se dan las condiciones de humedad adecuadas para arriesgarse al costoso proceso de la multiplicación. Lanzan entonces una enorme inflorescencia con la que tratan de atraer a quien pueda echarles una mano para dispersar su polen. Al parecer, hay diversas especies de murciélagos que polinizan estas plantas. Que se sepa, de las 200-300 especies de ágaves, unas catorce son polinizadas por cinco especies de murciélagos. Aunque, a juzgar por su morfología, el número potencial de murciélagos polinizadores asciende a más de setenta en el Neotrópico.
Las yucas, por el contrario, se reproducen anualmente (son iteróparas) y emiten unas hermosas y grandes flores blancas (véase la foto) que son polinizadas exclusivamente por unas polillas, las famosas polillas de la yuca del género *Tegeticula*. Cada especie de yuca ha establecido una compleja y obligada relación mutualista con una especie concreta de polilla, surgida mediante coevolución. En cualquier caso el papel de redistribución hidráulica que llevan a cabo esas "estaciones de bombeo" llamadas yucas a buen seguro beneficia en alguna medida a las plantas de raíces superficiales que viven a su alrededor.

## Nutrias, macacos y aves marinas

Las diferencias entre piteras y yucas aparecen a escala de especie, pero incluso en el rango de las poblaciones se puede vivir en un mismo teatro ecológico y escenificar obras muy diferentes. Por ejemplo, los paíños (*Hydrobates pelagicus*) de la isla de Benidorm (Alicante) crían en dos cuevas muy próximas, pero afectadas de manera desigual por la depredación de las gaviotas, por lo que tienen distinto éxito reproductor. Una de las cuevas mira hacia la costa y sufre, por tanto, una mayor contaminación lumínica que favorece la depredación (1). Por otra parte, las pardelas baleares (*Puffinus mauretanicus*) de dos colonias mallorquinas próximas, ambas sin depredadores, arrojaron tasas de supervivencia adulta dispares, aunque el éxito reproductor fue similar (2). Los episodios de paíños y pardelas probablemente se expliquen por pequeñas diferencias locales, como la presencia/ausencia de depredación o distintas características del hábitat a pequeña escala espacial. Aunque también puede influir la composición de las propias poblaciones, en lo que respecta a la edad de las aves, su experiencia reproductora o su condición física.

La heterogeneidad de la naturaleza alcanza todos los niveles, incluido el de las personalidades. En el mismo cauce de río puede haber nutrias proclives a cambiar de cuenca hidrográfica que viven junto a otras con tendencias sedentarias. Foto: Fermín Muñoz.

Y aún hay más. Lo de vivir juntos, pero no revueltos, alcanza incluso a la organización interna de los individuos. Las conductas individuales (las personalidades) pueden ser muy diferentes, a pesar de corresponder a animales de la misma especie y de la misma población. Son individuos concretos los que traen las innovaciones culturales a las poblaciones y, si tienen éxito, son copiadas rápidamente por los demás o, al menos, por una parte de la población. Como ejemplo de innovación que se extiende rápidamente en el seno de una población local, es bien conocido el caso de los macacos japoneses (*Macaca fuscata*). Unos pocos individuos –hembras jóvenes, por cierto– empezaron a lavar en el agua del mar las batatas y los cereales manchados de arena. De manera análoga, podemos imaginarnos a un atrevido homínido, medio millón de años atrás, acercándose a un arbusto en llamas tras una tormenta seca, dando los primeros pasos para domesticar el fuego. Muchos individuos contemplan el fuego, pero sólo uno se arriesga a ver qué es aquello desde más cerca.

Otro bonito ejemplo tiene que ver con las nutrias europeas (*Lutra lutra*). En el mismo río puede haber individuos que no abandonen nunca el valle y otros que se trasladen a cuencas vecinas. De esta manera recolonizan o ponen en contacto cuencas fluviales donde las nutrias ya estaban extintas. Asimismo, en una misma población puede haber nutrias que sólo viven en los ríos y otras que se adentran en el mar, lo que permite conectar el continente con las islas. Esto ocurre en las más saneadas poblaciones atlánticas de nutria, pero es de prever que también suceda más adelante en el Mediterráneo, a medida que se recuperen unas poblaciones que ahora se encuentran en plena expansión (3).

### Unos mejor, otros peor

Podríamos incluso encontrarle una dimensión temporal al hecho de vivir juntos pero no revueltos. No sólo las especies, poblaciones e individuos que ahora conviven en un determinado ambiente lo experimentan de forma diferente, sino que su historia reciente puede ser muy distinta debido a la acción humana. Así, por ejemplo, los jaguares (*Panthera onca*) de la selva amazónica de Bolivia y Colombia no muestran signos de haber padecido un cuello de botella genético en el pasado, pero sí los de Perú, donde sólo en 1968 y 1969 se cazaron 2.000 ejemplares. No obstante y en conjunto, las poblaciones de jaguar muestran signos de encontrarse en expansión.

En el caso del ocelote (*Leopardus pardalis*), otro felino amazónico, las poblaciones colombianas tampoco mostraron evidencias de haber sufrido un cuello de botella genético, pero sí de nuevo las de Perú, donde se exportaron anualmente más de 200.000 pieles en los años sesenta y setenta del siglo pasado. Ahora bien, ninguna de las poblaciones analizadas parecía encontrarse en expansión, a diferencia de los jaguares (4). Cada especie constituye una historia evolutiva única, aun cuando vivan en ambientes idénticos, pero con redes tróficas y coevolutivas absolutamente irrepetibles a través del tiempo.

El mundo es sorprendente y bellamente heterogéneo. Los individuos difieren de sus semejantes (no hay dos ratones iguales, como no hay dos personas iguales), las poblaciones difieren de sus vecinas y las especies difieren de las especies compatriotas. Esta gran heterogeneidad a distintas escalas de organización es, a su vez, una garantía de persistencia de las especies a largo plazo, ya que las posibilidades de superar episodios ambientales adversos, como el cambio climático que tenemos encima, son mayores que si individuos, poblaciones y especies se comportasen de manera homogénea. Preservar esta diversidad funcional es por tanto uno de los grandes retos del futuro en materia de conservación de la biodiversidad. Espero que las yucas y ágaves de los jardines de nuestras ciudades nos traigan esta imagen a la mente cada vez que nos topemos con ellas.

## 5. El hábito no hace al monje, pero sí el hábitat

*Unas especies son más longevas que otras pero también hay poblaciones con mayores expectativas de vida que otras dentro de la misma especie, un fenómeno relacionado tanto con el tipo de hábitat en el que viven.*

La imagen de un salmón nadando contracorriente, justo cuando intenta superar un abrupto desnivel del río, la hemos visto mil veces en los documentales televisivos dedicados a la naturaleza. Sin embargo, en una ocasión tuve la suerte de contemplarlo en directo. Había visto pequeños salmones tratando de remontar la represa de un antiguo molino en Galicia, pero hace poco me solacé con un gran salmón que trataba de superar una caída natural de agua en un arroyo de montaña en Gales (Reino Unido), después de fuertes lluvias que provocaron la rápida crecida del río. La impresión que me produjo fue indescriptible. Recuerdo que pensé con extrañeza ¿qué demonios impulsa a un pez a nadar contracorriente? ¿Cómo puede haberse visto favorecida semejante estrategia a lo largo del tiempo?

Más tarde descubrí que algunos ecólogos escandinavos habían propuesto en 1996 que las especies animales pueden clasificarse de acuerdo con la calidad de su hábitat de supervivencia y reproducción (1). A partir de las estrategias vitales de 104 especies de aves europeas, los ecólogos distinguían tres grandes tipos de aves: a) las que ponen muchos huevos y tienen bajas tasas de supervivencia adulta; b) las que tienen baja fecundidad pero alta supervivencia; y c) las que tienen tanto alta fecundidad como alta supervivencia. Estos tres tipos de especies se corresponden con unos hábitats de cría y supervivencia de características muy concretas. Las especies del primer grupo viven en hábitats favorables para la reproducción pero adversos para la supervivencia; las del segundo grupo en hábitats de alta supervivencia pero malos para la reproducción; y las del tercer grupo en ambientes buenos tanto para la reproducción como para la supervivencia.

Además, la tasa de crecimiento de la población de cada uno de los tres grupos es especialmente sensible a cambios en diferentes parámetros vitales. Aunque los tres grupos son más sensibles a cambios en la supervivencia que en la fecundidad, las especies con una alta tasa reproductiva notan los cambios en fecundidad más que las especies que dejan pocos descendientes, sobre todo, si la fecundidad se resiente en las clases de edad más jóvenes.

En las cabeceras de los ríos la presión de los depredadores es más baja y por eso a los salmones les resulta rentable llegar hasta allí para reproducirse, a pesar de los costes de mortalidad asociados al viaje contracorriente. Foto: Gavin Stewart. Hecha en Bethesda (Gales).

## Un esfuerzo que merece la pena

De regreso a nuestros salmones, que son especies de alta fecundidad y baja supervivencia, su conducta cobra más sentido desde esta perspectiva integradora. Las migraciones río arriba se habrán visto favorecidas por selección natural debido a que su estrategia vital depende de garantizar una abundante multiplicación de la progenie, más que de buscar una alta supervivencia adulta, ya que son el objetivo de muchos depredadores. Debido a que las cabeceras de los ríos resultan ser medios muy pobres en recursos, también son incapaces de mantener poblaciones permanentes de depredadores y así que se convierten en lugares perfectos para ir a depositar los huevos y confiar en altas tasas de multiplicación. Digamos que vale la pena hacer el tremendo esfuerzo de navegar contracorriente con tal de alcanzar ese paraíso reproductor. Así pues, las cabeceras de los ríos son medios de alta fecundidad, mientras que la mortalidad adulta que genera la migración se ve compensada por las altas tasas de reproducción al alcanzar el objetivo. Evidentemente, debemos huir del erróneo razonamiento de la selección de grupo y evitar pensar que el éxito de unos individuos compensa la muerte de los otros. Los salmones miran únicamente por sí mismos y, aunque sean pocos los que consiguen superar todos los obstáculos, pueden reproducirse en tan gran número que las poblaciones persisten en el tiempo. De todo lo anterior cabe deducir la enorme trascendencia que tienen las presas y otros obstáculos artificiales que se levantan en su camino hacia las zonas de freza, ya que reproducirse en los tramos medios de los ríos implica una tasa de depredación de las puestas insostenible para el mantenimiento a largo plazo de las poblaciones.

Un esfuerzo parecido al de los salmones es el que hacen las aves limícolas que acuden a reproducirse cada primavera más allá del círculo polar ártico. Las aves ven recompensado su largo viaje por un medio de alta tasa reproductiva, donde la primavera es corta pero inmensamente generosa. En este caso se trata también de un medio de alta supervivencia para los adultos, ya que en aquellas latitudes escasean las enfermedades infecciosas. No obstante, parece que este hecho obliga a los limícolas a pasar los inviernos en playas de latitudes bajas, en medios libres de vectores infecciosos, probablemente porque carecen de sistemas inmunológicos competentes para defenderse de los microparásitos que abundan en las zonas húmedas más templadas. De hecho, no han tenido necesidad de desarrollar tales sistemas inmunológicos en sus zonas de cría a través del tiempo evolutivo. Este es el caso de los chorlitos grises y los correlimos tridáctilos que pasan el invierno a lo largo de nuestras playas.
Medios de alta supervivencia adulta, pero de baja tasa reproductiva, son, por ejemplo, las islas oceánicas carentes de depredadores. La supervivencia anual de adultos y progenie está garantizada, aunque el alimento sólo abunda en zonas marinas muy concretas y variables en el tiempo, lo que no favorece los grandes esfuerzos reproductivos.

## Depredación y longevidad
Dado que la longevidad está muy relacionada tanto con el esfuerzo reproductor como con la supervivencia anual, podríamos extender la idea

de dividir los hábitats en grandes grupos atendiendo también a la longevidad. La teoría evolutiva relaciona el retraso del envejecimiento con bajas probabilidades de mortalidad extrínseca. Es decir, tiene sentido que retrasen la senescencia aquellas especies que tienen altas probabilidades de sobrevivir un año tras otro. Por ejemplo, son longevos los murciélagos que cazan de noche y viven en cuevas (estrategias ambas de baja mortalidad), a pesar de que los pequeños mamíferos tienden a tener vidas cortas, como los ratones. No obstante, también es cierto que los murciélagos se enfrentan a un esfuerzo reproductor por temporada mucho más bajo que el de los ratones, lo cual contribuye a su vez a una mayor longevidad. Y, aunque tengan el peso de un gorrión, también son longevos los paíños, pequeñas aves marinas de hábitos nocturnos y cría subterránea. Por tanto, podría afirmarse que hay hábitats más favorables que otros a la longevidad, algo que por cierto no dudamos para las poblaciones humanas.

Los bosques son ambientes de alta reproducción para los pajarillos forestales, pero de escasa supervivencia y baja longevidad debido a las altas tasas de depredación. Es obvio que no todas las especies forestales lo experimentan de igual manera, pero, a grandes rasgos, los bosques no favorecen la evolución de especies de senescencia retrasada y vida larga. Este razonamiento podría trasladarse a la escala de las poblaciones y, en tal caso, debería haber unas más longevas que otras dentro de la misma especie, según la distinta presión de los depredadores. Por ejemplo, se sabe que las poblaciones de lirones que hibernan (y están menos tiempo al alcance de los depredadores y de las inclemencias climáticas) son mucho más longevas que las que permanecen activas (2). Del mismo modo, podría predecirse que los murciélagos que hibernan serían más longevos que los que no lo hacen y que los cavernícolas han de vivir más que los forestales. Ignoro si hay información al respecto, pero éstas serían las predicciones teóricas.

El razonamiento anterior tiene un corolario aplicado. Dado que las poblaciones de animales longevos, como los paíños y los murciélagos cavernícolas, no han podido soportar altas tasas de depredación durante su historia evolutiva, localizar casos actuales en los que sí se da esa fuerte presión de los depredadores nos indicaría que algo no está funcionando como debiera y que la población de las presas está en peligro. La depredación de paíños por gaviotas o págalos es un buen ejemplo. De hecho, es muy posible que dicha depredación relegase a los ancestros de los paíños a la vida nocturna en tierra firme. Obviamente, las gaviotas habrán seguido comiendo algún que otro paíño en las colonias de cría, pero no tiene sentido –si la teoría evolutiva del envejecimiento está en lo cierto– que unas criaturas tan pequeñas sean capaces de vivir más de cuarenta años (la vida media de un chimpancé) si han estado sometidas a una alta mortalidad extrínseca en el tiempo. Así pues, conviene intervenir en aquellas colonias donde se detecte una depredación regular de petreles por láridos, ya que probablemente encontremos causas humanas tras dicho desajuste. A este respecto es importante señalar que basta con saber quiénes son los pocos individuos especializados en ese tipo de depredación (los que han descubierto el nuevo recurso) y proceder a su "extirpación quirúrgica" para solventar el problema (3).

## 6. No es normal

*La mejor manera de disfrutar eternamente de la magia de la naturaleza es saber encontrarle las innumerables dimensiones que alberga. Para ello, lo primero es pensar que nada de lo que vemos es "normal" que suceda.*

Hace algún tiempo tuve la suerte de visitar una pequeña isla argelina en la que habían decidido instalarse unas pocas parejas de garcetas comunes, en la periferia de una gran colonia de gaviota patiamarilla. Las gaviotas y las garcetas son aves comunes y la observación no tiene nada de peculiar porque hay muchas otras islas en nuestro entorno cercano en las que estas pequeñas garzas blancas crían entre gaviotas. La nueva dimensión que le encontré al asunto, más allá de anotar en mi cuaderno "tres nidos de garceta con huevos" fue pensar que todos los casos de cría de garzas que conozco en islas: Medes, Isla Grosa de Murcia, Islote de Benidorm, Islas Habibbas en Argelia, tienen en común, ¡Oh casualidad! que las garzas se instalan en islotes con gaviotas. Hay muchos islotes vacíos de gaviotas, pero también están vacíos de garzas. Las garzas emplean muy probablemente a las gaviotas como un indicador de calidad del sitio para la cría: si las gaviotas crían aquí será por algo... Además las gaviotas son un buen sistema de alarma en el eventual caso de entrada de un depredador en la colonia. Algo así debe de pasar por la mente de una garceta en el crucial proceso de la toma de decisión para escoger el sitio donde asentarse a criar cada año. A esto en ecología se le llama de manera rimbombante "atracción heteroespecífica", es decir, atracción debida a individuos que no son de tu especie. Las aves normalmente emplean a los individuos de su propia especie como pistas de la calidad del ambiente (la más conocida "atracción conespecífica") para escoger el lugar de cría pero, a veces, se dejan llevar también por la presencia de individuos de otras especies. Fiarse de los demás puede llevar a malas elecciones (trampas, como decíamos en el capítulo 2), a acabar sufriendo fracasos reproductores o incluso a perder la vida propia, como le pasa a las garzas o a los patos en las colonias de gaviotas cuando éstas sufren escasez de su alimento habitual de manera puntual y acaban depredando sobre los primeros. Pero en muchas ocasiones funciona bien. Tan sólo la observación anecdótica de unos pocos nidos de garza en un ambiente poco habitual para ellas nos abre un mundo de interacciones ecológicas enormemente complejo, que daría para realizar una tesis doctoral al respecto.

*A pesar de que las gaviotas patiamarillas se instalan a criar en las colonias un mes antes que las gaviotas de Audouin, y que las primeras son potenciales depredadores de las segundas, las gaviotas de Audouin a menudo escogen los mismos emplazamientos para criar que las patiamarillas, porque su presencia es signo de buenas condiciones para la reproducción. Foto del autor.*

## ¿Por qué no hibernan las aves?

Cuántas veces hemos observado a las aves migrar. Todos sabemos que las golondrinas y las abubillas nos llegan con la primavera y las grullas y los gansos con el invierno. Que muchas aves migran es un hecho elemental hoy en día. Solemos marcarlas para averiguar de dónde vienen y a dónde van. Nos interesa saber cuántos kilómetros son capaces de recorrer y a qué velocidad migran. Solemos aprender pronto que las aves no migran huyendo del frío (sus plumas son un aislante térmico de lo mejor) sino huyendo del hachazo del hambre cuando llega el frío o el calor extremo.

Pero rara vez nos preguntamos... porqué las aves no han escogido otra estrategia común en la naturaleza: la hibernación. Pensadlo con un poco de calma. Los invertebrados tienen estrategias que les permiten resistir las inclemencias del tiempo sin salir huyendo. Entre los vertebrados hay reptiles que pasan por períodos de letargo y también anfibios y mamíferos, incluyendo a los mamíferos voladores. Así pues no es tan normal que las aves migren en lugar de ralentizar su metabolismo en los períodos de vacas flacas. Proponer que las aves migran porque pueden volar no nos ayuda mucho porque nos introduce en un círculo vicioso sobre la causa y el efecto. Además muchas especies de murciélagos hibernan a pesar de tener la capacidad de volar a largas distancias. Es curioso que de las cerca de 10.000 especies de aves que se han clasificado hasta hoy tan sólo algunos chotacabras realicen algo parecido a una hibernación. Los pequeños colibríes pasan por periodos de torpor pero no de verdadera hibernación. Aristóteles no estaba tan desencaminado cuando proponía hace unos 2.300 años que las golondrinas se enterraban en el barro al llegar el invierno. Los sapos lo hacen, las tortugas también se entierran, ¿por qué no lo iban a hacer las aves? Las aves migratorias parecen contar con tasas de supervivencia anual mayores que las aves sedentarias pero parece lógico suponer que si las aves hibernasen esas tasas superarían a las de las especies migratorias porque la migración tiene un coste asociado considerable (sobre todo desde que hace unos 5.500 años el desierto del Sahara se expandiera hacia el norte y el sur debido a un cambio en los rodillos atmosféricos que se sitúan sobre esas latitudes a raíz del final de la última glaciación pleistocena). De hecho los mamíferos que hibernan tienden a ser muy longevos porque durante todo el periodo de hibernación están lejos del alcance de los depredadores y son por tanto un objetivo perfecto para que actúe sobre ellos la selección natural a favor de una vida larga y un envejecimiento tardío. Le he planteado esta cuestión a un buen número de ecofisiólogos de pro y hasta la fecha ninguno le encuentra una explicación mecanística convincente. La fisiología de las aves no les impide potencialmente sumarse al club de los hibernantes. He ahí una pregunta sin respuesta que emana de la simple observación reflexiva de un hecho bien conocido: la migración de las aves.

*Aunque podrían haber escogido islotes vacíos estas garcillas y garcetas se instalaron para criar en un islote abarrotado de gaviotas patiamarillas. A pesar de que las gaviotas son potenciales depredadoras de pequeños ardeidos la presencia de las gaviotas en el islote es un indicador de buena calidad para la reproducción (p.ej. de la ausencia de molestias humanas o de la presencia de depredadores). Foto: José Santamaría / Ullades naturals.*

Decíamos al comenzar que las garzas se asocian a veces a las gaviotas para criar. Tanto las garzas como las gaviotas son especies de hábitos coloniales, salvo excepciones. Damos por hecho que es normal que haya multitud de especies que se agrupen para criar. Solemos hacer balance de costes y beneficios tratando de encontrar que los beneficios, como una mejor defensa, mayor facilidad para encontrar alimento o pareja, son mayores que los perjuicios: competencia entre individuos por el alimento y el espacio, pirateo de comida, depredación de huevos y pollos, contagio de enfermedades, atracción de depredadores. Sin embargo la colonialidad parece ser más un imperativo que una elección basada en cuestiones de eficiencia. Las aves que se agrupan para criar en altas densidades lo hacen porque sus fuentes de alimento son altamente impredecibles y cada individuo se beneficia de la labor exploratoria de los demás individuos para encontrar la comida. Reducir el espacio vital a un círculo cuyo radio es la longitud del cuello del ave incubante, caso de muchas aves marinas, no debe de ser plato de buen gusto para nadie. Me vienen a la cabeza las colonias de garzas de los carrizales de la Albufera de Valencia. Nidificar colonialmente en un carrizal es lo más parecido al infierno que una garza puede conocer sobre la tierra. En plena época reproductora, en el interior de un carrizal mediterráneo y cerca del suelo hace un calor infernal. Los adultos trepan hasta el extremo de los carrizos más gruesos y allí hacen lo que pueden para ventilarse con los picos abiertos al aire. Es un escenario patético. De un año a otro la vegetación palustre queda destrozada y las garzas deben cambiar a menudo de ubicación. Muchos pollos acaban muriendo. Las condiciones óptimas de cría para una garza serían probablemente un árbol bien ventilado, libre de ratas, ubicado junto a una feraz zona húmeda, con una densidad de vecinos suficientemente alta como para facilitar la localización de las fuentes de alimento, pero suficientemente pequeña como para que no se generen serios conflictos vecinales. Rara vez se dan estas circunstancias ideales y las garceras acaban siendo barrios de favelas donde todo vale en la lucha por la existencia. Una colonia abigarrada es, a mi modo de ver, el equivalente a una ciudad atestada de gente donde uno acaba viviendo porque las oportunidades para la supervivencia son mayores que en el rural, aunque se eche de menos la casita en el campo con terreno alrededor.

Eso nos lleva directamente a plantearnos si las ciudades responden a las tendencias sociales espontáneas del ser humano o no. No quisiera extenderme al respecto porque no es éste el tema del ensayo, pero baste pensar que si nuestra especie cuenta con unos 200.000 años de antigüedad y las ciudades más antiguas que se conocen del Creciente Fértil cuentan con unos 5-6.000 años de historia, tenemos que concluir necesariamente que nuestra especie sólo ha vivido agrupada en ciudades el 2,5% de su historia y que, por tanto, nuestra existencia "colonial" debe de responder más a unas determinadas circunstancias ambientales-culturales recientes que a una tendencia natural al hacinamiento.

No hacen falta grandes medios para descubrir la complejidad y profundidad de la naturaleza. Basta sólo con dudar que sea "normal" todo lo que vemos a nuestro alrededor. Desde esta perspectiva, instalados en la duda, en el escepticismo sano, pero también en el respeto a las evidencias, hasta las especies más comunes y cercanas se convierten en un pozo sin fondo de sorpresa y admiración renovada para el naturalista.

## 7. Raro sí, pero por relicto

*Muchas especies, tanto animales como vegetales, son escasas. Pero en este mundo hay varias maneras diferentes de ser escaso. Entender la causa de esa escasez puede proporcionarnos una visión mucho más enriquecedora del presente.*

Algunos antropólogos creen que entre nosotros, los *Homo sapiens* modernos, y nuestros antepasados pre-agrícolas, hay tanta diferencia como entre un perro y un lobo, como entre un jabalí y un cerdo doméstico. Según esta línea de pensamiento, en nuestro linaje se habría dado un proceso de selección cultural de los individuos más proclives a la domesticación –a la domesticación humana, quiero decir– que hizo posible la vida en sociedad. Desde esta perspectiva, comportamientos y hasta reacciones fisiológicas que hoy consideramos raras cobran una nueva dimensión. Por ejemplo, las personas intolerantes a la lactosa y los celíacos (intolerantes al gluten) componían antaño, antes de la domesticación del ganado y de la expansión de la agricultura, el grueso de la población. En un mundo en el que escaseaba la leche y el cereal, los tolerantes eran la rareza. Pero desde entonces se ha dado la vuelta a la tortilla y ahora los tolerantes, la mayoría de nosotros, ¡somos la regla en lugar de la excepción! Sin duda, los pocos intolerantes que surgen entre nosotros son portadores de unos genes relictos, verdaderas reliquias genéticas que en un pasado no tan lejano se enseñoreaban entre las poblaciones de cazadores-recolectores.

Un caso similar es el de la altura media de los seres humanos. Los ibéricos hemos sido bajitos hasta hace bien poco (no hay más que fijarse en la altura de las puertas de las casas rurales hasta hace algo más de cien años), pero los niños actuales no tienen nada que envidiar a sus coetáneos centroeuropeos. Como todos sabemos, el aumento de la estatura media se ha debido a una mejora en nuestra dieta, pero no reparamos en que esa capacidad para crecer tanto se la debemos en realidad a nuestros antepasados pre-agrícolas, que eran por término medio así de altos. Ahora andamos volviendo por nuestros fueros porque, al contrario de lo que solemos creer, la agricultura no trajo una mejora en la calidad de la alimentación (aunque sí en la cantidad), sino todo lo contrario. Los cazadores-recolectores tenían una dieta completa y gozaban de mucha mejor salud, a juzgar por el testimonio que han dejado sus huesos. Me pregunto, en este mismo sentido, si nuestra reciente tendencia hacia una mayor longevidad es también una capacidad relicta de nuestra especie y no tanto una innovación, aunque supongo que no.

Así que es muy diferente valorar la rareza cuando se tiene en cuenta la componente histórica. Una planta puede ser rara porque antaño era muy abundante y ha venido a menos, porque está empezando a colonizar una nueva zona o porque siempre ha sido escasa debido a unos hábitos especializados que la restringen a ambientes muy concretos y limitados. Estas líneas van dedicadas a las comunidades, a las poblaciones o a las conductas que son escasas por relictas, por haber venido a menos con el tiempo desde un pasado glorioso.

## Reliquias del pasado

Se habla con frecuencia de los "árboles monumentales". La postura predominante consiste en considerar a estos raros ejemplares como extraños gigantes dentro de la normalidad de tallas medianas. Los percibimos como una suerte de "mutantes" que conviene conservar por curiosos y singulares. Pero, si tenemos en cuenta el pasado, surge enseguida una nueva perspectiva. En un tiempo anterior a la continua depredación humana del bosque, los árboles, la mayor parte de los árboles, debían de tener un tamaño que ahora no podemos ni imaginar. Lentiscos, coscojas, madroños, brezos y adelfas debían de alcanzar porte arbóreo, aunque hoy no pasen de arbustos. En consecuencia, los árboles monumentales de hoy son el equivalente al humano celíaco y al intolerante a la lactosa: formas relictas, ventanas al pasado que nos muestran una pincelada de cómo eran antes las cosas. Una sensación equiparable a lo que sucede cuando los paleontólogos rescatan de las entrañas de la tierra miles de huesos de alguna especie que ahora consideramos común, pero que antaño lo fue muchísimo más. Creo que no podemos imaginar qué tamaño tenían las poblaciones de algunas especies en el Mediterráneo, como las del grupo de los petreles (pardelas, paíños y similares), unos pocos miles de años atrás. Desde esta perspectiva histórica podríamos decir que a todas ellas les va mal hoy en día y que aquellas que han llegado milagrosamente hasta el presente son en realidad poblaciones relictas, por más que la especie en su conjunto no lo sea.

Relicta es la presencia de palmitos en la región mediterránea, pues todas las palmeras proceden de ambientes tropicales o subtropicales. Aquí se quedaron, por mor de la fortuna, tras empeorar el clima planetario en el Plioceno. Relictos son los nautilos, esos cefalópodos con concha que mantienen vivo el recuerdo de los amonites y belemnites que habitaban en los mares del Mesozoico; tan relictos que ya en tiempos de Darwin se les llamaba fósiles vivientes. Relictos de distintos tiempos fríos son los pinsapos de las sierras andaluzas, los osos, los urogallos y las perdices nivales (los lagópodos más acertadamente). También, en cierto sentido, los linces ibéricos y las águilas imperiales, aunque ya sean especies distintas a las que llegaron del norte empujadas por los hielos hace un millón de años. Nuestra fauna y flora actual conserva trozos de óleo que se han quedado adheridos al lienzo en tiempos radicalmente distintos. Unos son testigos de épocas en las que los trópicos aún campaban a sus anchas por toda la tierra conocida, otros constituyen los restos del subsiguiente endurecimiento de las condiciones de vida.

Percibir los árboles monumentales como reliquias de un pasado frondoso es mucho más adecuado e informativo que considerarlos rarezas del presente. Foto del autor; encina monumental de Culla, Castellón.

## ¿Comunidades virtuales?

Mi imagen favorita es la de percibir un movimiento histórico de la flora asiática hacia occidente. Asia tropical ha sido la mayor fuente de diversidad vegetal del planeta y nuestro semi-continente se ha beneficiado enormemente de compartir la nave euroasiática. La escasez de robles y de pinos en Europa, frente a los cientos de especies presentes en América del Norte (México incluido, claro está), resulta sumamente engañosa a primera vista. La verdad es que aquí teníamos una diversidad vegetal comparable a la norteamericana de hoy (si no superior), pero el deterioro climático del Cuaternario apenas nos dejó un puñado de especies, por culpa principalmente de la disposición este-oeste de las principales cadenas montañosas, como los Alpes o los Pirineos, a lo que hay que sumar la gran barrera biogeográfica que supone el mar Mediterráneo: el mar entre tierras. Por tanto, los robles europeos actuales pueden considerarse relictos de un pasado glorioso para su linaje.

Relicta es asimismo la gran fauna del continente africano. Toda ella en su conjunto, porque las megafaunas de otras regiones (América del Norte, América del Sur, Eurasia y Oceanía) hace ya tiempo que desaparecieron, en todo o en parte, a manos del ser humano. Seguramente sólo se libraron de tan fatal destino en el continente donde nuestra especie evolucionó, lo que dio ocasión a la aparición de mecanismos antidepredadores en nuestras presas; y supongo que también en nosotros.

Relictos son los mamíferos marsupiales que, aunque ahora sobrevivan mayoritariamente en su refugio de Australasia, antaño tuvieron una distribución mucho más amplia que incluía nuestro continente. No todo es relicto, claro. Hay antiguos colonos, como las plantas que cruzaron la cuenca semivacía del Mediterráneo hace seis millones de años y que siguen siendo abundantes en ambientes semiáridos, como los cinturones de saladares que crecen en torno a las lagunas salinas. De hecho, si escasean se debe a la recentísima destrucción masiva que el hombre industrializado ha provocado en estos ambientes. Y hay también, por supuesto, recién llegados, como todos los pajarillos que en su reciente radiación se llevaron por delante a otras muchas aves no paseriformes. De ellas quedan algunas especies que sí deberían considerarse relictas, como los vencejos, el abejaruco, la abubilla, la carraca o el martín pescador.

Por último, cabe citar a los representantes más recientes de nuestras tierras: los endemismos iberomagrebíes o circunmediterráneos, como muchas plantas de Sierra Nevada o las currucas del género *Sylvia*, que llevan el marchamo de producto local reciente al ser hijas del clima mediterráneo que cuenta con casi tres millones de años de antigüedad. Formas que curiosamente apenas han cambiado en el tiempo que nuestra especie ha pasado de los *Austrolopithecus* al *Homo sapiens*.

Así pues, aunque hoy percibamos las comunidades animales y vegetales como un todo, como una realidad en el plano del presente, en realidad están compuestas por especies que proceden de muy distintos momentos de la historia, desde el tiempo profundo hasta el más cercano. Como metáfora, podemos imaginar que las comunidades son entidades tan virtuales como las constelaciones en un cielo nocturno. Aunque encontremos patrones generales (formas de osa, delfín, escorpión, toro, león), en realidad cada estrella se encuentra en un plano distinto (relictos lejanos, relictos recientes, supervivientes exitosos, recién llegados) y cuenta con una historia propia en la dimensión temporal. A nadie debe extrañar, pues, que resulte así de complejo abordar la comprensión del ensamblaje de las comunidades. O, en su caso, entender la magnitud del grado de dependencia entre especies y aún menos predecir las consecuencias de desmontar dicha comunidad. Si fuese de otra manera, supongo que sería muy aburrido.

*Las aves procelariformes formaban antaño colonias tan numerosas en el Mediterráneo que las pequeñas poblaciones que han llegado hasta nuestros días deberían considerarse relictas, independientemente de que sus tasas de crecimiento actuales sean positivas o no. Foto: Ana Sanz; paíño europeo "Hydrobates pelagicus" de la isla de Benidorm (Alicante).*

## 8. Plasticidad

*Si las especies representan papeles muy concretos en el teatro de los ecosistemas, se debe más bien a limitaciones surgidas por interacciones entre ellas –y la presencia humana– que a su propio potencial o a la influencia de factores abióticos como el suelo o el clima.*

Por regla general, menospreciamos la flexibilidad de los pobladores del campo. En nuestras mentes cartesianas, apoyados a veces en rígidos conceptos científicos, imaginamos que las especies juegan un papel determinado y concreto en cada ecosistema, del que no pueden salirse. El herrerillo que se cuelga boca abajo de las ramas de un árbol para buscar invertebrados no tiene probablemente parangón entre los pajarillos del encinar para realizar esta tarea específica; pero eso no significa que no pueda hacer nada más. Hace eso especialmente bien, pero podría sobrevivir alimentándose de otra manera y en otros ambientes si se dieran determinadas circunstancias. Su papel habitual en los bosques no se debe a una incapacidad intrínseca para actuar de otra manera, sino a una limitación impuesta por presiones ajenas. Me explicaré mejor.

**Los demás como presión selectiva**

Las comunidades animales se ensamblan en gran medida sacando los codos; es decir, por competencia entre especies emparentadas de cerca. No obstante, otras modalidades de relación entre especies, como el mutualismo y el parasitismo, tienen asimismo una enorme importancia. Los individuos son potencialmente capaces de moverse en ambientes distintos y mostrar un repertorio de conducta muy variado, pero acaban circunscribiéndose a entornos y patrones muy concretos para aprovechar los huecos ecológicos existentes. Pondré un ejemplo gráfico. En una ocasión caminábamos por el Parque Natural de El Hondo, en Alicante, y ante nosotros una lavandera blanca se dispuso a cazar un insecto al vuelo, de manera poco habitual para la especie, más bien al estilo de un papamoscas. Recuerdo que comentamos lo extraño de su comportamiento: ¡una lavandera jugando a ser papamoscas!

En las islas las avecillas del bosque, como este herrerillo común "Cyanistes caeruleus" desempeñan papeles ecológicos muy distintos a los que juegan sobre el continente debido a que en las islas hay pocas especies pero densidades altas de las pocas especies existentes. Foto: Antonio Cortizo.

Acto seguido y ante nuestro estupor, un halcón peregrino apareció de la nada en cuestión de segundos y capturó a la lavandera a la velocidad del rayo. ¡La naturaleza no perdona las transgresiones! –pensamos para nuestros adentros–; te puedes salir de tu papel habitual, de tu óptimo (existe potencial para que una lavandera emule a un papamoscas), pero entonces te la juegas. A buen seguro, los papamoscas son capaces de cazar en vuelo desde sus perchas y vigilar a la vez si algún depredador acecha. Del mismo modo, las lavanderas son capaces de recorrer las cunetas sin ser atropelladas por los coches, ya que, a fin de cuentas, esa situación no es muy distinta de la que se encuentran en una pradera llena de grandes herbívoros a la carrera.

De algún modo, las especies se reparten el pastel. Cuantas más especies hay, más pequeñas deben ser las porciones y más se tiende a la especialización y a los nichos ecológicos de menores dimensiones. Es decir, más se fomenta la diferenciación. Pensando en términos probabilísticos, el papel jugado de manera predominante por las especies sería la media, el "pico", de una distribución de probabilidades. En este escenario, quedarían disponibles las colas de la distribución, más o menos anchas según las circunstancias, que pueden explotarse con conductas sub-óptimas en caso de necesidad u oportunidad. Un experimento natural muy ilustrativo, equiparable a un experimento de remoción de especies, es el que sucede en las islas oceánicas.

Las islas, incluso las más grandes, son espacios muy desconectados del flujo directo de fauna y flora en el continente más cercano (digamos que es difícil atinar en el blanco de la diana) y cuentan, además, con menos recursos. Por este motivo, muchas de las especies que consiguen llegar hasta una isla acaban extinguiéndose. A causa de ambos factores (menos colonizaciones y más extinciones) las islas suelen contar con menos especies por unidad de superficie que los continentes. Al haber menos especies, cada una de ellas toca a más. Ahora vivo en las islas Baleares y, acostumbrado a la fauna valenciana, a menudo echo en falta tropezarme con muchas especies de vertebrados que estarían presentes en unos encinares tan bien conservados como los de la sierra de Tramuntana, en Mallorca. Pero no están. Nunca han llegado. O, si llegaron, no se quedaron o se extinguieron por escasez de recursos.

Sin embargo, esa carencia se ve compensada por la sensación de que uno ve a las especies continentales en lugares y con actitudes que no resultan familiares, aparte de en densidades extraordinarias. Como es bien sabido, las especies isleñas se caracterizan por presentarse en densidades mucho más elevadas que en los continentes: pocas especies pero muy abundantes. También por ampliar sus nichos gracias a la relajación de la competencia con otras especies y al aumento de la que entablan con sus conespecíficos. Por todo ello, son más todoterreno, más generalistas. Así pues, existe la capacidad de ser flexible, adaptable, maleable... Aunque sólo se manifieste en determinadas condiciones. Y esas condiciones vienen dadas fundamentalmente por la componente biótica de los ecosistemas, es decir, por la presencia o ausencia de otras especies o por la mayor o menor densidad de población dentro de una especie. Los factores abióticos, la componente no viva de los ecosistemas (suelo, clima), tiene una influencia menor. El fontanero es bueno en su oficio, pero muchos de ellos pueden hacer también trabajo de carpintero, aunque no tan bien como un especialista. Sólo si en el pueblo falta un carpintero puede el fontanero ganarse la vida desempeñando otro oficio que no domina tanto, especialmente si hay además muchos más fontaneros y conviene diversificar la oferta.

¿Realmente crían los buitres en paredones remotos como éste de la provincia de Castellón porque ese es su hábitat predilecto de reproducción o criarían sobre árboles junto a los predecibles muladares si no tuvieran molestias humanas? Foto del autor.

## Presión humana

Al igual que los componentes de una comunidad determinan los grados de libertad en los que puede desenvolverse cada especie, el ser humano es hoy en día un factor conductor de los procesos selectivos. Pongamos un ejemplo práctico que me resulta cercano. Los halcones de Eleonora (*Falco eleonorae*) de isla Grossa, la mayor del pequeño archipiélago de las Columbretes, escogen para criar, de entre todos los ambientes disponibles, los acantilados que están lejos de las zonas de uso público y fuera del alcance de la luz del faro (1). Sin embargo, en otra isla del archipiélago, donde no faltan buenos acantilados para criar pero la presencia humana es muy esporádica, los halcones crían directamente en el suelo. ¿Cuál es la diferencia entre ambas islas? Pues la presencia humana permanente en la primera y su ausencia casi completa en la segunda. Por lo tanto, el factor humano nos permite descubrir las verdaderas preferencias de los halcones. Sin haber dado este paso nos hubiéramos ido a casa pensando que para un halcón lo "normal" es criar en acantilados.

En términos más técnicos, ésta es la diferencia entre el nicho fundamental (en ausencia de competidores) y el real (en presencia de competidores) de una especie. Ejemplos similares los hay a puñados. La especie humana se ha convertido en un componente biológico de enorme influencia en el seno de las comunidades animales y vegetales, también a la hora de influir en las elecciones de las demás. Sin tener en cuenta este factor estaríamos pasando por alto una pieza clave para entender por qué las comunidades funcionan como funcionan.

**Plasticidad y conservación**
Esto nos lleva directamente a pensar en el papel que juega la flexibilidad de la conducta a la hora de resistir el impacto de la actividad humana, o para recuperarse de él, en las poblaciones de animales salvajes. En nuestras latitudes, la mayor parte de las especies que han llegado hasta nuestros días, tras milenios de presión humana sobre ellas, son las supervivientes de un profundo proceso de selección artificial. Así, se han visto favorecidas aquellas que cuentan con un rango de conducta más amplio y con estrategias vitales que les permiten tolerar la explotación. Podría decirse que la mayor parte de las especies que vemos en el Mediterráneo son, o bien oportunistas, o bien muy oportunistas ("hombres de Davos"), mientras que hay muy pocas súper-especialistas ("sibaritas").

La mayoría de las especies de conducta exigente y rígida hace tiempo que se quedaron por el camino. Las pocas que han llegado milagrosamente hasta hoy, como los linces ibéricos o las águilas imperiales, atrapadas desde hace un millón de años en una relación íntima con los también ibéricos conejos tienen, por desgracia, un futuro bastante incierto.

# 9. De la redundancia al desperdicio

*Residir en una isla después de haber vivido en el continente da mucho que pensar durante las salidas al campo. En Mallorca, saltan a la vista características ecológicas muy diferentes con respecto a la Península Ibérica. Esto va mucho más allá de la pura anécdota y sirve, no sólo para aprender ecología insular, sino para entender mejor la ecología continental.*

Una de las principales diferencias que se perciben entre Mallorca y la Península es que en el continente, y debido a la mayor riqueza de especies, los papeles que desempeñan animales y plantas son en cierta medida redundantes, razonamiento que presumo extensible al mundo microbiano y al reino de los hongos. Por el contrario, las pocas especies que hay en la isla no sólo están lejos de la redundancia (de la repetición o superposición parcial de papeles ecológicos) sino que, como decía en estas mismas páginas en febrero de 2010 (1), muestran una enorme plasticidad para llevar a cabo papeles diversos. No obstante, a pesar de esa flexibilidad de conducta que se manifiesta en las islas debido a la baja competencia entre especies –aunque sea alta entre los individuos de una misma especie–, no todos los papeles ecológicos que se aprecian en los sistemas naturales continentales aparecen desempeñados en los isleños.

Curiosamente, esta carencia de especies conduce al desperdicio de importantes recursos naturales. Pondré un ejemplo bien visible, ilustrado por una de las fotografías que acompañan a estas líneas. En la isla de Mallorca no hay (ni ha habido nunca, porque jamás llegaron hasta aquí) ciervos ni jabalíes, exceptuando los que alguna vez han sido introducido sin éxito, capaces de comerse las cosechas anuales de bellotas que producen los extensos encinares de la isla. Así que las bellotas se acumulan sobre el suelo incluso meses después de haber sido producidas. Sólo las palomas torcaces (*Columba palumbus*), que en Mallorca llaman *tudons*, y algunos mamíferos introducidos, como los ratones de campo (*Apodemus sylvaticus*), consumen parte de la cosecha. Por regla general lo hacen de manera ilegítima, es decir, sin contribuir a su dispersión. Las abundantes cabras asilvestradas no parecen muy aficionadas a aprovechar este recurso, como probablemente no lo fueron los antiguos *Myotragus*, una especie de ovejas con aspecto caprino llegadas por su propio pie hasta la isla hace unos 5 millones de años, durante el último periodo de desecación del Mediterráneo. Los *Myotragus*, por cierto, tras una larga mallorquineidad, se extinguieron tras la llegada de nuestra propia especie a Mallorca hace apenas 4.000 años.

Una situación así sería impensable en los encinares extremeños o en los de Sierra Morena. Las bellotas son un bien codiciado por muchos animales que conforman un mismo "gremio", al menos durante una parte del año. La gran abundancia de especies en el continente hace que ese papel de consumidores de bellotas sea redundante. Los jabalíes seguramente se las bastarían para dar cuenta de las cosechas anuales de bellotas, pero han de compartirlas forzosamente con ejércitos de ungulados que hacen todo lo posible por asegurarse su parte del botín.

### ¿Redundancia innecesaria o seguridad a largo plazo?

Esto nos lleva a preguntarnos si toda esa diversidad de consumidores, funcionalmente bastante equivalentes (2), es en verdad necesaria para el mantenimiento de los sistemas que les dan cobijo. En Mallorca los encinares se mantienen sanos y salvos de generación en generación sin dispersores de bellotas conocidos, fuera del ser humano y del ocasional papel de las palomas torcaces (3); un cometido en cualquier caso muy reciente, ya que esta especie fue muy escasa en Mallorca hasta los años setenta, aunque ahora sea ubicua (4). También cabe pensar en las acumulaciones de bellotas que puedan hacer los lirones caretos (*Eliomys quercinus*), una especie introducida varios milenios atrás, si bien parece que su dieta en la isla es más carnívora que vegetariana (5). En definitiva, parecería lógico pensar que la existencia de un amplio gremio de dispersores de bellotas en el continente es redundante y, por lo tanto, innecesaria.

*Cosecha de bellotas acumuladas, y no consumidas, en un encinar de la sierra de Tramuntana (Mallorca) hacia el mes de marzo, mucho después de su producción otoñal. Los encinares de Mallorca carecen de especies autóctonas que se encarguen de dispersar y consumir las bellotas. Foto del autor.*

La respuesta, sin embargo, probablemente vaya por la línea de la seguridad o prevención a largo plazo (6). Un sistema redundante, como un encinar andaluz, probablemente cuente con una mayor resistencia al cambio y una mayor resiliencia para recuperarse de una perturbación que un encinar mallorquín donde la desaparición de una especie (o un cambio en las actividades tradicionales humanas) podría tener consecuencias ecológicas sustanciales (7). Así pues, no hay nada de malo y sí mucho de bueno detrás de la redundancia, si consideramos largos periodos de tiempo dentro de los cuales pueden producirse numerosos fenómenos catastróficos impredecibles.

Los ecosistemas terrestres más altamente redundantes –y probablemente más resilientes– deben de ser las selvas tropicales, donde el barroquismo alcanza cotas insuperables. Esto es así principalmente porque la franja delimitada por los trópicos concentra lo que queda de la larga historia tropical de nuestro planeta, donde este tipo de ecosistemas llegaban en el pasado hasta los 45 grados de latitud, tanto en el norte como en el sur. La desaparición del dispersor de una semilla, o de un polinizador, debe ser fácilmente compensada por el aumento de otra especie del gremio.

**Nichos disponibles**
Incluso las especies consideradas como especialistas pueden desempeñar sorprendentes papeles ecológicos alternativos en ausencia de competidores. Por lo tanto, medir el grado de especialización de una especie en presencia de competidores es contar solamente una parte de la película. Sin analizar su papel en sistemas donde las especies sean más escasas, como experimento para medir la flexibilidad de su conducta, no podemos llegar a conclusiones definitivas sobre el grado de especialidad real y las implicaciones de su ausencia sobre la red de interacciones. Es algo así como cuando cultivamos en igualdad de condiciones ambientales plantas de la misma especie que en la naturaleza crecen bajo regímenes distintos de temperatura o humedad. Estos experimentos, llamados de "jardín común", sirven para averiguar cuánto hay en sus diferencias fenotípicas de adaptación evolutiva y cuánto de plasticidad de un mismo genotipo.

El desperdicio de recursos insulares probablemente no concierne sólo al consumo de bellotas. Por ejemplo, serían dignas de estudio las tasas de descomposición de los cadáveres de vertebrados en islas y continentes equiparables en cuanto a sus condiciones ambientales abióticas. Pero también es cierto que el desperdicio de recursos no es sólo propio de las islas. En el número 255 de *Quercus*, Carlos Herrera mostraba un gráfico ejemplo de desperdicio de recursos continentales ejemplificado por la masiva producción de polen de coníferas en torno al embalse del Tranco de

Beas (8), situado en la sierra de Segura (Jaén). Tan sólo es lícito afirmar, pues, que este fenómeno debe de ser más común en las islas, pero no es exclusivo de ellas. También debe de ser más común fuera de los sistemas tropicales, que son los menos derrochadores debido a su propia complejidad estructural. Como es sabido, en los trópicos los nutrientes se encuentran sobre la biomasa, no en el suelo, y el diferencial entre producción y consumo de oxígeno está en torno a cero. En otras palabras, no son las selvas tropicales los pulmones del mundo, sino que este papel hay que atribuírselo sobre todo a las humildes células del fitoplancton marino.

En ambos casos, continental e insular, podemos mirar este curioso fenómeno del desperdicio desde una óptica positiva. Por ejemplo, considerando la disponibilidad de nichos vacantes listos para ser aprovechados por el primero que llegue o que innove. Hay un nicho para comedores o descomponedores de polen en los lagos de montaña rodeados de bosques de pinos (si no está ocupado ya) y uno esperando a consumidores y dispersores de bellotas en los encinares mallorquines, antaño aprovechado por el hombre para la cría del *porc negre*, pero ahora completamente desaprovechado. Hoy por hoy, lo más probable es que los acaben descubriendo y llenando especies traslocadas por nosotros, como los jabalíes que ya están presentes en núcleos zoológicos de Mallorca con medidas de prevención de escape bastante más pobres de lo que debieran.

## 10. El color de los cormoranes

*Con estas líneas sólo pretendo mostrar cómo un tema aparentemente tan intrascendente como el color del plumaje, en este caso el del cormorán moñudo, puede dar para pensar largo y tendido sobre diversos aspectos de su biología. Traslade el lector sus reflexiones al color o la forma de escarabajos, flores o anfibios y disfrute en el intento.*

Durante mucho tiempo me he preguntado por qué los cormoranes moñudos (*Phalacrocorax aristotelis*) son de ese color verde tornasolado que, desde la distancia, parece negro al ojo humano. ¿Será algo adaptativo, un subproducto de otro rasgo o incluso una carga filogenética? Curiosamente, una posible explicación podría venir del blanco plumaje de las gaviotas. Suele admitirse que el blanco de gaviotas y charranes se ha perpetuado en el tiempo porque resulta ventajoso para cualquier individuo señalizar a distancia una fuente de alimento, ya que estas aves son más eficaces cuando pescan en grupo. También puede ser el resultado de una forma recíproca de altruismo, ya que señalar una fuente de alimento beneficia a todos los individuos en una u otra ocasión. No olvidemos que el mar es básicamente un desierto puntuado de focos ricos en comida, altamente impredecibles. Pues bien, los cormoranes vienen a ser, en cierta medida, lo contrario.

**No destacar ante otros cormoranes**
Por regla general, las fuentes de alimento de los cormoranes son mucho más predecibles, pero también más pobres, en el Mediterráneo que en el Atlántico y por eso suelen pescar en solitario. De ahí, quizá, ese color tan difícil de definir: a veces parece verde radiante, a veces completamente negro. Es posible que esa extraña coloración les ayude a pasar desapercibidos frente a otros cormoranes en el mar y así eviten tener vecinos a la hora de perseguir un recurso escaso. ¡El ideal de cualquier barca pesquera en el Mediterráneo!
De hecho, de las cuarenta especies de cormoranes que hay en el mundo, la mitad tienen gran parte de su plumaje blanco y, curiosamente, suelen ser las que precisamente pescan en grupo. Alberto Velando, un reconocido experto en cormoranes de la Universidad de Vigo, me contaba una vez que los cormoranes negros pueden pescar en grandes grupos (es decir al modo de los cormoranes blancos) debido a la gran abundancia de presas en torno a su colonia de las islas Cíes. En esas aguas se alimentaban exclusivamente de los muy abundantes lanzones o bolos (peces del género *Ammodytes*), que viven en fondos arenosos a poca profundidad. Seguramente sólo cuando el alimento es muy abundante puede relajarse la condición de pescar al acecho en solitario. Y quizá hasta sea ventajosa la pesca en grupo, ya que en este caso la interferencia entre individuos podría arrojar beneficios para todos. Lo mismo ocurre con sus parientes los cormoranes grandes (*Phalacrocorax carbo*) en los lagos abarrotados de múgiles y carpas, donde se pueden pescar casi a ciegas. Por desgracia, esa particularidad de la colonia gallega ya es cosa del pasado, porque anda de capa caída desde que el *Prestige* derramara su negra carga sobre los arenales que rodean las islas y arruinase la cosecha de bolos. De poco les ha servido a los "cuervos calvos", que tal cosa significa el nombre griego *Phalacro-corax*, que las islas sean ahora, al menos sobre el papel, un parque nacional marítimo-terrestre... Pero este es un cantar que dejaremos para otro día.

*Adulto de cormorán moñudo "Phalacrocorax aristotelis" posado en un acantilado costero. El color de los cormoranes, ¿es fruto de la selección natural o un mero subproducto evolutivo? Y, en cualquier caso, ¿qué presiones selectivas han intervenido? Foto: Beatriz Vigalondo.*

## Ocultarse ante las presas

Por otro lado, los cormoranes moñudos juveniles del Mediterráneo, donde la comida siempre es escasa porque no existen grandes bancos de lanzones o presas similares, son bien blancos en su zona ventral, lo que quizá no sea una casualidad. El ser blancos por abajo podría contribuir a que los peces los vean peor cuando miran hacia arriba desde debajo del agua, ya que su silueta se desdibuja entre el color claro del cielo. De modo que el ser blancos puede ayudarles a pescar en esa etapa inicial e inexperta. Muchos peces (sardinas, alachas, boquerones, caballas) y depredadores (tiburones) emplean una estrategia similar: son oscuros por arriba y claros por abajo, porque así pasan más desapercibidos para quienes los acechan desde arriba o desde abajo. De hecho, una segunda hipótesis contemplaría que los cormoranes que pescan en grupo son blancos porque buscan comida más cerca de la superficie, mientras que los oscuros lo hacen a mayor profundidad.

Sin embargo, no existe una clara correspondencia entre la zona de forrajeo y el color del plumaje en los cormoranes (1). Además, otras aves marinas capaces de bucear profundamente (como araos, alcas, frailecillos o mérgulos) son oscuras por arriba y claras por abajo. En abstracto, esta sería una hipótesis contrastable, ya que podría estudiarse la eficacia pesquera de cormoranes blancos con la parte ventral pintada de oscuro (si tal cosa fuese viable, inocua y reversible mediante algún procedimiento que ahora no puedo imaginar). Es más, hay quienes han estudiado este asunto pintando de negro el vientre de cinco gaviotas reidoras. Como era de esperar, encontraron que las que habían sido manipuladas capturaban menos peces que las gaviotas normales (2).

## ¿Selección sexual?
También podría darse el caso de que la coloración oscura no tenga otro valor adaptativo que resultar atractiva al sexo opuesto, como ocurre en muchas otras especies de aves (3). El plumaje más claro de juveniles y subadultos serviría simplemente para establecer una clara diferencia con los que aún no han alcanzado la madurez sexual y evitar así conflictos con los adultos reproductores.

Tanto los machos como las hembras de los cormoranes son de un verde tornasolado, con poco dimorfismo sexual, de modo que ambos sexos podrían valorar la calidad de sus posibles parejas en función de la intensidad del color.

## Impermeabilización, secado y termorregulación
Una cuarta explicación alternativa gira en torno a la idea de que el color oscuro les permite calentarse y secarse más rápidamente al aire, ya que las aves de esta familia no impermeabilizan bien su plumaje. No conocemos la razón de esta carencia, quizá alguna contingencia histórica la haya creado como subproducto adaptativo o, por el contrario, quizá sea una ventaja para vencer la flotabilidad durante el buceo. Esta segunda hipótesis es la que sugiere la bibliografía (4) pero pienso que sólo tendría sentido entre los cormoranes tropicales, que seguramente sean los basales en la filogenia, y habría perdurado como lastre evolutivo entre los que pescan en aguas profundas (hasta 50 m) y frías (no como adaptación). Una vez en tierra firme, el color negro ayudaría a secarse antes, al absorber más calor, pero podría tener la desventaja de crear problemas de termorregulación por exceso de temperatura en las colonias. De hecho, quizá eso explique que los adultos busquen zonas expuestas al norte para criar o cavidades bajo grandes piedras o densos arbustos, sin radiación solar directa, o incluso que los pollos tengan la piel oscura y nazcan extrañamente sin plumón. Una predicción de esta hipótesis sería que sólo los cormoranes de aguas más cálidas se podrían permitir ser más claros. Y es cierto, por ejemplo, que los juveniles del Mediterráneo son más blancos que los del Atlántico. Pero, si los juveniles pueden sobrevivir sin hipotermia, ¿por qué no continúan siendo claros por debajo los adultos? No parece que esta hipótesis nos lleve muy lejos.

### ¿Defensa contra depredadores?

Ligado a lo anterior, el hecho de que los cormoranes críen o se solacen habitualmente en zonas terrestres oscuras, lejos de la iluminación directa del sol, también les permite camuflarse considerablemente ante los depredadores diurnos. Un rasgo bien conocido para cualquiera que haya intentado censarlos en un acantilado de fondo negro, ya sea por el color de la roca o por el desarrollo de hongos endolíticos oscuros. Pero, en realidad, los cormoranes no suelen tener depredadores terrestres de los que esconderse. Quizá los tuvieran en el pasado (¿pigargos?) y el color haya perdurado como un rasgo relicto.

En fin, tal vez nos equivoquemos al tratar de proponer una sola hipótesis que explique el color de los cormoranes, cuando seguramente confluyan varias razones que actúan de forma sinérgica. En cualquier caso, el extraño plumaje de los cormoranes, singular como es, debe ajustarse al triple juego de permitir que sobrevivan a las inclemencias ambientales, pasar desapercibidos en la mar a la hora de alimentarse y ser no ya visibles sino atractivos a sus parejas. En un compromiso entre estas tres fuerzas mayores radica sin duda el misterio del color del cormorán, unas veces brillante cual esmeralda, otras veces opaco cual carbón.

## 11. Torpezas y trucos

*Solemos pensar que la fauna salvaje está perfectamente adaptada a su medio y puede con todo. Una idea que se aleja bastante de la realidad y emana de nuestro equivocado enfoque de la evolución como proceso que fabrica perfecciones. En realidad, los animales y las plantas sobreviven en su día a día dentro de un mar de torpezas y gracias a ciertos trucos. De hecho, si tienen la más mínima ocasión de escoger, se aburguesan tan rápido como los seres humanos.*

A veces no queremos ver lo que tenemos delante de las narices. Te forjas una imagen idealizada de algo, te invade una especie de enamoramiento y ves las cosas como quieres que sean, no como son en realidad. Uno de esos embelesamientos es el que nos lleva a pensar que los animales son muy eficientes y capaces de cualquier cosa. Sin embargo, si uno se para a reflexionar un poco sobre las aparentes anécdotas que ha ido recopilando a lo largo de su vida, surge una nueva impresión: la fauna silvestre es, en realidad, tan torpe como nosotros mismos en sus quehaceres cotidianos.

## Golondrinas, canasteras y fango

En un reciente viaje por la Grecia continental vi cómo un grupo de aviones comunes y golondrinas recogían barro en el cauce de un riachuelo, que atravesaba el centro de un pueblo, para construir o reconstruir sus nidos. Estuve un rato prestando atención al modo en que recolectaban la arcilla con el pico y me di cuenta de que era una tarea difícil y costosa. No es fácil, para una avecilla de tarsos cortos, aterrizar en una playa de fango sin llenarse las patas de tan pegajoso material, sobre todo si hay que estar alerta ante la llegada de posibles depredadores o de eventuales oleadas de agua movida por el viento.

Eso me trajo a la mente la imagen de unos pollos de canastera que muchos años antes encontramos criando en unos campos de algodón abandonados en el entorno de los embalses de El Hondo (Alicante). Era patético ver cómo se les formaban auténticas bolas de barro alrededor de las patas, hasta el punto de que algunos pollos habían sufrido amputaciones al secarse el fango. Al parecer, algo semejante pasa a veces con los pollos de flamenco en África, cuando se desplazan desde las lagunas que se secan a otras que todavía tienen agua. Uno pensaría que, siendo las canasteras aves de zonas húmedas, y aviones y golondrinas aves que siempre construyen el nido con adobe, unas y otros supieran cómo manejarse para evitar los efectos negativos del barro. Pero no siempre es así.

## Volar y aterrizar

Otro momento delicado para muchas especies de aves especialmente adaptadas al vuelo o a la vida acuática es cuando tienen que aterrizar en sus nidos o dormideros. Uno de los casos más patéticos que he observado en directo es el de los vencejos comunes. Cerca de mi casa hay una pequeña colonia a pocos metros del suelo, bajo los aleros de una casa antigua con techumbre de teja árabe apoyada en grandes vigas de madera. Los vencejos crían en los huecos y es un espectáculo espiarlos en sus ruidosas y veloces entradas al nido. Necesitan varios intentos para conseguir un aterrizaje apropiado, porque muchas veces chocan de manera estrepitosa contra las vigas y las tejas. Es normal. Los vencejos son máquinas de volar, con unas alas proporcionalmente muy largas y estrechas y unos tarsos reducidos al mínimo. De hecho, son parientes próximos de los colibríes, otro grupo eminentemente volador y de tarsos diminutos.

Pero los vencejos no son los únicos con problemas de aterrizaje. A similar inconveniente se enfrentan los cormoranes moñudos, aves de hábitos nadadores, cuando tienen que posarse en los acantilados para dormir. Casi nunca consiguen un buen aterrizaje al primer intento. Lo mismo cabe decir de los albatros, cuyas largas alas, geniales para planear sobre las olas, son un incordio para posarse en tierra firme. A veces sería más acertado juzgar como caídas los aterrizajes de las aves marinas que entran a las colonias de noche cerrada y sin luna, caso de las pardelas y los paíños. Si un observador se sitúa en plena zona de nidificación puede encontrarse con la sorpresa de que las aves le caigan directamente encima.

Los lobos emplean en sus desplazamientos las pistas forestales e incluso las carreteras más a menudo de lo que pensamos. Foto: Ángel J. España.

### El gran cazador

Otro mito es, sin duda, el del gran cazador. He tenido ocasión de observar con calma a las salamanquesas comunes cuando cazan de noche sobre ventanas y faroles. La situación no puede ser más favorable para ellas. Los insectos se ven atraídos por la luz artificial, sustituta de la de la luna, y siguen acudiendo a ella aunque un monstruo se interponga en su camino. Así que para las salamanquesas debería ser fácil conseguir alimento. No sé si achacarlo a esa seguridad o a que ya estuvieran saciadas, pero muchas veces necesitan varios intentos para hacerse incluso con polillas de tamaño considerable que chocaban directamente con ellas.

La misma torpeza es fácil de observar en las aves marinas cuando pescan o en las rapaces cuando cazan. No son máquinas perfectas, ni mucho menos. Creo que todavía tenemos idealizado incluso nuestro pasado de cazador. Sin embargo, más que a cazar, en muchos casos nos dedicábamos a recolectar

fauna carente de mecanismos para eludirnos. Así ocurrió cuando llegamos a islas sin depredadores o a continentes, como el americano, donde nuestra especie era desconocida hasta hace sólo unos 13.000 años. La fauna sin miedo fue más bien recolectada, como los frutos, que cazada. Pero, claro, no siempre fue así. Cazar mamuts con herramientas toscas en la Europa paleolítica debía requerir unas habilidades extraordinarias.
Podría seguir poniendo ejemplos de torpezas (pardelas a las que se le rompen los huevos al rodar y estrellarse contra las piedras, mérgulos marinos que mueren ahogados en masa durante las tempestades) pero no lo creo necesario. Seguro que el lector tiene en mente los suyos propios y prefiero pasar a otro aspecto que aborda la falta de perfección, pero en positivo. Me refiero a lo que he denominado "trucos".

Recuerdo que una vez vi un documental sobre esas decoraciones típicas de Marruecos hechas con trocitos minúsculos de madera que decoran las tapas de los cofres para joyas. No se colocan trozo a trozo costosamente, como cabría esperar al ver el resultado final, sino que el dibujo se consigue juntando largos haces de fibras hasta que en la superficie se obtiene el diseño deseado. Luego se fija el conjunto y se hacen cortes transversales muy finos del manojo de largas hebras de colores, de modo que se obtienen numerosas copias del mismo motivo. Por lo tanto, la cosa tiene truco. Como esos papelitos que doblamos múltiples veces y luego recortamos aquí y allá con unas tijeras para colgar en las fiestas. El resultado final da pocas pistas de cómo se llegó hasta allí. Pues lo mismo sucede en la naturaleza. Hay multitud de trucos que tienen poco de mágico y mucho de estrategia de supervivencia.

## Caminos en la mar
Sentado en una roca en un bosquete de pinos descubrí que, sin querer, había interrumpido la senda por la que transitaba un pequeño ratón de campo. Era de día y el ratoncillo salía de su escondite, se dirigía hacia mí siguiendo una ruta directa y al olerme se daba la vuelta y volvía a su escondrijo entre las rocas. Y así repetidas veces. Podría haberme esquivado cambiando un poco su ruta, pero no lo hizo. Ese comportamiento me dio pistas para suponer cómo se las apañan las rapaces nocturnas para encontrar roedores con tanta eficiencia. Los ratones probablemente siguen rutas de desplazamiento fijas, como nosotros usamos caminos, aceras y carreteras. Una lechuza o un cárabo sólo tienen que encontrar una de esas rutas (o una encina que acaba de soltar sus bellotas o un vertedero donde acuden las ratas sin falta) y esperar a que el flujo de roedores comience.

Después entrarán en juego su estupenda visión nocturna, el vuelo silencioso, la espléndida capacidad auditiva, el poder de las garras... Pero, de entrada, la cosa tiene truco. Una rapaz nocturna no se pone en medio del bosque, al azar, esperando a que la casualidad le traiga algo. No funciona así.

Muchos otros animales siguen caminos y sendas similares. Entre ellos los mamíferos depredadores, lo que facilitó la tarea de tramperos que, básicamente, seguían la misma estrategia que las lechuzas. Hasta tal punto llega su preferencia por los caminos trillados, que lobos, zorros y mustélidos aprovechan para desplazarse las pistas forestales abiertas por nuestra especie. Obviamente, son mucho más cómodas también para ellos. Recuerdo que una vez vi cómo unos ciervos pasaban a toda velocidad un vallado cinegético en la Sierra Morena jienense. Fue visto y no visto. Pensé que quizá lo habían saltado, pero al acercarme descubrí que el vallado estaba roto en ese punto. Los ciervos tenían perfectamente controlado el punto de paso y su ruta debía transcurrir diariamente por allí. Rutinas diarias que también siguen las rapaces diurnas, como las águilas calzadas y los milanos reales, que suelen verse campear en los mismos sitios y a las mismas horas en busca de alimento.

En definitiva, la fauna salvaje no es tan salvaje como nos gusta pensar. No pueden con todo. A menudo son torpes y han de solucionar sus problemas con maña, más que con fuerza. En este sentido, la actividad humana se impone como un factor de selección de genotipos crecientemente torpes pero también crecientemente espabilados. Quizá las salamanquesas torpes de mis faroles no sobrevivirían fuera del medio urbano sin ayuda de la luz, acechadas por muchos más depredadores que los gatos domésticos. Y quizá muchas de las gaviotas que se alimentan de los descartes pesqueros ya no sean capaces de buscar su sustento en un mar libre de barcas. Pero han sido "listas" (en el sentido de flexibles) para buscarse la vida en un nuevo ambiente. Al final, resulta que damos forma a la vida silvestre a nuestra imagen y semejanza, como a los dioses.

## 12. La intuición derrotada

*Me acababa de comprar una bicicleta de montaña ese mismo día. Por la tarde, salí a estrenarla y a mitad de camino se me aflojó la tuerca del sillín. Era casi imposible pedalear sentado, ya que el asiento se inclinaba adelante y atrás a su antojo. Paré al llegar a una fuente, en medio de la nada, y al poner el pie en el suelo golpeé un objeto metálico cuyo característico sonido se dejó sentir al chocar contra una roca. Me agaché por curiosidad y descubrí, para mi sorpresa, que era ¡una llave fija oxidada justo del calibre que necesitaba para apretar la tuerca del sillín!*

Ante experiencias reales como la esbozada en la entradilla, la mente humana tiende a pensar inmediatamente en la existencia de predestinaciones y destinos. No la culpo, es lo más intuitivo (en el sentido de explicar lo que percibimos antes de hacer uso del cerebro pensante) y lo más parsimonioso (el camino más fácil y económico). Pero, en la compleja naturaleza, las explicaciones intuitivas y sencillas rara vez resultan ser verdaderas. La manera científica de pensar cuando encontramos una aguja en un pajar es recordar cuántas veces hemos necesitado una solución inmediata a un problema y no ha llegado tan rápidamente. Es decir, para que el análisis sea correcto, en el modelo hemos de introducir tanto los ceros como los unos.

Encontrarse una vieja llave oxidada, justo cuando más la necesitas, parece un golpe del destino o un acto de brujería. Pero la cosa cambia si pensamos en la de veces que hemos necesitado algo urgentemente y no lo hemos encontrado. En ciencia, los ceros son tan importantes como los unos. Foto del autor.

Un razonamiento similar podría explicar por qué parece que todo está dispuesto en este universo para permitir la existencia de vida, tal cual la conocemos, en el planeta Tierra. Pequeños cambios en los parámetros físicos universales harían de la vida un fenómeno imposible. Por eso hay cosmólogos que plantean como explicación que existen millones de sistemas planetarios donde la vida no puede desarrollarse e incluso múltiples universos, algunos de los cuales permiten la vida y otros no (1). Nosotros viviríamos en uno de ellos, precisamente en el que todos los parámetros son adecuados para la vida. Desde esta perspectiva –y sin dejar de ser un fenómeno absolutamente digno de admiración– la vida no tendría ningún secreto, pues sería algo inevitable. Cuando tenemos en cuenta los ceros, los unos dejan de parecer un milagro. Son eventos poco probables, pero pueden suceder.

**Con lagartijas o sin ellas**
Todo esto viene a cuento porque vengo pensando desde hace algún tiempo, quizás con mucho retraso, que las proposiciones de la ciencia son muy poco intuitivas, lo que podría explicar su difícil asimilación. Cuenta Darwin en su autobiografía que, de pequeño, ¡no se explicaba que todo el mundo no quisiera ser ornitólogo! Tal era su fascinación por la naturaleza. A mí, salvando el abismo, me ha pasado algo parecido con la ciencia. Pensaba que la explicación científica de la realidad era la intuitiva y que cualquiera estaría contentísimo con ella, dado su poder explicativo y la robustez del método empleado. Pero no siempre es así. Pensad, por ejemplo, en lo poco intuitivo que es imaginar, cuando observamos una puesta de sol, que no es nuestra estrella la que baja, sino que somos nosotros los que nos desplazamos hacia arriba respecto a la línea del horizonte. Tampoco es intuitivo reconocer que la vegetación no es en realidad de color verde. La clorofila absorbe todo el espectro de la luz menos el azul y el amarillo, cuyo reflejo combinado hace que parezca verde a nuestros ojos.
Pensando en la teoría evolutiva, creo que las tesis de Lamarck (aunque erróneas en sentido estricto) resultan mucho más intuitivas que las de Darwin. La idea de evolución por selección natural es muy sencilla (y correcta), pero tremendamente contraria a la intuición. Tuve ocasión de comprobarlo durante el Año Internacional Darwin de 2009, cuando di varias charlas sobre evolución por los institutos de enseñanza secundaria de las islas Baleares. A pesar de esforzarme en explicar el mecanismo evolutivo darwiniano de manera sencilla, poniendo ejemplos hasta la saciedad, no tuve la impresión de que todos los alumnos captaran el proceder pasivo de

la selección natural, sino que la idea digamos errónea de cambio proactivo de Lamarck seguía campando cómodamente en sus mentes.

Pero supongo que cada uno tendrá sus sesgos personales en este asunto tan subjetivo de la intuición. Yo, por ejemplo, reconozco que he tardado años en darme cuenta de que la ausencia de lagartijas en algunos islotes de las islas Columbretes (Castellón) puede explicarse tanto por haber escapado estos de la colonización, como por extinción diferencial debido a quién sabe qué contingencias históricas. Los islotes ahora vacíos pudieron haber estado poblados en el pasado, convirtiendo los unos en engañosos ceros. Aunque suene a trabalenguas, la ausencia de evidencia no es evidencia de la ausencia. Para ser concluyentes habría que explorar el registro fósil de dichas islas para ver si encontramos restos de antiguos pobladores, suponiendo que la probabilidad de preservación de huesos fósiles de lagartija sea alta en tales medios.

Medusa de la especie "Pelagia noctiluca" en aguas de las islas Baleares. Si no reparamos en ello, se diría que las tortugas marinas y las medusas que les sirven de alimento son estirpes coetáneas. Pero los cnidarios pueblan los mares desde hace 600 millones de años y los quelonios no aparecieron hasta 450 millones de años después. Foto: Eduardo Infantes.

### Un defecto muy humano

De todos modos, mi ejemplo favorito de intuición dudosa es la facilidad con la que pasamos por alto la profundidad del tiempo geológico (ver capítulo 36) y, en consecuencia, la historia de la vida. Cuando llegamos al mundo nos encontramos con un planeta abarrotado de vida, lo que nos transmite la falsa impresión de que siempre ha sido así o de que se ha dispuesto de ese modo para nosotros. Abrimos los ojos y vemos a las tortugas marinas comiendo medusas como si fueran estirpes coetáneas, cuando el origen de los cnidarios se remonta a unos 600 millones de años mientras que los quelonios no aparecieron hasta el Jurásico, es decir, 450 millones de años después. Además, en aquellos remotos tiempos las tortugas marinas no eran como las de hoy, sino que alcanzaban tallas enormes, posiblemente en respuesta a la presencia de otros reptiles depredadores gigantes. El caparazón de algunas de esas tortugas, como las del género *Archelon*, llegaba a medir cuatro metros de longitud, el doble del de una tortuga laúd actual, que es la mayor de nuestros mares.

Asimilar la profundidad del pasado no es nada intuitivo y hemos de estar eternamente agradecidos a los fósiles, ya sean petrificados o incluso vivos, como celacantos, nautilos, ginkgos, equisetos, cicas, tuátaras, cangrejos herradura, hoazines y un largo etcétera. Todos ellos nos permiten constatar, con manos y ojos incrédulos, que el planeta es muy antiguo y que los cambios no han hecho más que sucederse a través del tiempo. El linaje humano, por ejemplo, sólo lleva hoyando este planeta un par de millones de años. Y me refiero al género *Homo*, no a nuestra especie, el *Homo sapiens*, que apenas tiene unos 200.000 años de antigüedad. Para hacernos una idea, los antílopes del género *Myotragus* colonizaron a pie la isla de Mallorca hace cinco millones de años, tras la crisis del Mesiniense que desecó el mar Mediterráneo. Es decir, cuando ellos llevaban ya dos millones y medio de insularidad subtropical, ¡comenzaron a aventurarse los primeros australopitecos en las sabanas de África oriental! Así de poca cosa somos.

**Culebras, vacas y establos**
Tampoco es nada intuitivo pensar que todavía hay mamíferos que ponen huevos (como el ornitorrinco y el equidna), coníferas que pierden la hoja (como el alerce), pájaros que se orientan por ecolocalización (como los guácharos de Suramérica) y aves venenosas al estilo de los batracios (como el pitohui de Nueva Guinea). Algunas plantas se alimentan de carne, hay avecillas como los colibríes que vuelan como insectos, peces que vuelan y otros que cambian de sexo a lo largo de la vida. Y, sin embargo, a pesar de esa enorme diversidad de estrategias vitales, la gente prefiere imaginar fantasías como que las culebras maman leche de las vacas e incluso de las mujeres encintas. Así me lo contó una querida paisana del rural gallego, ya entrada en años: la señora Milagros de Fornelos de Montes, a la que tengo un gran cariño. Juraba y perjuraba que lo había visto con sus propios ojos muchas veces, la culebra trepando por las patas de la vaca y después mamando "mejor que un becerro", según sus palabras textuales. Escuchándola, tan convencida, resultaba difícil dudar de su relato. Quizá las culebras acudían a los establos en busca del calor que desprende la paja en

fermentación o los propios animales, pero nada más; las culebras son incapaces de succionar por la propia estructura de sus mandíbulas. Sin embargo, esta explicación científica no satisfaría a la señora Milagros ni a muchas otras personas, como sé que sucede con el argumento de los unos y los ceros con el que empezaba estas reflexiones para explicar la lógica de las casualidades.

Hay algo en nuestro cerebro que prefiere las primeras impresiones, no reflexivas, quizás simplemente porque el neocórtex racional nos acompaña desde hace mucho menos tiempo que el cerebro límbico o el reptiliano, y eso convierte a la ciencia en una disciplina que va a contracorriente. A menudo pienso que los investigadores del presente tenemos mucha suerte de haber dejado atrás los tiempos del desdichado Giordano Bruno, condenado a la hoguera a los 52 años de edad por proponer, con toda la razón del mundo, pero en contra de la intuición general, que nuestro sol no es más que otra estrella de las muchas que pueblan el firmamento nocturno, lo que iba además en contra de las enseñanzas religiosas del momento. Quizá sea bueno tener presente que desentrañar la naturaleza y la razón de la cosas es una tarea ardua, en la que con frecuencia se confunden las causas y las consecuencias, y que conviene desconfiar por sistema de aquello que nos dicta el sentido común. Para bien o para mal, la naturaleza carece de sentido común y la intuición puede ser una consejera muy engañosa.

## 13. ¡Ostras! y otros efectos imprevistos

*En gestión de la naturaleza es frecuente que nos quedemos "chupando un palo y sentados sobre una calabaza", como en la canción de Serrat. Es decir, decepcionados o sorprendidos ante resultados muy diferentes a los inicialmente previstos. Deberíamos tratar de evitar caer en este tipo de situaciones.*

La intención original de las reservas marinas fue fomentar la actividad pesquera a largo plazo, para lo que fue preciso establecer restricciones a corto y medio plazo. Luego, dichas reservas derivaron más bien hacia la conservación del ecosistema, pero ¿acaso amparan por igual toda la biodiversidad marina en las zonas vedadas? Una reciente revisión ha encontrado que tanto la abundancia como la diversidad de formas de vida marinas son muy superiores dentro que fuera de las reservas (1). El incremento de la abundancia varía entre un 23 y un 196% dentro de ellas, mientras que el de la diversidad se cifra entre un 10 y un 130%. Las densidades de peces, en concreto, fueron entre el 35 y el 81% más altas dentro que fuera de ellas. Pero este no es el mejor enfoque para valorar la efectividad de las reservas, porque ambas zonas, la vedada y la explotable, podrían tener características distintas que fuesen capaces de determinar esas diferencias. Lo ideal sería tener información sobre el antes y el después de cada zona, pero normalmente no hay dato alguno sobre los "antes".

En cualquier caso, parece que las reservas sí son efectivas, ya que tanto la biomasa como la variedad de peces aumenta en las fronteras de la zona protegida. Aunque, claro, nunca llueve a gusto de todos y si aumenta la densidad y la talla de los peces es posible que eso afecte a todo el ecosistema. Recuerdo que antes de que se declarara la reserva marina de las islas Columbretes (Castellón) no había tanta langosta ni peces depredadores de gran talla, pero sí podía apreciarse todo un cinturón mesolitoral de moluscos (lapas, mejillones, bígaros) en las rocas volcánicas que se ha visto muy menguado en la actualidad. El aumento de peces y el descenso de lapas y mejillones podrían responder a una relación de causa-efecto debido a la depredación. Claro que también podría ser que antes de promulgarse la reserva hubiese más moluscos de los que corresponden a un sistema marino en equilibrio. Al final, todo depende de lo que nos interese proteger. Si lo que pretendemos es favorecer a la gigantesca lapa *Patella ferruginea*, propiciar la presencia de peces que se coman sus larvas quizás no sea lo más recomendable.

### Gatos, pájaros, ratas e islas

Muchas islas están llenas de gatos domésticos. Campan a sus anchas por los alrededores de las casas en los pueblos y acaban anualmente con cifras extraordinarias de aves residentes y migratorias. Se trata, en principio, de una realidad no deseable, pero que responde a la necesidad de controlar a ratas y ratones. Estos roedores fueron introducidos en la isla balear hace quizá 2.000 años, en tiempos de los romanos, y a falta de depredadores nativos pueden convertirse en una auténtica plaga. En Mallorca habita una comunidad bastante simple de depredadores introducidos que incluye comadrejas, martas y ginetas. Así que el objetivo conservacionista de controlar a los gatos asilvestrados está condicionado por la previa eliminación de los roedores, algo casi imposible de abordar en una superficie de 3.600 kilómetros cuadrados.

Por ejemplo la eliminación de gatos domésticos en Little Barrier Island (Nueva Zelanda), debido a la presión que ejercían sobre las aves marinas (2), trajo consigo un aumento en la densidad de ratas y un considerable descenso en el éxito reproductor del petrel de Cook (*Pterodroma cookii*). Claro que si el problema provocado por los gatos fuera una mayor mortalidad de adultos reproductores, el efecto de una menor productividad no sería tan grave, dado que la supervivencia es más importante que la fecundidad en términos de tasa de crecimiento de una población de aves longevas. Pero resulta que las ratas también afectaban directamente a la supervivencia anual de los adultos de petrel de Cook, una especie de pequeño tamaño dentro de las aves marinas. En fin, cada caso es un mundo y es difícil generalizar sin riesgo de equivocarse. Algo parecido puede ocurrir si en una isla coexisten ratas y ratones y sólo se controla a las ratas: los ratones pueden proliferar y acaban siendo un grave problema de conservación (3, 4).

La eliminación de gatos en las islas para proteger las colonias de aves marinas puede tener como consecuencia inesperada un aumento en la densidad de roedores, de manera que el descaste acabe por no reportar los efectos deseados. Foto: Isabel Donoso.

## Quitar y poner siempre tiene consecuencias

Una de las técnicas más empleadas por los gestores de fauna silvestre es poner y quitar especies en los sistemas naturales. Hace pocos años se propuso introducir en Norteamérica especies actuales que recompusieran la megafauna extinta a principios del Holoceno o que, al menos, tuvieran un papel ecológico lo más equivalente posible (5). El plan pretendía recuperar unas relaciones funcionales ya desaparecidas, como la dispersión de semillas, en muchos sistemas que aún conservan síndromes adaptativos a la presencia de aquella gran fauna del pasado. Pero, aunque la intención era buena y estaba basada en sólidos principios ecológicos, no tenía en cuenta el riesgo de obtener resultados inesperados e indeseados. Por ejemplo, las especies introducidas podrían ser portadoras de enfermedades infecciosas peligrosas para la fauna nativa. Esta lección ya deberíamos haberla aprendido a raíz de las meteduras de pata que se han cometido en el mundillo de la lucha biológica contra las plagas. El hecho de introducir a un depredador de la región de origen de la especie exótica invasora tiene a menudo consecuencias colaterales e imprevistas para las especies-presa nativas.

Por otra parte, la eliminación de fauna también puede acarrear efectos imprevistos en cascada, precisamente lo que se pretende evitar con propuestas como las anteriores. Así, la exclusión durante diez años de grandes mamíferos ramoneadores en la sabana africana redujo la cantidad de néctar y el alojamiento que ofrecían las acacias a las hormigas. Los árboles desprovistos de hormigas fueron más duramente atacados por un escarabajo, crecieron más despacio y sufrieron una mayor mortalidad que los ocupados por las hormigas mutualistas de las acacias. En este caso, la megafauna ausente pone de manifiesto la existencia de un amplio espectro de simbiosis, en el que están involucrados desde los insectos hasta los mamíferos de gran talla (6). Como le gusta decir muy acertadamente a un viejo amigo mío, translocar especies (incluso en el caso de las especies amenazadas) es seguir visitando la trasnochada idea de las repoblaciones cinegéticas y forestales. El procedimiento es el mismo, sólo cambian los sujetos de la suelta. En realidad, lo que necesitamos es un cambio de paradigma, trabajar sobre todo en la conservación de los hábitats y pasar del modelo de las repoblaciones vegetales (con especies autóctonas o sin ellas) al modelo de la facilitación vegetal (7). Este método tiene unas bases ecológicas profundas y es más apropiado para los ecosistemas mediterráneos, marcados por la crudeza del estío.

Los comederos para buitres fomentan la baja dispersión de las aves y, con ello, la formación de tríos reproductores que pueden reducir el éxito reproductor. Foto: Clara García-Ripollés (10).

## Comida suplementaria, desastre asegurado

La disponibilidad de comida es uno de los factores limitantes del crecimiento de las poblaciones, de modo que tocar este componente del sistema tendrá siempre consecuencias impredecibles en mayor o menor grado. Las embarcaciones turísticas dedicadas a la observación de fauna marina en el Mediterráneo suelen atraer a los peces con pienso en sitios predeterminados para que el espectáculo resulte más atractivo. Con esta inofensiva –e incluso aparentemente positiva– actividad se acaba favoreciendo el aumento de distintas poblaciones de peces, lo que puede tener consecuencias negativas para la comunidad animal de invertebrados que viven sobre las hojas de posidonia (*Posidonia oceanica*). La lista de ejemplos relacionados con los efectos indirectos e inesperados de la alimentación suplementaria necesitaría un anexo electrónico: restos de caza mayor que aumentan la supervivencia invernal de los depredadores del urogallo en Pirineos; comederos para buitres que fomentan la baja dispersión de las aves y, con ello, la formación de tríos que reducen el éxito reproductor; descartes de la pesca comercial que disparan el crecimiento de las colonias de gaviotas, las cuales pueden depredar después sobre otras especies; basureros que alteran los patrones de migración de las cigüeñas...etcétera, etcétera, etcétera (11).

Muchas veces, lo más aconsejable ante un aparente problema ecológico es no hacer nada, como predica el milenario taoísmo chino y como ya decía Carlos Herrera en su estupendo artículo del número 251 de *Quercus* (8). Dado que políticos y gestores difícilmente harán caso de tal sugerencia, porque han de rellenar memorias anuales justificando su trabajo, quizá sea conveniente recordar que existen herramientas de análisis bien elaboradas, como la denominada *gap theory*, que determina cuánta incertidumbre puede ser tolerada antes de que nuestra decisión cambie. La inferencia estadística bayesiana (9), que trata de aprovechar al máximo la información previa disponible sobre el sistema estudiado, también puede resultar una buena ayuda para que las personas encargadas de tomar decisiones tengan menos riesgos de montar un circo y que le crezcan los enanos. Con todos mis respetos para los circos sin animales y, por supuesto, para las personas más bajitas.

## 14. La única regla es el cambio

*Es muy frecuente que personas legas en la materia hablen de un supuesto "equilibrio ecológico". Hoy quiero dedicar estas líneas a desentrañar qué se pretende decir cuando se enarbola dicha expresión y si realmente existe algo parecido en la naturaleza.*

El "equilibrio" es un concepto de las ciencias básicas. En física hay dos tipos de equilibrio: estático (que puede ser estable o inestable) y dinámico (común en las reacciones químicas). El equilibrio estático estable es el de una canica en el fondo de una copa. El estático pero inestable es el de una canica en la cumbre de una montaña. Ambos tipos de equilibrio estático son irrelevantes para la ecología. El equilibrio que nos interesa es el dinámico, mediante el cual algo permanece aparentemente sin cambiar porque las entradas igualan a las salidas. Es el caso, por ejemplo, de un estanque que tiene siempre la misma cantidad de agua, porque el volumen que rebosa es idéntico al que lo alimenta. Así pues, quien piense en "equilibrios ecológicos" estáticos va por mal camino. Tan errado como quien espera respuestas de la naturaleza completamente azarosas ante las perturbaciones.

En ecología hay dos grandes equilibrios dinámicos de interés: el que tiene que ver con la constancia en el número de animales y plantas (equilibrio poblacional) y el que se relaciona con la constancia en la riqueza o diversidad de especies (equilibrio de la biodiversidad). El primero de ellos ha sido abordado tradicionalmente desde la ecología de poblaciones y define el papel de la propia abundancia como freno del crecimiento (densodependencia directa) y los mecanismos que regulan la población, ya sea mediante una respuesta numérica o funcional. El segundo incluye las hipótesis biogeográficas que tratan de explicar el número de especies presentes en un ecosistema. Desde mi punto de vista, cuando se alude de forma intuitiva a la rotura del "equilibrio ecológico" se está haciendo referencia a la alteración de cualquiera de estos dos equilibrios dinámicos, así como a la capacidad de la naturaleza para restituirlos.

## El equilibrio poblacional

Malthus y, por extensión, Wallace y Darwin, ya se dieron cuenta de que, si no hay un mecanismo de control, cualquier población animal o vegetal crece de manera exponencial hasta ser muy abundante en poco tiempo. Lotka y Volterra, en los años veinte del siglo pasado, dejaron claro que ese mecanismo regulador no tiene porqué ser necesariamente externo (como la depredación), sino que es intrínseco al propio crecimiento de la población: a medida que aumenta ésta, disminuye la disponibilidad de recursos por competencia intraespecífica. El resultado es que la población tiende a abandonar su rápido crecimiento y a estancarse en un tamaño que equiparamos a la "capacidad de carga" del ecosistema. Cuando esto sucede decimos que la población está en equilibrio dinámico. Es decir, en ese momento los nacimientos igualan a las muertes o, más correctamente, los nacimientos más la inmigración igualan a las muertes más la emigración. La población ni crece ni decrece.

Gato montés "Felis silvestris". En condiciones normales, los depredadores contribuyen a regular las poblaciones de las especies presa. El número de las presas tiende a oscilar en torno a un punto de estabilidad, fruto del equilibrio dinámico entre nacimientos, muertes, emigración e inmigración. Foto: Héctor Ruiz.

Una vez que alcanzan la zona de equilibrio, las poblaciones tienen mecanismos de resistencia (es decir antes de la perturbación) y de resiliencia o tamponamiento (que actúan después de la perturbación) que les permiten regresar al estado de equilibrio dinámico. Algo así como la capacidad del ADN para prevenir y corregir los errores de copia para que la doble hélice mantenga su contenido inalterado. Pero todos sabemos que acaban produciéndose mutaciones, errores de copia, a pesar de los mecanismos preventivos y correctores. Entonces, ¿cuál es la regla para el ADN? ¿El cambio o la persistencia inalterada? ¿Y cuál es la regla para una población? ¿Permanecer en el equilibrio o caminar hacia él? Hace algún tiempo mi colega y amigo Daniel Oro me sugirió una solución a este dilema: en realidad, la única regla es el cambio y por lo tanto el equilibrio no es la meta, sino en todo caso "los equilibrios". Es decir, una población en equilibrio dinámico será perturbada eventualmente (positiva o negativamente) y se moverá con el tiempo hacia un nuevo equilibrio numérico, ubicado más arriba o más abajo que el anterior. Así pues, el equilibrio no sólo es dinámico, sino también móvil, mucho más que nuestros teléfonos portátiles. En el caso del ADN esta misma situación estaría bien descrita a través del modelo de macroevolución por equilibrio puntuado, con largos periodos en los que no hay cambios (por selección estabilizante o por pasividad de los mecanismos del desarrollo embrionario), seguidos por otros de cambios relativamente rápidos a escala de tiempo geológico. Dichos cambios llevarán a un nuevo equilibrio (en este caso, a una nueva especie) y así sucesivamente (véase el capítulo 25).

Imaginemos el caso de una población de perdices en fase de equilibrio dinámico cuyas puestas empiezan a ser depredadas por zorros a raíz de la apertura de un vertedero. Las perdices podrán responder a la pérdida mediante dos mecanismos de amortiguación: o bien incrementan su tasa reproductiva (más huevos por puesta o más puestas de reposición), o bien aumentan el recambio de ejemplares por inmigración desde zonas aledañas. Mediante estos mecanismos demográficos de amortiguación la población tratará de mantenerse en su equilibrio original.

Pero no serán suficientes para mantener la abundancia de perdices, aunque su número oscile arriba y abajo en torno a un valor constante, si la cantidad de zorros continúa en aumento gracias al aporte suplementario de comida que representa el vertedero. Bien es cierto que el proceso no durará eternamente. Llega un momento en que la población de zorros ya no crece más y su tasa de depredación sobre las perdices se estabiliza. Si la población de perdices era grande y no llegó a extinguirse, quedará estabilizada en torno a un nuevo equilibrio, por efecto de sus mecanismos reparadores. Así pues, sí que hay cierta tendencia al equilibrio poblacional, pero a distintas escalas y dentro de una matriz inevitable de cambio (o falta de equilibrio) a largo plazo.

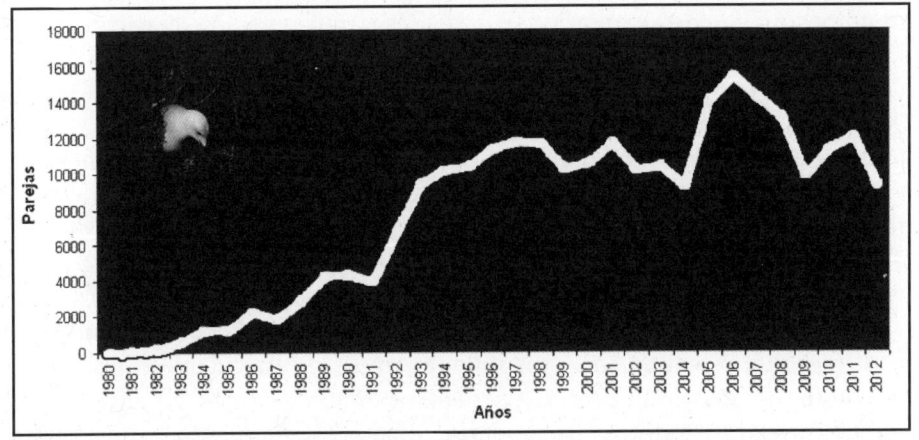

*La colonia de gaviota de Audouin "Larus audouinii" asentada en el delta del Ebro (Tarragona) siguió desde su fundación una curva de crecimiento exponencial hasta alcanzar un equilibrio dinámico. Sin embargo, para sorpresa de todos, siguió creciendo muy rápidamente para volver a buscar en los últimos años su anterior punto de equilibrio (datos proporcionados por Daniel Oro).*

## El equilibrio de la biodiversidad

Robert MacArthur y Edward Wilson formularon en 1963 su teoría sobre biogeografía de islas (1). Entre otras muchas cosas, proponían que el número de especies que hay en una isla es el resultado de un equilibrio entre las nuevas colonizadoras y las que se extinguen. En principio, la tasa de colonización va disminuyendo con el tiempo a medida que se reduce el número de colonizadores potenciales en la zona fuente, mientras que la de extinción aumenta a medida que la isla se llena de pobladores y aparecen nuevos problemas. Llega un momento en que ambas tasas se igualan y dan lugar a un equilibrio dinámico. Es decir, se extinguen tantas especies como llegan. O, si se prefiere, las extinciones son compensadas por nuevas colonizaciones y el número de especies permanece constante, como el agua del estanque. Esta teoría, que trata de explicar por qué un sistema natural acoge a un determinado número de especies, está basada en la idea de saturación. Los ecosistemas también tienen una capacidad de carga respecto al número de especies que pueden albergar. Pero esta teoría de la saturación no es compartida por todo el mundo. Hay quien piensa (un servidor entre ellos) que los nichos ecológicos se definen más bien por las circunstancias bióticas que por las abióticas; obviamente dentro de ciertos límites, ya que nunca esperaríamos encontrar una jirafa en el Polo. Lo que quiero decir es que la diversidad lleva a más diversidad (2), porque el mero hecho de que una especie entre en un sistema crea nuevas oportunidades (nichos) o facilita la entrada de otras. Por ejemplo, la entrada de un nuevo depredador en un bosque puede acarrear oportunidades para la entrada de carroñeros y descomponedores o de nuevas especies de parásitos.

Desde esta perspectiva no tiene demasiado sentido pensar en equilibrios de la diversidad por saturación, ni tratar de predecir o de explicar el número de especies que alberga una zona determinada. Como opina Robert Ricklefs, discípulo de MacArthur, es imprescindible tener en cuenta aspectos de tipo regional e histórico, no sólo local (3). Por ejemplo, parece claro que si los trópicos albergan tal cantidad de especies se debe, en gran medida, a que son el remanente de un planeta que estaba cubierto por bosques tropicales a principios del Eoceno, hace 55 millones de años, de modo que ahora los herederos de esas especies se encuentran empaquetados en un espacio mucho menor. De forma secundaria, dicho hacinamiento seguramente acelera las tasas de especiación, por el principio arriba mencionado de que la diversidad actúa como promotora de más diversidad, igual que el dinero llama al dinero. Se generarían así numerosas especies híper-especialistas (en gran proporción redundantes), con nichos muy estrechos o muy solapados, y poblaciones pequeñas, cuyos límites vendrían definidos por las especies vecinas. Si a eso unimos que las tasas de extinción probablemente sean bajas en el trópico, debido a la bondad y estabilidad del clima, tenemos armado el explosivo cóctel de biodiversidad tropical que conocemos.

En definitiva, no parece nada claro que la única opción sea un equilibrio de la biodiversidad basado en la saturación a largo plazo por competencia por los nichos disponibles. Las teorías que se basan en este principio solamente se cumplirán bajo determinadas circunstancias locales. Otras teorías alternativas dan más peso a los procesos puramente aleatorios, como la deriva ecológica (cambios aleatorios en las frecuencias genéticas dentro de las poblaciones), que es lo que sostiene la teoría neutra de Hubbell haciéndose eco de la antigua idea de deriva genética (4). Mientras que otras otorgan protagonismo a la plasticidad de las especies, como el "*ecological fitting*" de Dan Janzen (5). Sea como fuere, si la tasa de colonización supera a la de extinción la comunidad no estará en equilibrio y aumentará el número de especies; si sucede lo contrario, las perderá.

Todo lo anterior sólo es válido si existen factores ecológicos de extinción que actúan de forma continua. Si introducimos como componente una extinción puntual y masiva en plazos de tiempo amplios el asunto se complica mucho más (6, 7). Aunque el planeta ha pasado por cinco eventos de extinción masiva desde el Cámbrico, el número actual de especies es el mayor que se ha registrado en toda su historia. En el cálculo ya se ha tenido en cuenta que, cuanto más atrás vamos en el tiempo, más improbable es encontrar restos fósiles bien preservados. Así pues, no parece que las extinciones en masa tiendan a ser amortiguadas hasta alcanzar el grado de diversidad anterior, sino que, sorprendentemente, abren las puertas a nuevas radiaciones independientes repletas de novedades evolutivas, sin pretender un regreso a equilibrios anteriores. Por lo tanto, a muy largo plazo la regla es el desequilibrio.

En conclusión, es posible una tendencia al equilibrio dinámico a medio plazo, ya sea en cuanto a abundancia de individuos o de especies. Pero, en un marco de desequilibrio habitual, ¡la única regla es el cambio!

## 15. Los múltiples arquitectos del paisaje

*Algunas especies son conocidas como "ingenieras ecológicas" porque contribuyen a dar forma al paisaje y a mantenerlo en un determinado estado. Por ejemplo, mientras los elefantes africanos plantan árboles mediante sus deyecciones, el fuego se alinea con gacelas, cebras y búfalos para abrir huecos en la sabana. Evitan así el reclutamiento de árboles y mantienen los pastizales de herbáceas. Sin la contribución de este ejército de herbívoros, la sabana tendería a cerrarse hasta formar un bosquete de acacias. Pero durante los periodos secos, empujados por el hambre, los elefantes tumban sus plantaciones arbóreas y también ayudan a mantener la sabana abierta.*

Bien mirado, es difícil encontrar una sola especie que no modifique su entorno en mayor o menor medida. Y, en consecuencia, todas actúan como ingenieras, arquitectas, aparejadoras o delineantes ecológicas del paisaje, que es como se denomina en inglés este fenómeno (*ecological engineering*). Participan desde las hormigas, que entierran semillas en sus húmedos y cálidos hormigueros, hasta los túrdidos (zorzales, petirrojos, colirrojos) y los sílvidos (currucas), que en otoño se alimentan de los frutos de la maquia mediterránea y contribuyen en no poco a la diáspora (véase capítulo 32).

No parece ser éste el caso de las gaviotas de gran talla, normalmente del género *Larus*, que se han ganado fama de "ratas aladas" por sus eclécticos hábitos alimenticios. En efecto, han sabido aprovechar la materia orgánica sobrante en nuestro sistema consumista, expuesta a cielo abierto en los vertederos. Gracias a ello han alcanzado altas densidades de población, si las comparamos con las de otras especies cercanamente emparentadas pero de gustos más sibaritas. Así que las gaviotas basureras dan la impresión de que no juegan ningún papel positivo en el seno de sus ecosistemas, pero sin embargo sucede que son también unas grandes dispersadoras de semillas.

**Gaviotas que consumen frutos y dispersan semillas**
En muchas colonias mediterráneas, las gaviotas patiamarillas se alimentan complementariamente de olivas maduras caídas al suelo y de insectos perjudiciales para la agricultura. Regurgitan después las semillas de esas olivas en los dormideros y las colonias de cría, donde muchas caen sobre rocas o zonas desprovistas de suelo, pero otras sí terminan en terreno abonado y llegan a germinar. En algunas de sus colonias, como las situadas en las dunas del delta del Ebro o en la isla de Dragonera, hay incontables pies de acebuche de modo que el paisaje ha sido profundamente modificado por las gaviotas mediante este proceso de dispersión. Si tuviéramos que valorar económicamente su labor de repoblación natural –y además con planta autóctona– estaríamos hablando de grandes sumas de dinero.

Por otra parte, esos acebuches sirven para detener la pérdida de suelo y proporcionan alimento a los pajarillos en paso otoñal, que comen ávidamente sus pequeñas olivas silvestres (acebuchinas) cuando otros frutos más atractivos, como los de los lentiscos, ya se han agotado. Así que el servicio ecosistémico de las gaviotas se dispara. Es más, dicho hábito alimenticio está en expansión desde que han empezado a clausurarse vertederos – ¡por fin!– o a convertirlos en modernas plantas de tratamiento de residuos.

Pero la participación de las gaviotas no se limita a los olivos. Una investigadora de la Universidad de Vigo cita casos de dispersión de bellotas, bayas, cereal, malas hierbas e incluso especies amenazadas como la camariña (*Corema album*), cuyos frutos son ingeridos por las gaviotas juveniles en las islas Cíes cuando todavía nos son capaces de explotar plenamente los recursos del mar (1). Por su parte, investigadores canarios han encontrado asimismo que la gaviota patiamarilla dispersa las semillas del tasaigo (*Rubia fruticosa*) en las proximidades de Lanzarote (2). No conviene olvidar, sin embargo, que esta capacidad dispersadora de las gaviotas también puede beneficiar a ciertas especies exóticas invasoras, como las chumberas del género *Opuntia*, tal y como nosotros mismos hemos comprobado en Alicante, concretamente en el Parque Natural de la Serra Gelada e islotes de Benidorm (3).

*Semillas de olivo regurgitadas por gaviotas patiamarillas "Larus michahellis" sobre el suelo arenoso de unas dunas en el delta del Ebro (Tarragona). Foto del autor.*

## El caso de las lagartijas

Las lagartijas son otros vertebrados que, debido a su pequeño tamaño, suelen pasar desapercibidos como gestores de su entorno. En Dragonera y en otros muchos islotes de las Baleares, donde son muy abundantes las lagartijas endémicas *Podarcis lilfordi* y *P. pityusensis*, se sabe que estos reptiles dispersan las semillas del olivillo (*Cneorum tricoccon*), un arbusto relicto del Terciario, y contribuyen por tanto a estructurar el paisaje vegetal (4). Como las lagartijas fueron eliminadas de Mallorca, probablemente cuando se introdujeron comadrejas en tiempos de los romanos (aunque en realidad nadie sabe la causa a ciencia cierta), cabe preguntarse sobre las dificultades que ha tenido esta planta para dispersar sus semillas desde entonces. Curiosamente, sí sabemos que la marta, otro mustélido introducido en la isla, ha asumido ese papel, aunque el reclutamiento de las plántulas no es tan alto como cuando la dispersión recaía en las lagartijas (5). El olivillo, de hecho, ha ganado en rango altitudinal, ya que las lagartijas vivían en las cotas bajas de Mallorca según el registro fósil, mientras que las martas llegan hasta los mil metros. Además, ahora coloniza los pinares, un hábitat en el que no suelen adentrarse las lagartijas (4).

En la isla de Cabrera, el papel de dispersador de semillas lo asume otro mamífero introducido, la gineta (*Genetta genetta*), aunque con menor eficacia dada su costumbre de formar letrinas en puntos concretos. Como en el caso de las poco amadas gaviotas, que desempeñan papeles ecosistémicos de gran relevancia, nos encontramos ante la paradoja de que sean especies exóticas para las islas las que están manteniendo a una planta singular (4). Una tercera especie vegetal, el dafne menorquín (*Daphne rodriguezii*), endémica de Menorca, no ha encontrado todavía un agente dispersor que sustituya a las lagartijas, por lo que se considera en peligro de extinción. Sobrevive a duras penas, excepto en el islote de Colom, donde aún quedan lagartijas (4), y sus poblaciones actuales están muy envejecidas debido a la alteración del proceso de reclutamiento de nuevas generaciones (5).

Acebuches crecidos en campos dunares del delta del Ebro (Tarragona) previa dispersión de sus semillas por las gaviotas patiamarillas "*Larus michahellis*". La labor de esta especie como modeladora del paisaje vegetal pasa a menudo desapercibida. Foto del autor.

## Todos contribuyen a modelar el paisaje

Hay casos célebres de animales que construyen el paisaje, como los castores y sus presas, las nutrias marinas que controlan las poblaciones de erizos y mantienen los bosques de laminarias en las costas de California o los osos pardos americanos que aportan al bosque los nutrientes que los salmones han ido incorporando a lo largo de su vida. Sin embargo, conviene no perder de vista que muchas especies más modestas, sobre todo las involucradas en mutualismos obligados, pueden desencadenar cambios en cadena de efectos sustanciales que llegan hasta las altas escalas jerárquicas. Por ejemplo, como decíamos en el capítulo 13, eliminar herbívoros puede acabar matando árboles en lugar de salvarlos, debido a complejas interacciones en cadena mediadas por insectos mutualistas.

Lo mismo podríamos decir de las bacterias. ¿Acaso no cumplen como ingenieras las bacterias del suelo que fijan nitrógeno atmosférico o las que desnitrifican? ¿O los protistas y hongos descomponedores? En la naturaleza todo está relacionado y, por lo tanto, una multitud de organismos tienen derecho a firmar los proyectos estructurales del paisaje que habitan, aunque con su desaparición no se derrumbe necesariamente el edificio entero debido a la redundancia que suele caracterizar los sistemas más complejos.

## 16. No en el sur

*El desarrollo teórico de la ecología se produjo antes en los países de clima templado o boreal que en los ribereños del Mediterráneo, lo que propició que se exportaran reglas y paradigmas desde el norte hacia el sur. Sin embargo, nuestros sistemas naturales tienen poco o nada que ver con los que existen donde esas ideas se gestaron y su aplicación práctica en nuestras latitudes es desaconsejable e incluso perjudicial.*

En efecto, las costumbres practicadas en un sitio no siempre son adecuadas en otros. Pongamos por caso, la meseta ibérica. En Madrid el sol aprieta, pero la sensación de calor no es asfixiante gracias a que el aire es seco y la evaporación elevada. El resultado es un efecto refrescante debido a que la evaporación del sudor roba calor a nuestro cuerpo. Así pues, es fácil deshidratarse y conviene ir provistos de una botella de agua para compensar las pérdidas. Esta costumbre de beber profusamente, desarrollada en ambientes continentales de aire seco, no es tan necesaria en regiones costeras donde la humedad del aire se encuentra a menudo cerca del punto de saturación.

Digamos por ejemplo, Valencia. Los veranos son tan calurosos como los mesetarios, pero el cuerpo no logra evaporar fácilmente el sudor para refrigerarse, ya que el ambiente receptor, la atmósfera local, no admite más vapor de agua. La consecuencia es una mayor sensación de calor y una permanente película de sudor sobre el cuerpo, pero también una menor pérdida de humedad. Así que probablemente no sea necesario ingerir tanta agua para compensar las pérdidas. La lucha contra un eventual golpe de calor en ambientes de atmósfera saturada de humedad pasa más bien por buscar lugares frescos a la sombra. Y, por tanto, la ingesta continuada de agua, adaptativa en la meseta, podría ser innecesaria (y hasta contraproducente) en la costa.

## De la evaporación a la evapotranspiración

Pues bien, este mismo ejemplo práctico, tan humano, puede trasladarse a la ecología. Con frecuencia damos por buena la idea de que una cobertura vegetal más densa se traduce en una mayor recarga de los acuíferos y, por tanto, en un mayor caudal de las fuentes. Pero esta asociación de ideas sólo es cierta en determinadas circunstancias. Probablemente viene importada de algún país con rocas poco permeables y vegetación caducifolia, capaz de generar suelos con una capa generosa de humus.

Por el contrario, en la región mediterránea abundan los matorrales (maquias, garrigas, tomillares), que generan poca capa de humus, y la roca madre suele ser caliza, bien conocida por su gran capacidad para canalizar y almacenar agua subterráneamente. El caso es que, cuanta más extensión cubra la vegetación esclerófila, mayor superficie quedará expuesta a la evapotranspiración. Las fuentes del rural calizo valenciano probablemente manaban más agua antaño, cuando la vegetación estaba mucho más explotada por el hombre, ya sea de forma directa (entresaca de leña) o indirecta (pastoreo del ganado). Tras el abandono del campo, los montes se han visto reclamados de nuevo por maquias y garrigas y toda el agua que el matorral evapotranspira ya no está disponible para manar en las fuentes.

## Fluctuaciones latitudinales o altitudinales

La explicación de las variaciones espacio-temporales del paisaje vegetal ibérico fue llevada a cabo inicialmente por autores centroeuropeos. Como Firbas, que en 1939 e influido por lo observado en Alemania, presuponía grandes desplazamientos latitudinales de la vegetación ibérica durante las glaciaciones. Poco a poco, tras provocar numerosos errores de interpretación, ese modelo norteño fue sustituido por otro en el que la altitud cobra mucha más relevancia.

El modelo centrado en cambios latitudinales sí podía explicar la distribución de la flora alpina ibérica y la de aquellos enclaves dominados por la vegetación eurosiberiana. Pero dejaría sin respuesta cuestiones como la presencia de encinares relictos en Cantabria o la rápida expansión de los bosques esclerófilos mediterráneos en los periodos favorables (1). En otras palabras: la interpretación del paisaje vegetal ibérico requiere ambas perspectivas.

## Relaciones depredador-presa

Veamos otro ejemplo. Las conclusiones de los ecólogos escandinavos sobre el papel de los depredadores en la demografía y regulación de las poblaciones de presas (2) no pueden extrapolarse a la región mediterránea. ¿Por qué no? Pues por la sencilla razón de que nuestras comunidades de depredadores, terrestres o alados, son mucho más ricas y complejas que las del lejano norte y cuentan con una mayor representación de especies generalistas u oportunistas. Al parecer, los ciclos periódicos de depredadores y presas, como el protagonizado por liebres y linces boreales, sólo puede esperarse en sistemas donde el depredador sea un especialista y la presa una captura obligada. Los trabajos que se desarrollen en nuestras latitudes deben tener muy en cuenta esta complicación añadida para no llegar a conclusiones erróneas, como hemos padecido en carne propia al estudiar el declive de la población pirenaica de urogallos (3).

*Las lagunas mediterráneas restauradas se han de dejar desecar cada pocos años para prevenir la eutrofia, un modelo de gestión distinto al de las lagunas norteñas con mucha más renovación de aguas por la mayor precipitación. Foto del autor.*

## La gestión de los humedales mediterráneos

A principios de los años ochenta, cuando las recién estrenadas autonomías impulsaron las políticas de conservación, los que pretendían restaurar humedales sólo podían viajar al Reino Unido y, con suerte, comprar algún libro sobre experiencias anglosajonas pioneras en la materia. Por supuesto, la actual compra de libros por Internet ni siquiera se intuía. Pero aquellos manuales tampoco sirvieron de mucho, ya que las islas Británicas tienen poco que ver con la región mediterránea.

La mayor diferencia a resaltar quizá sea que nuestras zonas húmedas se secan, por regla general, cada año o cada pocos años. La materia orgánica en suspensión se mineraliza y los nutrientes se reciclan de tal modo que las lagunas surgen con renovado vigor tras la siguiente inundación otoñal. Un resultado de este proceso es el desarrollo de praderas sumergidas de grandes plantas acuáticas (macrófitos) frente al crecimiento desmedido de fitoplancton. En cambio, las aguas de las lagunas norteñas se renuevan con frecuencia debido al intenso régimen de lluvias, de manera que evitan la eutrofia (la asfixia por exceso de nutrientes y falta de oxígeno) mediante un mecanismo diferente.

*Durillo emergiendo entre lentiscos. La vegetación mediterránea, propia de ambientes con poca precipitación, se recupera de manera óptima mediante facilitación vegetal y no por repoblación, un modelo norteño. Foto del autor.*

## Restauración de ecosistemas: repoblaciones *versus* facilitación

El mundo de la conservación ha tomado prestadas de la ingeniería forestal las técnicas para plantar árboles, arbustos y plantas anuales. Pero son métodos que se desarrollaron con fines productivistas y en ambientes más norteños, así que hasta los años ochenta no empezamos a darnos cuenta de que los procesos de facilitación (4), habituales entre las plantas mediterráneas, son claves para que la cubierta vegetal se recupere de forma espontánea. Un principio tan sencillo como el que sostiene el refrán "al que buen árbol se arrima, buena sobra le cobija". Aunque ese "árbol" puede sustituirse por lentiscos, aladiernos, romeros o un simple manojo de ramas secas abandonado en el suelo. Crecer al resguardo de lo que hay es la mejor manera de salir adelante en el exigente estío mediterráneo. También es una estrategia para sobrevivir a las azarosas nevadas e incluso a la herbivoría, si el número de ungulados no es excesivo, como ocurre donde faltan o escasean los depredadores apicales. Muchas veces basta con preparar un poco el terreno para impulsar el proceso natural de facilitación, base de la sucesión vegetal.

Durante centenares de miles años, los ecosistemas mediterráneos han recuperado sus paisajes dañados por el fuego. Todo consiste en respetar los ritmos de la sucesión vegetal y no pretender recuperar en dos días un bosque quemado que tardó mucho tiempo en formarse. El resultado final no puede ser el mismo si optamos por la vía lenta de la facilitación o por la rápida de la repoblación. A estas alturas creo que haríamos bien en

olvidarnos de ese modelo clásico de las repoblaciones forestales, importado y de origen productivista, cuando hablemos de conservación.
Además, el éxito de las repoblaciones vegetales ha sido evaluado recientemente: la supervivencia es del 52% (es decir, equiparable al mero azar), el éxito en la floración del 19% y en la fructificación del 16% (5). Ya sabemos suficiente ecología vegetal como para ir pasando página o, al menos, para destinar esas técnicas más intrusivas a situaciones puntuales. Por cierto, lo mismo podría decirse de las repoblaciones de fauna, que debieran abordarse con mucha menos alegría, sólo cuando sea imposible que la especie implicada pueda regresar por sus propios medios. Mientras, es preferible garantizar la existencia de hábitats de buena calidad, el factor limitante en la mayoría de los casos.

## 17. El cazador de procesos

*Hay muchas maneras de salir al campo. A la mayoría de las personas les basta con comerse una tortilla a pocos metros del coche, debajo de un pino, para escapar de la rutina urbana. Otras planean excursiones para hacer deporte o disfrutar del paisaje. Las más experimentadas salen a coleccionar observaciones de animales y plantas.*

Aparte de las enunciadas en la entradilla, hay otra manera de salir al campo mucho más enriquecedora y enemiga del aburrimiento que consiste en buscar procesos naturales. Si prestamos un poco de atención es fácil encontrar patrones en la naturaleza. Aunque parecen estáticos, como fotografías puntuales, dichos patrones son en realidad el reflejo de procesos naturales dinámicos que ocurren en el espacio y en el tiempo. De los procesos se llega a los patrones a través de sus mecanismos, de manera que desentrañarlos a partir de imágenes estáticas es un bonito desafío. Viene a ser como recuperar una imaginaria película filmada a cámara lenta. Pongamos unos cuantos ejemplos prácticos para verlo más claro.

**Las dunas fósiles de Artà**
En la imagen de arriba que ilustra una bella estampa de la costa noroeste de Mallorca, lo que más llama la atención son sus aguas de color turquesa, producto de la pobreza en nutrientes del Mediterráneo, que se salda con bajas cargas de fitoplancton en suspensión. No obstante, si nos olvidamos por un momento de tan idílicas aguas, podremos centrar nuestra atención en las rocas de la costa. Aunque todo parece un continuo que acaba muriendo en el mar, en realidad la parte alta corresponde a calizas mesozoicas procedentes de sedimentos de hace unos 150 millones de años (Jurásico y Cretácico) elevados durante la orogenia alpina hace unos 18 millones de años. La parte baja está

constituida por dunas fósiles formadas durante el Cuaternario, es decir, recientemente en términos geológicos.

Para explicar la presencia de dunas fósiles hemos de imaginarnos la escena en uno de los picos glaciares del Pleistoceno, el periodo transcurrido durante los últimos 2'5 millones de años. En esa época, el nivel del mar estaba mucho más bajo debido a la acumulación de agua marina en forma de casquetes polares de hielo. Extensos arenales quedaron al descubierto y cubrieron varios kilómetros de lo que hoy sería mar adentro, de manera que el viento arrastraba aquellas partículas silíceas de grano fino hasta chocar contra las moles calizas elevadas desde antiguo. Con el paso del tiempo, la compactación y el desarrollo de cementos químicos carbonatados acabarían dando lugar a las dunas fósiles (calcoarenitas) que ahora contemplamos.

Aunque parezca que no existe un límite entre ambos tipos de rocas, en realidad se trata de una percepción muy engañosa, ya que se abre un abismo entre ellas (una discordancia) de decenas de millones de años. Es más, si volvemos a fijarnos en las dunas fosilizadas podremos identificar un paso más en los procesos acaecidos silenciosamente a través del tiempo. Las dunas están ahora colapsándose debido a la actividad erosiva del mar, que ha aumentado de nivel tras la fusión de los casquetes de hielo durante la bonanza climática del Holoceno. Por tanto, la arena que partió del fondo marino está cerrando un ciclo y regresando al lugar del que procede. Esta visión dinámica de las rocas se parece mucho a estar contemplando una película a partir de una sola instantánea. Así de enriquecedor es pensar en términos de procesos naturales (biológicos o geológicos) y sus mecanismos. Veamos otro ejemplo.

**El càrritx en el Puig Roig**
La fotografía de arriba nos muestra un paisaje poblado por una gramínea gigante, *Ampelodesmos mauritanica*, conocida como "càrritx" en catalán y "carcera" en castellano. Se encuentra en las faldas del Puig Roig, cima señera de la sierra de Tramuntana, en la isla de Mallorca. Hasta aquí nada anormal.

Da la impresión de ser un lugar donde, debido a las bajas precipitaciones y a la propia orientación de la ladera, no puede crecer nada más que un pastizal, aunque sea gigante. Sin embargo, la realidad es muy diferente. Históricamente se desmontaron y quemaron maquias y pinares en la sierra para dar paso al càrritx, que era empleado como pasto para ovejas (cuando rebrotaba tras las quemas) y caballerías (en estado maduro). Pero no quiero hablar de la impronta humana, sino del proceso natural oculto que sucede bajo las carritxeras una vez abandonadas, cuando dejan de quemarse y requemarse una y otra vez. Si miramos atentamente la imagen veremos que bajo la gramínea gigante se está recuperando una feraz maquia de lentiscos (*Pistacia lentiscus*) que forma parte de las etapas de sucesión del pinar o, al menos, de una maquia arbolada. La sucesión vegetal se apoya en el mecanismo de la facilitación, que viene a ser como "subirse a hombros de gigantes" para avanzar. Las plantas más estoicas preparan las condiciones en cuanto a disponibilidad de agua y nutrientes en el suelo, así como en lo relativo a la protección frente a herbívoros, para otras más sibaritas que puedan venir detrás, normalmente de mayor porte y más longevas. No tiene mayor secreto.

Pero el proceso de sucesión da mucho que pensar en el plano práctico o aplicado del asunto. La naturaleza mediterránea tiene mecanismos de sobra para restaurar el paisaje tras un incendio. Hay muchas plantas que rebrotan, otras que cuentan con bulbos subterráneos resistentes al fuego y además está la facilitación vegetal. Como vimos en el capítulo anterior, repoblar aquí es importar una técnica ingenieril del norte de Europa que resulta inadecuada e innecesaria para nosotros. Inadecuada porque el éxito de las reintroducciones vegetales es muy bajo, a menos que se esté suministrando agua regularmente, como en esas sueltas blandas de animales en las que hace falta seguir aportando comida para que la reinserción en el medio sea exitosa. E innecesaria porque la naturaleza sabe bien como cicatrizar sus heridas. Las repoblaciones no son más que atajos ante el proceder de la natura, que saltan del estadio 0 al 10 sin pasar por los intermedios, y sólo se justifican por nuestra impaciencia y escaso interés por toda formación vegetal que no sea un bosque maduro.

**Reptiles polinizadores**
En la tercera y última foto (líneas abajo) vemos una lagartija sobre una zanahoria marina en la isla de Sa Dragonera, también en Mallorca. La observación podría quedar en anécdota o en un nuevo medio para la termorregulación de los reptiles si no fuera porque, si nos fijamos mejor, la lagartija está comiendo polen sobre el capítulo floral. Hay depredadores de polen o de néctar que son consumidores "ilegítimos", en el sentido de que no contribuyen a polinizar las plantas. Pero las lagartijas insulares sí contribuyen positivamente a perpetuar el recurso. Su efecto es mucho más que anecdótico si tenemos en cuenta las altísimas densidades que llegan a alcanzar estos

pequeños saurios en las islas, tanto por estar desprovistas (o casi) de depredadores, como por la baja competencia entre especies. La pobreza en especies de las islas lleva al fenómeno conocido como "compensación de la densidad". Por otro lado, la alta competencia entre integrantes de una misma especie ayuda a ampliar los nichos ecológicos y a buscar nuevas soluciones para conseguir alimento y pareja. Así pues, el cazador de procesos recapitularía la historia natural en su mente para concluir que las plantas, normalmente polinizadas por insectos, pueden serlo también por vertebrados terrestres: aves, mamíferos (murciélagos) y reptiles, entre ellos nuestras lagartijas insulares. Así pues, una relación ancestral entre plantas e insectos ha acabado radiando con el tiempo a los vertebrados, de modo que algunos vegetales han desarrollado adaptaciones claramente dirigidas a animales de mayor talla, como esas flores rojas de largas y estrechas corolas que aman los colibríes.

Me viene una pregunta a la cabeza: ¿será la polinización por lagartijas una presión evolutiva para el capítulo (inflorescencia) de las umbelíferas? O, por el contrario, ¿acaso un capítulo que probablemente evolucionó para que las plantas con flores pequeñas optimicen las visitas de los insectos ha sido secundariamente empleado como plataforma de alimentación por los reptiles insulares? La segunda hipótesis parece más plausible, ya que muchas plantas con capítulos florales no reciben la visita de reptiles. En este caso podríamos decir que las plantas con umbela estaban pre-adaptadas (por azar) a la futura polinización por vertebrados. O, si lo miramos desde la óptica del reptil, diríamos con Daniel Janzen que los reptiles se han encajado ecológicamente en las comunidades de umbelíferas, sin que la evolución tenga nada que ver. Quién sabe si como una innovación cultural reciente.

# SEGUNDA PARTE: EVOLUCIÓN

## 18. Hacia una visión renovada de la biología

*Últimamente tengo la sensación de que estamos asistiendo a un interesante cambio en la forma de percibir la evolución de la vida sobre la Tierra. La impresión surge de diferentes lecturas independientes que acaban por converger en una serie de aspectos comunes que me gustaría repasar aquí.*

Toda la visión darwiniana de la evolución por selección natural, como consecuencia de lo limitado de los recursos y, por lo tanto, de la lucha por la existencia, no puede desligarse del contexto sociocultural de la revolución industrial en cuyo seno fue gestada. En efecto, el siglo XIX fue una época dura en el Reino Unido, donde el nacimiento del tejido industrial tuvo consecuencias sociales despiadadas. Se impuso la idea maltusiana de la lucha entre individuos en un mundo donde la población humana empezaba a dispararse vertiginosamente, a la que también contribuyeron las tesis del economista escocés Adam Smith, quien defendía que del egoísmo individual acababa surgiendo el beneficio común gracias a una "mano invisible". La idea de competencia entre individuos de la misma especie es fácilmente extrapolable a partir de este contexto sociológico, y así parece que sucedió. Desde Darwin hemos dado mucho más peso a las interacciones entre especies con un fuerte componente negativo –competencia, parasitismo, depredación– que a las relaciones de signo positivo como el comensalismo, el mutualismo o la simbiosis.

No parece casual que hayan sido mujeres científicas (más proclives que los hombres a la comunicación y al gregarismo) las que se han interesado por los aspectos integradores y comunitarios de las relaciones entre especies, en consonancia con estos tiempos actuales en los que percibimos, sin complejos, que cooperación, coordinación e integración son al menos tan importantes como sus opuestos. En el caso de los humanos, esto se traduce en que somos tan parecidos a los pacíficos bonobos como a los más guerreros chimpancés, que diría Frans de Waal (1). De modo que, no sólo es dual nuestro cerebro en su disyuntiva de hacer más caso al neocórtex pensante o al profundo sistema límbico de puro primate, sino que el propio sistema límbico se debate entre actuar como un bonobo o un chimpancé, entre hacer el amor o la guerra.

Igualmente cierto es que percibimos la existencia del ser humano (y, por extensión, de los demás seres vivos) como una lucha contra el mundo microbiano. Las bacterias, los protistas y los virus, se nos enseña desde pequeños, son agentes maléficos que parecen disfrutar haciéndonos la vida complicada. Son agentes patógenos, enfermedades, plagas, seres a los que exterminar. Esta visión del mundo microbiano está absolutamente sesgada y es realmente injusta si consideramos que la cantidad de beneficios que el mundo microbiano aporta al mantenimiento de la vida sobre el planeta (bacterias fijadoras de nitrógeno, bacterias desnitrificantes, flora intestinal, etcétera) excede de manera inconmensurable a los perjuicios que nos acarrea.

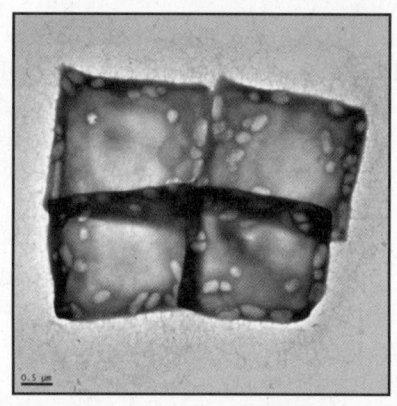

*La arquea "Haloquadratum walsbyi", responsable del color rosado de las aguas hipersalinas, podría enseñarnos cómo se las apañan para sobrevivir los microorganismos extraterrestres, si es que existen, en condiciones extremas. Además su proteína "bacteriorrodopsina" se emplea para construir materiales holográficos. Foto: Inmaculada Meseguer.*

Un tercer aspecto en el que percibo este cambio de paradigma es el del tiempo y el modo de la evolución. Los componentes de las tesis darwinistas (pero sobre todo los modelos cuantitativos de los matemáticos-genetistas neodarwinianos), que insisten en el gradualismo como único modo de macroevolución y en la mutación genética como única generadora de variabilidad, parecen estar llamadas a la matización o a la extinción.

### La revolución Margulis
Las ideas de la bióloga estadounidense Lynn Margulis son un buen ejemplo de estas revoluciones, las cuales, por cierto, son compartidas por muchos otros investigadores, habitualmente de lengua rusa y situados por ello al margen del conocimiento occidental. Para Margulis, viuda del memorable

Carl Sagan y madre de su colaborador Dorian Sagan, el origen mismo de la célula eucariota (nuestras células) y de los seres multicelulares –los organismos con "cuerpo", como llama Neil Shubin a los metazoos– es resultado de la simbiosis entre bacterias (2). En el fondo, no somos sino inmensas colonias de bacterias que han aprendido a vivir juntas y eso tiene pleno sentido si pensamos que durante 1.000 millones de años las únicas formas vivas que existían sobre la faz acuosa del "planeta agua" eran procariotas (bacterias y arqueas). Todas las demás formas de vida compleja emanan de ellas. Las bacterias, además, continúan entre nosotros como seres de vida libre y realizan un ciclópeo trabajo anónimo manteniendo la funcionalidad de los ecosistemas y de los organismos, con tareas que van desde la creación del suelo hasta la digestión de los alimentos en nuestro intestino, por no mencionar el de los rumiantes. Por mucho que nos duela desde nuestra perspectiva de metazoos complejos, la biosfera está dominada, en términos de abundancia y diversidad genética, por bacterias y virus.

Pero aún más importante es que la integración o transferencia horizontal de genes (algo común entre las bacterias) podría estar detrás de rápidos cambios evolutivos, originadores de ciertas innovaciones, como las que dan lugar a nuevos géneros o nuevas familias. A este respecto, los virus, otra pieza clave del engranaje de la vida vilipendiada por nosotros, junto con otros elementos genéticos móviles –como transposones y plásmidos– podrían ser fundamentalmente herramientas de cortar y pegar material genético y trasladarlo de unos organismos a otros.

Quizá Margulis se extralimita un tanto, con todos mis respetos, cuando sugiere que la captación de genomas es el principal mecanismo de generación de innovaciones evolutivas. A mí me parece que, como destacaré en el capítulo 22, y como nos contaba Carlos Herrera en julio de ese mismo año (3), los cambios de función (ya sea a nivel morfológico, fisiológico, funcional o molecular), que pueden tener como consecuencia grandes innovaciones evolutivas, merecen esa distinción. Por ejemplo, desde la evolución de los peces, los restantes vertebrados han inventado bien poco, de modo que casi todo lo que somos puede explicarse por reutilización (más técnicamente "co-opción") de genes o/y estructuras ya existentes. Nuestras manos y pies fueron aletas en el pasado, los pulmones y vejigas natatorias fueron intestinos, y nuestros pelos escamas reptilianas, por poner algunos ejemplos. Sin riesgo de exagerar, podríamos decir que somos poco más que peces modificados (4).

**Un mundo de gérmenes**
Tal y como consigo intuir (aunque borrosamente aún) la película que se va montando entre los conocimientos del pasado y la avalancha de información del presente, el gradualismo darwiniano existiría fundamentalmente como mecanismo generador de microevolución (adaptación a ambientes locales), pero no tanto de innovación filogenética. Como los cambios ambientales rara vez son decididamente direccionales, el cambio genético unas veces irá en una dirección y otras en su contraria, teniendo como resultado la constancia al cabo de largos periodos de tiempo. Esa constancia, consecuencia de una selección que estabiliza, es la "estasis" de la que hablaba Gould en su modelo de equilibrios puntuados o interrumpidos si se prefiere. Pequeños cambios graduales que se acabarían anulando los unos a otros en la mayoría de los casos y darían, como resultado, estabilidad durante la mayor parte del tiempo. La exaptación a escala molecular (base del metamorfismo de función de Darwin) sería uno de los mecanismos responsables de los episodios puntuales de evolución innovadora, generadora de taxones de rango más general que el de especie, complementada por la adquisición eventual de genomas (fenómeno en el que incluiría la hibridación y la duplicación de genes o/y cromosomas) como modo de generar rápidamente nueva variabilidad genética. El papel de los cambios relativos en el ritmo de desarrollo somático respecto al germinal mediante la activación o desactivación de unos pocos sistemas de genes reguladores (la llamada "evo-devo"), es otra pieza fundamental de este entramado. Además habría que hacer mención específica al papel de los fenómenos epigenéticos (5), que acabarían siendo heredables en cierta proporción de la descendencia. Esto es una sugerencia muy innovadora. De hecho, bien pudiera ser que la evodevo no sea más que una de las manifestaciones de la epigenética en la que se activen y desactiven (por metilación) genes muy conservados, controladores del desarrollo.

Por tanto, la evolución podría no ser un excluyente "Darwin 1 - Lamarck 0", sino una especie de cordial empate entre ambos enormes evolucionistas, si consideramos la captación de genomas y los fenómenos epigenéticos como "caracteres" adquiridos a lo largo de la historia de la vida. Esta visión bacteriana de la vida también contribuye al popular debate –véanse, por ejemplo, los trabajos del paleontólogo Jordi Agustí (6) – de si podemos o no afirmar que a lo largo de la evolución ha habido un aumento de complejidad. Si la tendencia de los organismos unicelulares, desde un momento X de la historia hasta hoy, con el descubrimiento del colágeno, que es quien se lleva la palma como agente vinculante de células aisladas, es a asociarse y además a captar genomas de tanto en tanto, sería de esperar contar con organismos multicelulares cada vez más complejos y dotados de genomas crecientemente barrocos. La tendencia a la complejidad (morfológica y genómica) no tendría otro misterio que un basal comportamiento asociacionista bacteriano. Parece una explicación simple (y por tanto bella, desde luego), libre de toda idea finalista propia de nuestra visión antropocéntrica del mundo.

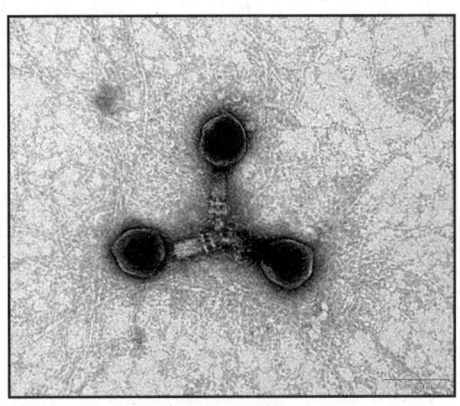

*Los virus de las bacterias, o "fagos", podrían haber actuado a lo largo de la historia de la vida como elementos de "corta-pega" de material genético bacteriano, transmitiendo así información genética de manera horizontal y contribuyendo a la generación de biodiversidad. Foto: Inmaculada Meseguer.*

Decía el gran Stephen Jay Gould, como recordaré más de una vez a lo largo de este libro, que el nuestro ha sido, es y será sobre todo un mundo de gérmenes (7) y seguramente en entender plenamente esta simple idea radique la clave para comprender la evolución –y a nosotros mismos por añadidura– como un sistema único y compuesto a la vez, con raíces tremendamente profundas. A mí me parece que una visión tan integradora de la vida nos debe enriquecer enormemente y, sobre todo, contribuir de manera sustantiva a nuestra felicidad, haciéndonos más humildes en nuestra relación con los demás habitantes humanos y no humanos de la biosfera.

## 19. No todo es posible

*Aunque parezca todopoderosa, la evolución también tiene sus limitaciones. En último extremo, podría decirse que es una magnífica chapucera.*

Tendemos a pensar que la evolución por selección natural lo puede todo, porque vemos en la naturaleza una y otra vez sorprendentes adaptaciones de los animales y las plantas a su entorno. Mi ejemplo favorito es el de los pájaros carpinteros, que maravillaron a Darwin. Los picapinos cuentan con un cráneo especialmente reforzado que les permite soportar los golpes de su pico en forma de estilete contra los troncos, extraen el alimento mediante una lengua muy larga que se recoge en la base del cráneo y se sostienen en vertical sobre el tronco de los árboles gracias a una cola endurecida y a su capacidad para dirigir dos dedos hacia adelante y otros dos hacia atrás. Son un todo compacto, sólidamente construido por selección natural a lo largo del tiempo geológico en el marco de la vida forestal. Sin duda, los lectores tendrán en mente su caso predilecto con el grupo animal o vegetal que les resulte más familiar. Lo de menos es el modelo, lo importante es que la sensación se repite constantemente. Sin embargo, si bien a primera vista la naturaleza da la impresión de que cualquier adaptación es posible, esa idea está bien lejos de la realidad. Y por varias razones.

**Limitaciones físicas**
Hay logros que resultan imposibles por meras cuestiones de física elemental. Por ejemplo, los huevos de las aves no pueden crecer de tamaño ilimitadamente. Aunque el rango corporal de las aves vaya desde el colibrí hasta el avestruz, sus huevos no pueden seguir una trayectoria paralela. De hecho, no lo hacen. El huevo del zunzuncito o colibrí abeja de Cuba (*Mellisuga helenae*), el ave más pequeña del mundo, representa el 6% del peso de su cuerpo, mientras que el huevo del avestruz, la más grande, solamente supone el 1% del suyo. Esto se debe a que la cáscara de un huevo mayor tendría tal grosor que se dificultaría el intercambio gaseoso con el exterior y al pollo le resultaría imposible romperla.

De hecho muchos dinosaurios mesozoicos, de los que provienen las aves actuales, ponían grandes huevos de cáscara rígida (similares a los de las aves gigantes no voladoras de hoy en día, como emús, ñandús, casuarios, kiwis o avestruces) que resultan minúsculos cuando se comparan con la enorme talla de los lagartos terribles. Curiosamente, esta mera limitación de orden físico traza un límite a la velocidad de desarrollo de los pollos en las especies precoces, ya que la tasa de crecimiento guarda relación directa con el tamaño del huevo.

Un razonamiento similar también vale para establecer los límites físicos al vuelo de las aves. Parece que el ave voladora más grande que ha existido nunca fue *Argentavis magnificens*, de 80 kilos de peso y siete metros de envergadura, un buitre de las pampas argentinas del Mioceno superior. Es difícil batir unas alas de tales dimensiones, así que la gran carroñera debía depender en gran medida del planeo. De hecho, las grandes aves planeadoras modernas, mucho menores que *Argentavis*, como cóndores y albatros, apenas pueden practicar un vuelo activo. Aunque sean animales endotermos, podría decirse que devienen en "ectotermos parciales", ya que sin corrientes térmicas y sin vientos, en última instancia generados por el sol, no pueden volar y perecerían.

**Limitaciones fenotípicas**
Cualquier cambio en un individuo que posteriormente no pueda ser donado a la descendencia es una innovación sin futuro, por ventajoso que resulte. Reflexionaba al respecto observando una postal que muestra dos cigüeñas bávaras copulando. Si surgiese una mutación que provocase que las patas de una cigüeña fuesen mucho más largas de lo habitual, esto podría conferirle una ventaja competitiva al poder pescar en aguas más profundas, donde otras cigüeñas no pueden llegar. Pero a la hora de copular tendría serias dificultades, por lo que un rasgo en principio ventajoso no acabaría heredándose y, por tanto, no llegaría a ser común en la población. Imagino que la única manera de que tal cambio pudiera heredarse, es que al menos dos cigüeñas de distinto sexo sufriesen la misma mutación simultáneamente. Como los vertebrados no se emparejan al azar, por regla general, sino que tienen en cuenta cuestiones basadas en la edad, el tamaño o la experiencia, ambas podrían aparearse y dejar descendencia portadora del nuevo rasgo.

La reproducción también puede fracasar por razones genéticas. En ocasiones, una mutación que podría resultar viable y probablemente beneficiosa (por ejemplo, los tetrápodos actuales podríamos tener 6, 7 u 8 dedos, como nuestros ancestros) no termina de pasar a la descendencia porque, si se da, viene obligatoriamente acompañada de otra que impide la reproducción, como una alteración funcional de los genitales; lo cual es perfectamente posible ya que un solo gen puede ser responsable de dos o más caracteres distintos. Esta característica genética (denominada pleiotropía) hace de los organismos vivos seres modulares (es decir, ensamblados como módulos) lo que permite que se den cambios eventuales y relativamente veloces en los planos que sirven de base para su construcción, sobre un fondo de cambios graduales más frecuentes pero de efectos más lentos.

*Una cigüeña que desarrollase unas patas muy largas no podría copular y por lo tanto no legaría ese rasgo a su descendencia, aunque le resultase beneficioso a la hora de conseguir alimento. Foto: J.L. Tella a partir de una postal bávara)*

### Limitaciones filogenéticas

También puede suceder que un rasgo, como la longitud de las patas, el tamaño de los huevos o el número de dedos, venga determinado por varios genes a la vez (la denominada poligenia). En tal caso, un cambio en el fenotipo requiere de varios cambios asociados en el genotipo, lo que hace menos probable que se modifiquen ciertos caracteres. Esta propiedad de los genes está probablemente detrás de la constancia temporal de las especies, ya que canaliza la evolución dentro de grupos filogenéticos (próximamente emparentados) concretos que heredan paquetes de genes comunes.

Por tanto, aunque existe cierto grado de libertad para que las cosas cambien, también hay mecanismos que aseguran que si algo funciona permanezca en el tiempo y no sea fácilmente eliminado. Es una vía conservadora, de mínimos, que se conforma con que las cosas simplemente marchen, pero que dificulta la apertura de nuevos caminos hacia diseños mejorados. De hecho, la naturaleza funciona normalmente de manera imperfecta (véase capítulo 23).

## Limitaciones ambientales

Finalmente, es posible que un carácter evolucione pero no resulte útil o ventajoso en el contexto ambiental vigente. Esto me recuerda un aspecto muy curioso de la cultura precolombina de los indios Totonaca. Su avanzada civilización, capaz de construir enormes pirámides en el golfo de México, no se ayudó de algo tan funcional como la rueda. Podría pensarse que la desconocían, pero muchos juguetes totonaca sí tenían ruedas. En definitiva, los Totonaca conocían la rueda pero carecían de los animales de tiro adecuados para aplicarlas a carros, poleas, molinos y norias, lo que impidió su uso generalizado. ¡Disponían de la innovación, pero les resultaba inútil porque el contexto ambiental no ayudaba!

Aunque el pueblo totonaca no utilizaba la rueda en su vida diaria, sí formaba parte de algunos juguetes. Museo de Antropología de Xalapa, México. Foto: Francisca Guzmán.

Esto nos lleva de nuevo a la cuestión de por qué los animales no tienen ruedas y conviene dejar claro que el hecho de que un rasgo no se haya inventado no significa que no pueda surgir en el futuro. Para ser sincero, no sé realmente por qué la naturaleza no ha creado animales con ruedas; es posible que ese diseño esté sujeto a alguna de las restricciones que hemos desgranado sucintamente (físicas, fenotípicas, filogenéticas o ambientales) o incluso a otras. Pero también puede deberse a que simplemente aún no han sido "inventadas". En cualquier caso, el mensaje a recordar es que no todo lo imaginable es posible.

*Post Scríptum: Recientemente se ha descubierto un insecto saltador "Issus coleoptratus" dotado de unas ruedas dentadas que emplea a modo de engranaje para sincronizar sus patas a la hora de saltar.*

## 20. De vuelta a El Origen

*Sucesivas ediciones de* El Origen de las Especies *fueron revisadas por Darwin para ampliar conceptos o responder a las numerosas reacciones que provocó su obra en la Inglaterra victoriana.*

Darwin se pasó más de veinte años (desde su regreso del viaje del *Beagle* en 1836 hasta la publicación de *El Origen* en 1859) trabajando en una gran obra a la que él se refería como "el gran libro" (*the big book*). Tras recibir la famosa carta de junio de 1858 firmada por Wallace, en la que sorprendentemente su compatriota relataba a Darwin el hallazgo de un mecanismo evolutivo casi idéntico a la selección natural, éste se vio forzado a, primero, promover un anuncio público y conjunto del descubrimiento ante la Linnean Society de Londres y, segundo, a redactar una especie de resumen apresurado y denso de su gran libro. Ese resumen, escrito por necesidad, con prisas y a disgusto, fue lo que se acabó conociendo como *El origen de las especies por medio de selección natural o la preservación de las razas favorecidas en la lucha por la vida*.

En vida de Darwin llegaron a publicarse hasta seis ediciones de *El Origen* y, en cada una de ellas, el autor introdujo numerosos cambios para añadir puntualizaciones que no había podido hacer debido a las prisas de la primera edición y, sobre todo, para defenderse de las críticas que iban surgiendo por el camino. Por ejemplo, en la frase final de la primera edición de *El Origen*, aquella de "hay grandeza en esta visión de la vida" que popularizara Stephen Jay Gould, no hay referencia alguna a un creador que insuflase su aliento en ninguna fase del proceso de transmutación de las especies, pero esa figura sí aparece en ediciones posteriores. En cualquier caso, la adición que resultó más dañina, con diferencia, para la correcta comprensión del mensaje darwinista tuvo lugar en la quinta edición de *El Origen* (1869), de la que se imprimieron 2.000 copias. Por influencia de Herbert Spencer, sociólogo británico del XIX, Darwin incluyó por primera vez la desafortunada idea de que la selección natural consiste en la supervivencia de los más aptos ("*the survival of the fittest*"). Desde ese momento la definición de selección natural se convirtió en una tautología lógica, ya que si los más aptos son los que sobreviven y la selección natural es la supervivencia de los más aptos, tenemos que colegir que la selección natural es la supervivencia de los supervivientes, lo cual es como no decir nada.

**Pura contingencia**
En realidad, Darwin no concibió originalmente la selección natural en términos absolutos (definibles con superlativos como *"the fittest"*) sino en términos relativos (definibles mediante comparativos como *"fitter than"*). Esto es así porque las condiciones ambientales cambian continuamente y, por tanto, los que hoy son los mejores, en relación a unas particulares condiciones espacio-temporales, mañana pueden pasar a ser los peores. Por selección natural no surgen adaptaciones óptimas al entorno, sino que solamente se ven beneficiados aquellos individuos, entre todos los disponibles, que cuentan con las características adecuadas para sobrevivir y reproducirse mejor dadas unas presiones selectivas concretas. Insisto, bajo condiciones locales muy concretas y transitorias (aquí y ahora). Por culpa de este malentendido histórico se desarrolló toda una corriente de pensamiento filosófico y sociológico conocida como Darwinismo Social, cuyo padre es precisamente Herbert Spencer, que llevó a justificar numerosas perversiones y tropelías como el sexismo, el racismo o el nazismo. En nuestros días, esta errónea concepción del darwinismo (que olvida su carácter relativo) sigue generando malentendidos, incluso entre los ecólogos del siglo XXI.

Por ejemplo, como nos recuerda Gould, nuestras plantas autóctonas no pueden considerarse biológicamente mejores que las exóticas bajo ningún criterio científico. Nuestras especies nativas llegaron primero o evolucionaron aquí (por una serie de accidentes históricos encadenados) y fueron capaces de prosperar, pero eso no significa que sean óptima o globalmente las mejores para vivir en estos lares de entre todas las posibles. Tan sólo fueron "mejores que" otras, en su día, para medrar en estas tierras, bajo unas condiciones ecológicas locales particulares que, en cierta medida, son producto de las contingencias históricas y del caos. El paisaje ecológico está, en realidad, lleno de huecos de picos adaptativos en términos de Sewall Wright, en los que muchas especies que evolucionaron lejos de aquí, pueden encajar mejor que ninguna de las ya presentes en nuestro solar.

**Otra teoría de la relatividad**
¡Qué visión tan distinta de la defensa de lo autóctono como mejor! ¡Qué lejos del rechazo a lo extranjero como peor! La única defensa de lo nativo, que no es poco, viene de la seguridad de saber cómo se comportan las especies autóctonas, mientras que el comportamiento de las especies alóctonas es mucho más impredecible. Parafraseando a Gould, emplear plantas autóctonas para los jardines de las ciudades mediterráneas no es

*La exclusión de especies nativas por parte de especies exóticas invasoras (aquí "Carpobrotus sp.") es una prueba de que la selección natural no actúa como un mecanismo de optimización. Foto del autor.*

una reivindicación nacionalista sobre el carácter óptimo intrínseco de las lavandas y los tomillos frente a las plantas foráneas. Únicamente tiene la ventaja práctica de saber de antemano que las vamos a poder mantener sanas a bajo coste y sin problemas inesperados. Claro que todo esto es así, si –y sólo si– admitimos que el mecanismo darwiniano (la evolución por selección natural), desarrollado originalmente en un marco subespecífico (microevolutivo), como generador de adaptaciones al medio dentro de las poblaciones, es válido cuando nos movemos a escala supraespecífica (macroevolutiva).

En consecuencia, en este 150 aniversario de la publicación de la obra magna de la biología, el mejor homenaje que podríamos hacerle a Darwin es navegar de vuelta a *El Origen* y leer sus primeras ediciones donde un Darwin apresurado, pero espontáneo, nos hizo llegar sus ideas libres del peso que la conservadora sociedad británica del XIX haría caer sobre ellas posteriormente. Y, por favor, antes de usarlas meditemos acerca de lo peligrosas que pueden resultar las palabras: "bueno" y "malo", categorías absolutas muy distintas a las relativas "mejor" y "peor" ya que, estas expresiones relativas, son ampliamente reversibles ante los cambios ambientales que caracterizan los dinámicos ecosistemas de nuestro planeta.

# 21. Todos los caminos llevan a Darwin, pasando por Wallace

*Todo el mundo sabe que Wallace y Darwin desarrollaron una misma idea, la evolución por selección natural, pero lo que no es tan conocido es que lo hicieron empleando razonamientos contrarios a partir de una misma fuente.*

Los criadores de animales domésticos fueron uno de los principales apoyos de Darwin para elaborar su "teoría de la evolución por selección natural", como se llama ahora, o de la "transmutación o descendencia con modificación por medios naturales de selección", como la denominó él realmente. Se fijó sobre todo en los aficionados a criar palomas y dedicó el primer capítulo de *El Origen de las Especies* a analizar la variación inducida en condiciones de domesticación.

Curiosamente, también Alfred Russell Wallace recurrió a la variación bajo domesticación para llegar a formular su propuesta personal de selección natural, al mismo tiempo que Darwin. Sin embargo, lo hizo con un argumento completamente opuesto. Veamos.

Darwin y Wallace se inspiraron en la fauna doméstica para llegar a la idea de selección natural pero curiosamente mediante razonamientos opuestos. Foto del autor.

## Darwin, Wallace y la fauna doméstica

Wallace compuso su poco famoso –pero enormemente relevante– escrito *Sobre la tendencia de las variedades a alejarse indefinidamente del tipo original* en la isla y ciudad de Ternate, en el archipiélago de las Molucas (Indonesia), en febrero de 1858 y en agosto de ese mismo año apareció publicado en los *Proceedings of the Linnean Society*. Comienza recordando que uno de los principales argumentos para defender la inmutabilidad de las especies es la tendencia de las razas domésticas a retornar a un estado original o primigenio (parental) cuando se deja de ejercer sobre ellas cualquier tipo de presión selectiva. Pero luego razona que en la naturaleza, en estado salvaje, es imposible regresar al tipo original, ya que las condiciones ambientales cambian y las formas más recientes (mejor adaptadas al nuevo entorno) eliminarían a las que osaran retornar a su estado parental. Es decir, Wallace deduce que la naturaleza somete a la flora y la fauna silvestre a una criba continua: la que realizan los medios naturales de selección. Por el contrario, las formas domésticas no sometidas a una continua selección y en un ambiente estable, pueden permitirse el lujo de viajar hacia atrás en el tiempo.

Darwin, sin embargo, razonó en dirección contraria. Si a partir de un lobo es posible obtener artificialmente variedades de perros tan distintas como un Chihuahua y un San Bernardo, ¡qué no podrá darse en la naturaleza de manera natural! La selección continua de ligeras variaciones en la forma de las hojas, flores o frutos de una planta acabaría por dar como resultado acumulativo una raza distintiva, que ya no regresaría nunca al estado original. Esta es la base de la evolución a la darwiniana y a la wallaciana.

El hallazgo simultáneo de Darwin y Wallace, el filtrado natural de la variabilidad existente en la naturaleza, fue en realidad la "mejor idea que nunca nadie ha tenido". Su poder explicativo es enorme. En nuestro caso particular, basta con recurrir a ese filtrado para entender gran parte de las características que nos hacen propiamente humanos. Tema de discusión aparte son las maneras en las que la variabilidad se genera en la naturaleza, pero finalmente los procesos naturales de selección tienen la última palabra.

**Selección natural, reproducción y sociabilidad**
¿No os habéis preguntado nunca la razón de ese empeño de la naturaleza por perpetuarse? Hay insectos que apenas viven unas horas en fase adulta, lo justo para reproducirse y morir. ¿Por qué no vivir más tiempo e incluso ahorrarse el desgaste ligado a la reproducción? También es curioso entender qué nos hace a los humanos tan vulnerables al borreguismo, por qué se nos puede manipular en grupo con tanta facilidad, ya sea al servicio del consumo o de dictadores fanáticos. Detrás de ambos fenómenos está actuando la selección natural.

Las poblaciones humanas están compuestas de individuos con personalidades propias. Si parte de la personalidad incluye tener una baja predisposición a emparejarse y reproducirse, esos genes no acabaran por perpetuarse. Simplemente los no reproductores no pasan los genes de la tendencia a la no-reproducción a la descendencia. Lo mismo sucede en los casos de individualismo exacerbado. Alguien así no lograría superar las pruebas de la vida y habría muerto de hambre o entre las garras de un tigre dientes de sable hace mucho tiempo. Así pues, los actuales seres humanos somos el resultado de un largo proceso de selección a favor de la sociabilidad, que puede remontarse a millones de años atrás. Sólo así se explica que hayamos llegado a formar comunidades de decenas de millones de personas o que tengan tanto éxito los acontecimientos deportivos de masas. Solemos fiarnos de lo que hace la mayoría, porque confiamos en el criterio de nuestros congéneres, al igual que una gaviota se guía por la presencia de un grupo de su especie en cualquier isla a la hora de escoger un sitio donde criar. Tenemos incluso neuronas especializadas en imitar al instante lo que hacen nuestros congéneres: las neuronas espejo, típicas de los cachorros de simio y de éste neoténico (siempre cachorro) primate que es el ser humano. Lo malo de este comportamiento, que ha surgido por selección natural debido a que la mayoría de las veces resulta ventajoso fiarse de lo que hacen los demás, es que nos hace susceptibles a la manipulación. Algo parecido a lo que ocurre a una manada de delfines o de calderones cuando acaban varados en una playa por seguir a un líder que enferma o se desorienta. Estos subproductos negativos NO tienen sentido biológico, sino que son consecuencias colaterales de la evolución de nuestra sociabilidad o de la de los cetáceos. En la naturaleza nada sale gratis y toda moneda tiene un lado oscuro como coste indeseado.

**Pero ojo, no todo es selección natural**
Para no forzar explicaciones adaptativas donde no las hay, conviene tener bien presente que no todo lo que vemos hoy es resultado de un proceso natural de selección. Hay simples subproductos tan inevitables como excavar un hoyo mientras construimos un montículo, o como el sentimiento de trascendencia que acompaña a la inteligencia en nuestros cerebros pensantes (1). Algunos rasgos se deben a limitaciones de índole física, como el tamaño máximo que puede alcanzar un huevo. Otros se han canalizado o conservado filogenéticamente y no se ven afectados por la variabilidad ambiental. También hay rasgos modulares que van ligados al cambio de otras características, como el número de dedos en nuestras manos. Incluso hay rasgos neutros, no adaptativos, surgidos por pura deriva genética y que son invisibles a la selección. Y, finalmente, ciertos rasgos sólo se explican por contingencias acumuladas históricamente, como la disposición enrevesada de nuestros nervios craneales o de nuestros canales seminales.

Los arcos de la Capilla Sixtina son un subproducto de la construcción del techo, aunque luego se hayan aprovechado de forma secundaria para decorarlos con pinturas al fresco de Miguel Ángel. No al contrario, como podría parecerle a un "marciano" que no conociese como procede la construcción de los edificios en nuestro planeta. Foto del autor.

Decía Stephen Jay Gould que si un extraterrestre aterrizara en la Capilla Sixtina, pensaría que los arcos del techo habían sido diseñados a propósito para albergar pinturas de Miguel Ángel. Todos sabemos que es justamente al contrario. Los arcos existen por mandamiento arquitectónico, para sostener cúpulas y techos, de manera que sólo fueron aprovechados posteriormente para decorarlos con pinturas al fresco. Lo mismo sucedería con nuestras orejas y narices, ¡que al marciano le parecerían creadas ex profeso para sostener las gafas! Sin conocer la historia del sistema estudiado es fácil considerar como adaptativos algunos rasgos que no lo son en absoluto. Es lo que pasa cuando se olvida que ciertas adaptaciones surgieron en el marco de un ambiente determinado del pasado y que actualmente sirven para fines completamente distintos. Primero fueron producto de la selección natural, pero luego se reciclaron para cumplir otros menesteres.

El cuerpo humano, de pies a cabeza, está abarrotado de ejemplos anatómicos de reutilización de sustancias y estructuras presentes en otras formas animales, tan lejanas ya de nosotros como bacterias, gusanos, moscas o peces. La historia de la vida eucariota, que se remonta unos 1.000 millones de años atrás, está resumida en nuestras células, tejidos y órganos. Innovar nunca resulta sencillo y la vida se abre camino echándole imaginación a las cosas, empleando para fines distintos adaptaciones surgidas por selección natural que vuelven a reexaminarse una y otra vez ante el tribunal de la naturaleza. Hoy en día llamamos a este proceso co-opción y exaptaciones al producto que genera.

El tiempo está demostrando que, una vez más, Darwin tenía la razón cuando planteó repetidas veces en *El Origen de las Especies* que muchos órganos pueden haber surgido como meras modificaciones de otros que desempeñaban tareas muy distintas en el pasado, yendo así mucho más allá que el propio Wallace. O que la herencia de caracteres adquiridos durante el curso de la vida era uno de los mecanismos posibles de evolución. A Lamarck no lo estigmatizó Darwin, sino los padres de la nueva síntesis con énfasis casi fundamentalista en la mutación genética. Prueba de ello es esta frase incluida en el capítulo quinto de la segunda edición de *El origen...*

*"En general, podemos sacar la conclusión de que el hábito, o sea, el uso y desuso, ha representado en algunos casos papel importante en la modificación de la constitución y estructura, pero que sus efectos con frecuencia se han combinado ampliamente con la selección natural de variaciones congénitas..."*

Todo el impresionante desarrollo actual de la epigenética vuelve a darle la razón a Darwin en su visión compleja del fenómeno evolutivo. Ambos paradigmas no entran en contradicción, ya que un carácter adquirido en vida (por ejemplo, por metilación del ADN a resultas de una presión ambiental) puede ser parcialmente heredable (2) y, por tanto, estar sujeto a procesos naturales de selección. Simplemente, la mutación no es el único mecanismo generador de variabilidad en las poblaciones de plantas y animales y reconocerlo tan sólo nos devuelve al espíritu original de la obra magna de Charles Darwin.

## 22. Innovaciones

*Nuestra capacidad para imaginar escenarios futuros es engañosa. Aunque hay un componente determinista innegable, impuesto por diversos tipos de limitaciones físicas y biológicas, el azar, las contingencias y el carácter reciclador de la selección natural hacen del futuro una nave inabordable.*

*"La naturaleza es rica en variedad pero pobre en innovaciones."*
Charles Darwin (*El origen de las especies*), traducción del autor.

En el caso de los artefactos ideados por el hombre, medir su grado de éxito consiste en evaluar periodos de cientos o, en el mejor de los casos, de miles de años. Las cucharas, por ejemplo, ya eran de hueso allá por el Neolítico, antes de que se hicieran de madera o de metal. La bisutería ya triunfaba en la Edad del Bronce, así como el maquillaje durante el periodo de romanización de la península Ibérica. Por cierto, eso me hace pensar que todo lo relacionado con la estética será siempre un negocio, pues sus raíces son muy profundas. Sin embargo, el éxito de las innovaciones en los reinos animal y vegetal se evalúa en periodos que van desde las decenas de miles hasta los millones de años.

**Invenciones fracasadas y exitosas**
En la naturaleza surgen invenciones que acaban convirtiéndose en líneas muertas. No han llegado hasta nuestros días los trilobites que poblaban los mares del Paleozoico y apenas si hay algunos braquiópodos (vencidos quizá por el eficaz sifón de las almejas modernas) o cefalópodos con concha, aparte del fósil viviente representado por *Nautilus*, a pesar de que en los mares del Mesozoico estaban por doquier. Sin embargo, siguen entre nosotros, con redoblado éxito, las célebres medusas, uno de los diseños más sencillos en el mundo de los metazoos. Las medusas probablemente se han librado de sufrir grandes exterminios por sus hábitos pelágicos, ya que el mar protege de manera sustantiva de las agresiones de índole astronómica. Pero es igualmente cierto que sus tentáculos, poblados de unas células especializadas, han resultado ser una excelente defensa contra los depredadores, a pesar de su simple estructura en forma de dardo enrollado. También perduran las tortugas terrestres, cuyo linaje compartió la Tierra con los lagartos terribles en la era secundaria. Nadie hubiera apostado un céntimo por una tortuga si la hubiera podido contemplar, hace más de 65 millones de años, campeando junto a los dinosaurios. Sin embargo ahí están, vivitas y coleando, un éxito sin duda ligado a su caparazón. Llevar un

escudo protector a cuestas ha demostrado ser algo más que un invento temporalmente útil.

Exitoso fue también el diseño corporal (sin más diseñador que la pasiva selección natural) de las delicadas libélulas, que llevan sobre la Tierra desde el Carbonífero, es decir, unos 300 millones de años. Erizos y ardillas han perdurado casi inmutables desde su origen en los bosques del Oligoceno hace unos 35 millones de años. Y, por supuesto, para éxito con mayúsculas el de las bacterias, a pesar de su simplicidad. A fin de cuentas, este ha sido, es y será un planeta de gérmenes, donde la aparente predominancia de las formas de vida macroscópicas no es sino una vana ilusión óptica. Es fácil percatarse de ello cuando estafilococos o estreptococos nos dejan fuera de juego. ¡A nosotros, unos complejos seres pluricelulares con núcleos protegidos por una membrana y dotados de un aparatoso sistema inmune!

*La invención del caparazón ha permitido a las tortugas persistir casi inalteradas durante decenas de millones de años. Tortuga mediterránea "Testudo hemanni" en las dunas del Delta del Ebro. Foto: Albert Bertolero.*

## Innovar reciclando

Suele decirse que la selección natural es miope, corta de vista. Permite que los seres vivos respondan a las presiones ambientales, pero no puede ver mucho más allá de sus narices a escala temporal. En ocasiones sucede, sin embargo, que un rasgo evolucionado en el pasado, dentro de un marco ambiental distinto, acaba resultando útil en el futuro y para otra finalidad. Pero esto no es anticipación o amplitud de miras por parte de la selección natural, sino puro reciclaje. Fue el caso de las plumas que, en origen, sirvieron a los dinosaurios emplumados como aislante térmico y que finalmente contribuyeron de manera determinante a la capacidad de vuelo.

A estas adaptaciones, que de manera fortuita acaban siendo beneficiosas en el futuro para una función distinta a la original, se les llama "exaptaciones", como ya avanzábamos en el capítulo anterior, un término mucho más adecuado que el de "pre-adaptaciones", con su engañosa carga de visión a distancia de la selección natural. Muchas innovaciones (si no todas) no surgen de nuevas, sino simplemente reciclando material biológico preexistente, como el arte hecho a partir de latas de aluminio reutilizadas.

La complejidad parece que surge más bien como una estrategia de supervivencia en un mundo de recursos limitados repleto de formas de vida. La tendencia a la simplicidad es también el caso de los animales cavernícolas que pierden tanto la pigmentación como la visión en un mundo sin luz. O el de las aves isleñas que acaban perdiendo la capacidad de vuelo. En resumen, parece que uno se complica la existencia (pigmentándose, adquiriendo órganos de visión y aparatos de huida) sólo cuando la vida te obliga a ello. La situación energética óptima sería un estado de mínimos en lo tocante a todas las estructuras no dirigidas directamente a la reproducción y la supervivencia.

*Huerto solar en bancales de la provincia de Castellón. Ejemplo metafórico de exaptación. Foto del autor.*

### Escasez y permanencia de las innovaciones

Darwin atribuyó la riqueza en diversidad y la pobreza en innovaciones de la naturaleza a la acumulación gradual de los cambios, que explican bien la microevolución (la adaptación a los medios locales). Hoy, sin embargo, intuimos que las grandes novedades evolutivas suceden principalmente bajo condiciones de aislamiento reproductor (siguiendo periodos de importante cambio geomorfológico) y, dado que éstos sólo se dan de forma ocasional, por vicarianza o por dispersión, eso explicaría también la escasez de grandes innovaciones en el tiempo geológico. Además, la evolución por medios de selección natural no sólo es un mecanismo miope sino "perezoso", de modo que cuando da con un descubrimiento que funciona lo suficientemente bien (para los fines de pasar los genes de una generación a otra) no tiene mayor interés en cambiarlo, aunque cumpla su cometido de manera menos eficaz de lo que sería posible.

Otro factor que también puede influir es que los grandes descubrimientos tienden a converger en grupos zoológicos muy distintos, o dentro de un mismo grupo pero en regiones biogeográficas distantes. Son de sobra conocidos los paralelismos, a la hora de encontrar soluciones funcionales, entre las faunas de mamíferos de África y Suramérica, o entre los extintos dinosaurios y los mamíferos de nuestros tiempos que probablemente han rellenado nichos ecológicos muy parecidos a los que quedaron vacantes. Esto parece sugerir que los grados de libertad de la inventiva natural son finitos y están limitados por numerosos factores, entre ellos el propio funcionamiento contingente de la maquinaria del desarrollo, que recicla estructuras preexistentes, y por las limitantes características físico-químicas de nuestro planeta (véase el capítulo 19).

Es probable que las innovaciones puedan perdurar más tiempo entre las especies reticentes al cambio fácil y rápido, aunque sea a costa de pagar un alto precio a corto plazo en forma de menor eficacia biológica debido a las condiciones cambiantes del entorno (véase el capítulo 2). Las innovaciones también perduran mejor entre las especies que viven en medios poco cambiantes (como los peces de las llanuras abisales), aunque en este caso sería más propio hablar de medios exitosos, resistentes al cambio ambiental (véase el capítulo 5).

Las medusas, que mencionaba al comienzo de estas líneas, deben su nombre al mito griego de la diosa Medusa, de cabellos serpentinos, dotada de grandes colmillos y capaz de petrificar a quien osara mirarla de frente. Pero medusa es también una forma del verbo griego (μέδω) que se traduce por pensar o meditar. Espero que estas líneas sirvan pues para meditar sobre lo altamente impredecibles que resultan las innovaciones. Los ejercicios mentales sobre cómo serán la fauna y flora del futuro son sólo entretenidas fantasías. Seguro que nos quedaríamos de piedra si pudiéramos despertar en el mundo del mañana, tanto como cuando desde el presente miramos al pasado lejano a través de las ventanas que nos abren los fósiles.

## 23. Las vitrinas del museo

*Tanto las obras de arte como los animales nos ocultan información cuando se reúnen en un museo, pues quedan al margen del contexto espacial y temporal del que proceden. No obstante, el ojo avezado sabrá interpretar una parte de esa historia perdida. Del mismo modo, algunas especies vivas traslocadas conservan rasgos que nos ayudan a inferir las condiciones ambientales de su lugar de origen.*

Los cuadros que cuelgan en las paredes de las pinacotecas son muchas veces solitarios fantasmas que yacen fuera de contexto. Tradicionalmente las obras de arte se hacían a propósito para adornar sitios concretos, de modo que tanto las dimensiones como la temática venían determinadas por su lugar de destino. Así, el retrato de un rey estaría pensado para colgar en un sitio concreto de una sala palaciega y un cuadro con motivos religiosos en un rincón particular de los muros de un convento.

El historiador del arte que contempla un cuadro aislado en el museo no sólo obtiene información sobre las características del cuadro, sino que puede deducir información sobre el entorno de origen de la obra, que pasa desapercibida al observador lego. De manera similar, el naturalista que observa con mirada detectivesca los árboles de un jardín botánico o los animales de las vitrinas de un museo, puede ver mucho más allá de la pieza individual y obtener información sobre el escenario de procedencia de la especie.

*Esqueleto de Dodo "Raphus cacullatus" un ave Columbiforme extinguida cuyo gigantismo e inaptitud para el vuelo hablan de la ausencia de depredadores terrestres en sus islas de origen en el océano Índico. Foto del autor en el Museo de Historia Natural de Viena.*

Si pudiéramos ver los restos fósiles de *Argentavis*, que sepamos, el ave voladora más grande que haya existido nunca, podríamos razonar que sus 80 kilos de peso y 7 metros de envergadura no sólo son el récord superior de dimensiones anatómicas aviares, sino que mantener un buitre de esa talla implica la necesaria presencia de carroñas animales de enorme tamaño. Y, de hecho, así sucedía, ya que *Argentavis* se encargaba de eliminar las carroñas de la gran megafauna de mamíferos del Mioceno superior americano. ¡No tendría sentido contar con un buitre de las dimensiones de un ultraligero en una región y una época incapaces de proporcionar presas acordes con su tamaño!

En la misma línea de pensamiento podemos preguntarnos por las inmensas dimensiones de la secuoya roja californiana, el ser vivo más grande del mundo, con sus más de cien metros de altura. ¿Por qué habría un árbol de ser tan grande? La respuesta está en la ecología pasada de la especie. Las secuoyas son reliquias de los tiempos anteriores a la caída del meteorito que marca el tránsito entre el Cretáceo y el Terciario y, probablemente, su enorme talla responde a una estrategia para evitar a los grandes dinosaurios herbívoros, que ya eran enormes previamente por razones distintas al tamaño de las plantas. Por tanto, nuestro asombro al contemplar una secuoya puede ser doble, ya que a sus enormes dimensiones se une la admiración de imaginar a un saurio gigante apoyado a dos patas sobre su tronco decenas de millones de años atrás.

**Viaje imaginario a los trópicos**
Hace unos días paseaba por las calles de Esporles, mi pueblo adoptivo en Mallorca, y al atardecer contemplaba las plantas de los jardines. Las flores de algunas de ellas, como las encarnadas de los hibiscos y las moradas de las ipomeas, pliegan sus corolas delicadamente con la llegada de la noche. No deja de sorprender el simple hecho de que unas flores respondan a estímulos luminosos circadianos (de periodo diario) o el mecanismo por el que ejecutan esa tarea, pero es mucho más estimulante preguntarse por qué diantre esas flores se toman semejante molestia. Probablemente la razón última no esté ligada a las condiciones meteorológicas de los medios que ocupan estas plantas actualmente. Las causas hay que buscarlas en las zonas de origen de ambas especies. Los grandes y rojos hibiscos (poco visibles para los insectos) son probablemente polinizados por pájaros y su retiro nocturno seguramente garantiza que consumidores clandestinos del néctar (polillas nocturnas, murciélagos) las dejen sin presentes que ofrecer a sus legítimos polinizadores durante el día. Un tranquilo paseo por la calle se

puede convertir en un viaje mental hasta Asia o América, imaginando el contexto en el que debió de surgir originalmente esa respuesta floral a la caída de la luz

Los collares de semillas de árboles tropicales que podemos encontrar a la venta en cualquier mercadillo, nos vienen a transmitir mensajes con contenido ecológico sobre los trópicos. Esas semillas han llamado la atención de los artesanos porque son grandes, coloridas y resistentes. El gran tamaño guarda relación con la cantidad de ayuda que conviene proporcionar a la plántula cuando germina, hasta que consiga abrirse camino por sí misma. Las selvas tropicales son lugares sombríos en los que el dosel arbóreo acapara la luz. Es una ventaja, por lo tanto, contar con abundantes reservas para hacer más sencillas las primeras etapas de crecimiento. Los llamativos colores de algunas semillas guardan posiblemente relación con su mecanismo de dispersión a través de la fauna vertebrada, que debe encontrarlas más atractivas cuando exhiben esas tonalidades. Por otra parte, la resistencia de las semillas, que las hace idóneas para perdurar largo tiempo como adorno en nuestros cuellos, tiene que ver con alejar la tentación que supondrá, para muchos consumidores ilegítimos, hacerse con el botín energético destinado a facilitar la germinación de las plántulas y evitar la podredumbre a causa de la abundante humedad y el elevado calor.

*Las flores de la" Ipomoea indica" se cierran por la noche en los jardines mediterráneos, seguramente una respuesta adaptativa para evitar el consumo de néctar o polen por consumidores ilegítimos en sus zonas de origen del continente americano. Foto: Waleska Vázquez.*

## Cuestión de tamaño

El enorme tamaño de los esqueletos de ballena, expuestos a menudo en los museos de historia natural, invita a pensar si también tendría que ver con eludir a gigantescos depredadores marinos de tiempos remotos. Las ballenas no coexistieron con los grandes saurios marinos del Mesozoico. En realidad, compartieron un antepasado común con los artiodáctilos (hipopótamos, cabras, ciervos) hace 47 millones de años y evolucionaron, por tanto, después de que se extinguieran los grandes reptiles mesozoicos. En cualquier caso, aumentaron de tamaño una vez colonizaron el medio marino, pues sus ancestros terrestres eran mucho más pequeños. Así que la razón de tan gran talla ha de encontrarse en el mar y no tiene que ver con hipotéticos depredadores reptilianos de tiempos remotos.

Es posible que la presencia en los mares de feroces mamíferos depredadores, como las orcas, sea razón suficiente para explicar el gran tamaño de las verdaderas ballenas, las comedoras de krill. De hecho, las orcas son aún los principales depredadores de las crías de ballena azul. A menudo tenemos en cuenta que la megafauna herbívora de las sabanas abiertas africanas evolucionó a partir de ancestros forestales de menor talla, como defensa ante los grandes depredadores, pero solemos olvidar que en el mar se dan relaciones muy parecidas de indefensión que pueden fomentar las denominadas "carreras de armamento". A fin de cuentas, la mar abierta es un medio donde esconderse resulta tan difícil o más aún que en una gran planicie africana. De todos modos es fácil pensar en explicaciones alternativas, como la necesidad de ser de gran tamaño si se ha de vivir de filtrar plancton en el océano, ya que parece haber una convergencia hacia tallas grandes entre grupos zoológicos marinos tan lejanos como los tiburones y las ballenas.

## El porqué de los cinco lobitos

No quisiera dar con esto la impresión de que vivimos en un mundo en el que cualquier rasgo es consecuencia de una adaptación. Ese mundo "sobreadaptativo" (el del paradigma panglosiano en el que las narices parecen haber evolucionado para hacer de sustento a las gafas, véase el capítulo 21) no es el nuestro en realidad. Por ejemplo muchos rasgos se han visto favorecidos por la selección sexual. Nunca adivinaríamos por qué las aves del paraíso o los pavos reales tienen apéndices caudales tan exagerados, con el consiguiente coste asociado, sin atender a las preferencias de las hembras. Y en muchos casos los rasgos existen porque sí, sin más, como subproducto accidental del mantenimiento de otro rasgo que sí es vital para la supervivencia. El número de dedos de nuestras manos y pies es un ejemplo inmejorable. No tenemos cinco dedos porque ése sea el número óptimo para manejar ramas o piedras, ni las hembras humanas prefieren a los hombres con cinco dedos. Simplemente si el número de dedos fuera mayor, la funcionalidad de nuestros órganos reproductivos se vería alterada también, porque ambos caracteres están vinculados genéticamente, de modo que un ser humano con un número de dedos superior a cinco (y no cuentan los falsos dedos que son copia de uno de los cinco) no podría dejar descendencia y, por ende, no transmitiría ese rasgo a las generaciones futuras. El número de dedos es un rasgo neutro de la evolución. Muchos otros caracteres resultan transparentes para la selección natural porque no son vitales para cambiar la fecundidad o la supervivencia de los individuos y no alteran por tanto la frecuencia de los genes que los codifican en las poblaciones con el tiempo.

La naturaleza está constreñida en su capacidad creativa por el escenario ecológico (abiótico en primera instancia y biológico en segunda) en el que se desenvuelve la vida. La acción aditiva de todos estos factores, y las interacciones entre ellos, son los que hacen de los seres vivos eficaces estructuras para perdurar a largo plazo en los ambientes locales. Las visitas a los museos de historia natural nos pueden hacer reflexionar de manera clarividente al respecto, al ver a antiguos seres fuera de su contexto.

## 24. Avanzar desacelerando

*En el capítulo 22, desarrollaba la idea de la generación de innovaciones evolutivas mediante cambios en la función de estructuras o genes ya preexistentes. La misma idea –transferencia o metamorfosis de función– fue explicada con mayor detalle por Carlos M. Herrera en el número 293 de la revista "Quercus", correspondiente a julio de 2010. Hoy vuelvo por esos pagos para rendir homenaje a un apasionante mecanismo que genera materia prima para grandes cambios evolutivos, simplemente mediante una alteración en los ritmos de desarrollo.*

Darwin y Wallace, Wallace y Darwin dieron sin duda en el clavo al postular su teoría de evolución por selección natural. Por muy obvia que nos parezca ahora, hasta mediados del siglo XIX la humanidad no fue capaz de formular una explicación racional a la enorme diversidad de formas vivas que

pueblan el planeta. Sin embargo, estos dos grandes naturalistas carecían de la abundante información genética y embriológica acumulada en los últimos 150 años. Pero, incluso si tenemos en cuenta todos esos avances, Darwin y Wallace siguen invictos a la hora de explicar la micro-evolución, los cambios adaptativos que se producen en el interior de las poblaciones locales.
No obstante, al extrapolar su lento mecanismo de acumulación gradual de cambios genéticos para explicar la macro-evolución (la evolución de las especies) otros procesos que cuentan con mayor apoyo de las evidencias quedaban un tanto al margen, como es el caso de la metamorfosis de función (ya propuesta por el propio Darwin como alternativa a la aparición de órganos irreductiblemente complejos). Lo cual, dicho sea de paso, no resta valor a la selección natural, ya que lo único que hace es matizar el ritmo (rápido/lento) y el modo (continuo/puntuado) del cambio en los linajes evolutivos por selección natural.

*Juvenil de gallipato "Pleurodeles waltl" mostrando las branquias externas que a veces retiene en estado adulto, como pasa en los ajolotes. Foto: Vicente Sancho.*

## Salamandras adultas con rasgos juveniles

A la hora de generar grandes novedades evolutivas los caminos de la vida son a veces sorprendentemente sencillos. Aunque, claro está, es fácil hablar a toro pasado, reconstruyendo las rutas de la historia. En un libro ya antiguo, *Ontogenia y filogenia* (1), quizá de los menos conocidos pero probablemente de los mejores del autor, Stephen Jay Gould desarrolla la idea que hoy me servirá de hilo conductor en estas reflexiones. Es tan sencilla como hermosa: la propia "ontogenia" (es decir el proceso de desarrollo de un organismo desde el óvulo fecundado hasta el estado adulto) puede ser fuente de innovaciones filogenéticas (es decir, de nuevos taxones que van desde la especie a otras categorías "superiores"). ¿Qué quiere decir todo esto exactamente? Imaginemos el proceso de ontogénesis de una rana. Para pasar del estado de huevo al de adulto ha de transitar antes por el estadio juvenil de renacuajo o larva. Si por alguna razón se diera un cambio, de tal modo que el estadio juvenil ralentizara su desarrollo somático respecto al germinal, de modo que alcanzase la madurez sexual conservando su apariencia larvaria, tendríamos de golpe una novedad evolutiva: una rana adulta, pero con cola de renacuajo.

Pues bien, este mecanismo es el que dio lugar a la salamandras mexicanas conocidas como ajolotes (*Ambystoma mexicanum*). En cierta manera, podría decirse que los ajolotes son anfibios sin terminar. Pero también podríamos darle la vuelta a la tortilla y preguntarnos ahora cómo sería un ajolote si se desbloqueas ese interruptor del desarrollo. De hecho, algunos investigadores dieron ese paso hace ya muchas décadas (2). En concreto, tal experimento fue llevado a cabo de forma independiente en Alemania y en el Reino Unido, inyectando hormonas de crecimiento a un ajolote. El resultado fue una "salamandra adulta" nunca vista hasta entonces. Si esa inyección de hormonas se hubiera producido de manera espontánea el resultado hubiera sido una nueva especie que quizá representase un nuevo género. Es curioso cuán lejana resulta esta visión de la ontogenia, como generadora de novedades, con respecto al clásico concepto de recapitulación de Haeckel, según el cual el desarrollo embrionario es un recorrido por las diferentes etapas de la historia filogenética de cada organismo. También es sorprendente lo contrapuesto a esta idea que resulta el concepto evolutivo de la Reina Roja, que postula que las especies han de estar cambiando continuamente para poder quedarse en el mismo sitio, una imagen que Leigh Van Valen tomó prestada de *Alicia a través del espejo* de Lewis Carroll. En realidad, mediante la neotenia uno logra avanzar reduciendo el ritmo de desarrollo, siempre y cuando esa desaceleración no incluya también a los procesos reproductivos, claro.

*Adulto de gallipato "Pleurodeles waltl". La retención de una cola aplanada en estado adulto es un rasgo neoténico propio del grupo de los anfibios urodelos como los tritones y salamandras. Foto: Vicente Sancho.*

**El primate que nunca crece del todo**
Pero la neotenia (es decir, la retención de caracteres somáticos juveniles de nuestros ancestros por retraso en el desarrollo) también está detrás de nuestro origen como especie. Tanto los rasgos faciales como la inagotable curiosidad de los humanos proceden, en realidad, de la retención de características juveniles de los extintos ancestros que compartimos con chimpancés y bonobos, caracteres que hemos adquirido por un retraso en el desarrollo. En otras palabras: el más adulto de los humanos no deja de ser un niño (o una niña). Eso sí, un niño o una niña capaces de reproducirse.

Otras pruebas de nuestra neotenia por retardo en el desarrollo son, al menos, los siguientes rasgos: una cara de perfil aplanado, la escasez de pelo, la forma del oído externo, la posición central del foramen magnum, el peso relativamente elevado del cerebro, la persistencia de suturas craneales hasta una edad avanzada, la estructura de la mano y del pie, la forma de la pelvis, la posición centralmente orientada del canal sexual en las mujeres, la ausencia de cresta craneal y de arcos supra-oculares pronunciados, la delgadez de los huesos craneales, el pequeño tamaño de los dientes, la tardía aparición de nuestra dentadura, la no rotación del dedo pulgar del pie, el prolongado periodo de dependencia infantil y de crecimiento, nuestro gran tamaño corporal, nuestra alta longevidad o nuestra tardía edad de maduración sexual (1).

De vuelta al experimento de los ajolotes, esas singulares salamandras mexicanas, algunos autores han llegado a sugerir que los chimpancés y los gorilas actuales son en realidad gráciles y robustos australopitecos (3), respectivamente, que continuaron su interrumpido desarrollo y llegaron a dar formas no neoténicas. La imaginación vuela rápidamente para imaginarse a qué daría lugar nuestra especie si tal cosa sucediese. Probablemente revertiéramos a un estado cuadrúpedo, propio de nuestros ancestros, similar al de gorilas y chimpancés, nuestro cráneo sufriría numerosos cambios, quizá perdiéramos la capacidad de hablar y nuestro cuerpo se cubriría de abundante pelo. En definitiva, surgiría rápidamente una nueva especie que no nos resultaría nada atractiva. Esperemos que nunca se le ocurra a nadie manipular a los seres humanos de esa manera, más allá del ejercicio intelectual de Aldous Huxley en algunas de sus novelas (4), quien por cierto estaba bien informado de las correrías de su hermano mayor Julian.

**Concluyendo**
Por último, es fundamental resaltar que toda esta colección de rasgos neoténicos que caracteriza al ser humano no es sólo un subproducto de la heterocronía (cambios en la velocidad del desarrollo somático en relación al germinal, ya sean desaceleraciones o aceleraciones), sino que tiene un enorme valor pre-adaptativo. O, mejor dicho, un enorme valor exaptativo o co-optativo, entroncando con el lenguaje de los capítulos anteriores. Proporciona una materia prima inestimable para la aparición de innovaciones evolutivas por cambio de función.
Por ejemplo, el bipedismo, de tan alto valor adaptativo en la historia de nuestra especie y que llevó a la evolución del cerebro por liberación de las manos para el uso de herramientas, no hubiera sido posible sin la disponibilidad previa de varios de estos rasgos neoténicos. Como decía Gould, si algo hay de esencial en la naturaleza humana es el lento progreso del curso de nuestras vidas.
En realidad, este mecanismo no es sólo un fenómeno accidental propio de ajolotes y humanos, sino que parece encontrarse detrás de la evolución de numerosos taxones zoológicos, incluido el propio subfilum de los vertebrados, por lo que debe considerarse uno de los principales motores de la evolución, capaz de generar innovaciones de manera relativamente rápida y no gradual, que quedarían sujetas a la acción posterior de barrido por selección natural.

## 25. ¿Gradual, puntual o gradual-puntual?

*Como es bien sabido, la visión gradualista del proceso micro y macroevolutivo "a la darwiniana" se debe a la influencia que las tesis geológicas de Charles Lyell ejercieron sobre Darwin en el siglo XIX. A su vez, Lyell fue influido previamente por las ideas de James Hutton. Según estos autores, el cambio geológico tendría lugar sólo en forma de lentos pasos graduales.*

Este modelo fue adoptado por Darwin para explicar la microevolución, proceso de cambio por el cual los individuos de una especie acaban dando lugar progresivamente a diferentes variedades mejor adaptadas a sus ambientes locales. Darwin, aunque titula su obra magna *El origen de las especies* y lo iguala a *"la supervivencia de las razas favorecidas en la lucha por la vida"*, en realidad no aborda la generación de especies hasta el final de su libro, cuando sugiere que todo lo propuesto a escala individual (la adaptación microevolutiva gradual o adaptación) podría ser válido también para las poblaciones, sus "razas" (es decir, el gradualismo microevolutivo se daría también a nivel macroevolutivo). Pero no aporta ninguna prueba sobre la existencia de ritmos graduales de especiación, sencillamente porque no pueden hacerse experimentos a lo largo de cientos de miles de años, el tiempo que supuestamente se requeriría para que aparecieran nuevas especies de manera gradual. Únicamente la información fósil está disponible, con todas sus imperfecciones.

Lo que subyace a este modelo de generación de innovaciones taxonómicas es que "toda subespecie es una especie en potencia dado el tiempo suficiente"; de ahí el interés de los taxónomos clásicos por las subespecies. Sin embargo, muchos grupos biológicos, como el género *Limonium* entre las plantas, con más de 350 especies a sus espaldas, nos recuerdan que hay también otros mecanismos de especiación, como la hibridación, que puede llevar a la poliploidía (generación de gametos con tres o más juegos de cromosomas por fallos en la meiosis), capaces de generar especies nuevas de manera rápida.

**Pardelas y palangres**
Sea como fuere, el caso es que el gradualismo invadió desde ese momento nuestra manera de concebir el mundo. Voy a poner un ejemplo que me recuerda a menudo que la opción gradual es la predeterminada en nuestra cultura. Mi madre sufrió hace unos años una pérdida puntual (y grande) de memoria debido a un evento emocional fuerte. Pero, desde entonces, no ha vuelto a perder ni un ápice de memoria. Es decir, pasó de un equilibrio en una zona alta de memoria, de golpe, a un nuevo equilibrio ubicado más abajo. Sin embargo, la gente siempre me pregunta, con buena intención, si la pérdida progresiva de memoria de mi madre avanza muy rápido. Entonces me toca explicar mi particular "historia puntuacionista."

Lo mismo me sucede en un plano más profesional. La pequeña colonia de pardela cenicienta de las islas Columbretes (Castellón) pasó de sus habituales cien parejas a un nuevo equilibrio en torno a la mitad de ellas, de golpe, en el año 1998, debido a una eventual y estocástica mortalidad masiva causada por los barcos que pescan con palangres en el entorno del archipiélago. Sin embargo, cuando se cuenta que la colonia tenía un centenar de parejas mientras que ahora sólo alberga unas cincuenta, todo el mundo tiende a prolongar el declive de manera lineal hacia el futuro y deduce que a este paso se extinguirá en breve. Pero el evento demográfico que hizo declinar a las pardelas no fue en absoluto gradual, sino puntual (como el de las focas monje en la colonia de Cabo Blanco de Mauritania) y no ha vuelto a darse afortunadamente. Si ocurriera de nuevo, con igual magnitud que en el pasado, nos quedaríamos sin colonia de golpe, en un solo año. Esperemos que eso no suceda, porque ya se van aclarando las claves de la captura accidental de aves marinas en los palangres. Según apuntan las evidencias analizadas el problema está muy relacionado con el hecho de que los días de fiesta y los fines de semana los palangreros son los únicos barcos de pesca con permiso para faenar, de modo que las hambrientas aves no pueden seguir a los barcos de arrastre, como hacen el resto de los días, y caen en los enormes anzuelos con cebo empleados para pescar grandes peces depredadores (1, 2).

*Una avalancha de rocas en la sierra de Tramuntana (Mallorca) puede hacernos reflexionar sobre los fenómenos repentinos que provocan cambios sustanciales e innovaciones. Foto: Antoni Amengual.*

### ¿Procesos graduales o saltos?

Ni tan siquiera en geología se mantiene que los procesos sean siempre lentos y graduales. En la fotografía que acompaña a estas líneas se observa el tremendo desprendimiento de roca caliza que tuvo lugar en el término municipal de Alaró (sierra de Tramuntana, Mallorca) en diciembre de 2008 (3). Durante centenares, miles o decenas de miles de años, quién sabe, una pared de roca puede permanecer estable, sin apenas cambios. Pero bastan unas lluvias inusualmente intensas y continuas, acompañadas de bajas temperaturas, para causar en su sólo instante más perturbación que la acumulada en todo un larguísimo periodo de práctica estabilidad.

También cabe la posibilidad de integrar los cambios graduales y puntuales en lugar de enfrentarlos como opuestos. Más bien, viéndolos como extremos de un continuo de cambio evolutivo. Basta con que cambiemos nuestra manera de percibir la realidad mediante modelos lineales y hagamos uso de los modelos no lineales. Es decir, el desprendimiento de rocas de Alaró pudo producirse cuando se superó el umbral de estabilidad al que había llegado mediante la acumulación direccional de pequeños cambios, que se dieron en la misma dirección a lo largo del tiempo. Igual que cuando la nieve se desliza de golpe por un tejado a partir de la acumulación de un pequeño copo que hace "rebosar el vaso". Me pregunto si este modelo, que podríamos llamar "no lineal gradual-puntual", tendrá mucha aplicación a la hora de explicar la macroevolución, la evolución de las especies o de categorías taxonómicas superiores. Bien podría ocurrir que, la acumulación de pequeños cambios continuos a escala genética, superase un cierto umbral en determinado momento y provocase un salto sustantivo y relativamente repentino (como ocurre por ejemplo cuando se altera una secuencia reguladora de la expresión de los genes en el desarrollo embrionario). En cualquier caso, parece ser más habitual que la selección actúe en forma de dientes de sierra, haciendo y deshaciendo sus propias obras, al dictado de unos entornos cambiantes (no direccionales). Es el caso de los pinzones de las islas Galápagos: durante las sequías salen favorecidos los que tienen el pico grueso y durante los periodos de lluvias los que lo tienen delgado, de tal modo que el resultado global, visto a la larga, es de estabilidad (la estasis de los paleontólogos).

*Aunque a escala microevolutiva muchos cambios se producen de manera gradual, a escala macroevolutiva la aparición de especies nuevas parece darse en el registro fósil de manera puntuada, a escalas geológicas de tiempo. La acumulación de pequeños cambios graduales a nivel molecular podría dar lugar a grandes cambios al sobrepasarse un umbral, como cuando se alteran mínimamente las secuencias reguladoras de la expresión de los genes durante el desarrollo embrionario. Foto: Rosa María Mateos.*

En realidad el modelo puntuacionista defendido sobre todo por el paleontólogo norteamericano Stephen Jay Gould nunca entró en conflicto con el gradualista de Charles Darwin porque el del primero se refería a ausencia de gradualismo filético, es decir, gradualismo a nivel de filums o linajes, en el ámbito de la macroevolución que es lo que él observaba en sus fósiles, mientras que el segundo hablaba de gradualismo dentro de las especies, a nivel microevolutivo. Diría que Gould nunca dudó que la microevolución, la generación de subespecies, sucede habitualmente de forma gradual y Darwin nunca abordó seriamente el gradualismo a niveles taxonómicos superiores al de la especie. Crear un conflicto entre ambos denota no haber leído bien a alguno de los dos autores (o a los dos) o tener ganas de crear crispación a partir de la nada.

**Fenómenos no lineales**
Desconozco si el modelo gradual-puntual tiene mucho sentido para un especialista en genética (aunque diría que tiene mucho que ver con los fenómenos epigenéticos emergentes) o incluso si está habitualmente detrás de los desprendimientos masivos de rocas. Pero en ecología son abundantes los ejemplos de fenómenos no lineales. Por ejemplo, las pesquerías de bacalao de los grandes bancos de Terranova cayeron en picado mucho antes de lo predicho al superarse un umbral de abundancia, que marcó la extinción comercial de esta pesquería. Algo parecido sucede cuando las poblaciones de aves o de mamíferos declinan hasta alcanzar un umbral crítico, a partir del cual podemos darlas formalmente por extintas debido a los problemas para reproducirse, defenderse o encontrar alimento. Por ejemplo, en nuestro propio trabajo con las aves marinas, como ya contábamos hace algunos años (4), hemos encontrado numerosos casos en los que opera el denominado "efecto Allee", que promueve un crecimiento demográfico no lineal y negativo a bajas densidades de población, normalmente como consecuencia de alguna intervención humana.

A estas alturas, lo que sí está bien claro es que entender la historia de la vida sobre la Tierra sin incorporar en algún momento eventos puntuales y rápidos en la escala geológica del tiempo, de cambio sustancial, es un planteamiento incorrecto. Por ejemplo, sin considerar los distintos eventos de extinción masiva, que Darwin no conocía, es imposible explicar adecuadamente la geología y la biología de nuestro planeta.

## 26. Compromisos y conflictos

*Como en el caso de los animales y las plantas, la longevidad, la sexualidad y la capacidad reproductora del animal humano han sido determinadas por una serie de compromisos y conflictos de naturaleza ecológica.*

No hay duros a cuatro pesetas. Puede que esta expresión ya no signifique mucho para los lectores más jóvenes, pero viene a decir que en la vida pocas cosas salen gratis. Lo mismo que sucede en el día a día de la vida humana, ocurre también en el funcionamiento de la naturaleza. Todo se basa en un toma y daca, en un complejo entramado de compromisos entre ganar y perder en el intento. Según las leyes físicas de la termodinámica no es posible fabricar un "móvil perpetuo", un imaginario aparato capaz de funcionar eternamente sin aporte externo de energía, más allá del impulso inicial. En este mundo no se puede ganar sin asumir un coste asociado. El coste, desde luego, ha de ser menor que el beneficio porque, de otro modo, haría tiempo que la actividad en cuestión habría desaparecido. Pero lo importante es retener que siempre habrá un coste ineludible.

**Reproducirse ahora o sobrevivir a largo plazo**
Imaginemos un ave longeva, como el albatros errante, intentando reproducirse en una isla de los lejanos mares australes. Incubar un huevo durante casi tres meses representa un importante desgaste fisiológico. Ante una inclemencia meteorológica que ponga en riesgo el aporte de alimento, la mejor opción sería abandonar la incubación esa temporada y esperar a que en años venideros haya más suerte con los agentes atmosféricos. Dado que el albatros va a vivir muchos años resulta más provechoso para él garantizar su propia supervivencia que empecinarse en sacar adelante a su único pollo en un año determinado, ya que, a buen seguro, habrá otras muchas oportunidades para intentarlo. Sin embargo, para una avecilla menos longeva (pongamos un jilguero como ejemplo) el balance de costes y beneficios es muy diferente, ya que a lo largo de su corta vida tendrá pocas oportunidades para legar sus genes a la descendencia y, por lo tanto, le merecerá la pena arriesgar más la propia vida en cada intento de reproducción.

Algo similar ocurre con el tamaño de la puesta entre las aves. La mayoría podría sacar adelante más pollos de los que, en promedio, logra criar cada temporada, según se desprende de los experimentos que consisten en añadir huevos extra a los nidos. Sin embargo, los esfuerzos se pagan tarde o temprano y, así, a un año de reproducción excelente podría seguir otro pésimo (o incluso la muerte) a consecuencia de lo anterior. Por consiguiente, las aves ajustan el número de huevos que ponen (y el de pollos que saldrán adelante) en función del esfuerzo de crianza que son capaces de soportar sin perjudicarse de manera sustancial a medio o largo plazo.

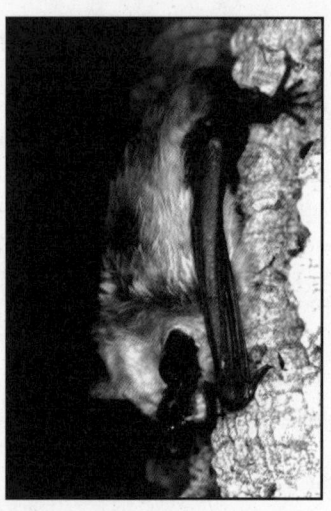

Al murciélago hortelano, "*Eptesicus serotinus*", se le ha registrado una longevidad de 19 años, a pesar de que tiene una masa corporal inferior a la de un ratón de campo, "*Apodemus sp.*", que tan sólo vive 6 años. Foto: Antonio Guillén.

## La longevidad de depredadores y presas

Es difícil que los animales que suelen ser presas de otros consigan vivir muchos años. Y si los componentes de una población suelen sufrir altas tasas de mortalidad extrínseca (causada por depredación, competencia, enfermedades, parásitos o accidentes fortuitos) son una mala materia prima para que la longevidad se vea favorecida por selección natural. Sencillamente la selección natural no podrá ejercer su papel porque los individuos con genes que les permitiesen vivir hasta una edad avanzada se mueren antes por otras causas externas. Es este compromiso entre mortalidad extrínseca y longevidad el que explica que mientras que los ratones de campo viven como máximo 4-6 años, los murciélagos del género *Pipistrellus*, cuyo tamaño es similar, tengan esperanzas de vida el doble de largas (8-16 años). Los murciélagos no suelen ser presas habituales de nadie, gracias a su vida nocturna y también a los ambientes donde se reproducen (fisuras, cuevas). De hecho, llegaron a la noche y a las cuevas huyendo de la depredación diurna y se vieron recompensados con un estilo de vida opuesto al de los roedores diurnos. Así que los murciélagos no tienen nada de "ratas aladas", por mucho que el dicho popular (y su desafortunado nombre común de "ratones ciegos" o "mur-ciégalos") se empeñe en ello. Hacen una baja inversión reproductora por temporada, pero tienen muchas oportunidades de criar a lo largo de su dilatada vida.

Pero ser depredador tampoco es un chollo. Los depredadores apicales, situados en la cumbre de la pirámide ecológica, son a menudo territoriales y compiten entre sí causándose heridas (como nos recuerdan las peleas de gatos en cualquier callejón) y sufren accidentes en las arriesgadas persecuciones de sus presas. Si tuviera que elegir entre ser un búfalo o un león, diría que se vive más cómodamente siendo un herbívoro gigante, a pesar de los eventuales ataques de los leones. El caso es que los grandes carnívoros son menos longevos de lo que cabría esperar por su tamaño. Las especies más favorecidas en este sentido son las que han descubierto innovaciones anatómicas que las blindan ante la depredación en estado adulto (como las tortugas terrestres y marinas, los erizos, las lapas o los armadillos) o las que han llegado a colonizar ambientes libres de depredación, como las aves marinas oceánicas o los peces de lagos sin depredadores.

Además, tanto en la naturaleza como en las relaciones humanas, no sólo son comunes los compromisos sino también los conflictos de intereses: lo que es bueno para ti no siempre es bueno para mí. Este tipo de conflictos se producen a todas horas. Por ejemplo, los progenitores quieren deshacerse de sus vástagos cuanto antes, pero las crías prefieren permanecer junto a sus padres todo el tiempo que sea posible.

Las salamanquesas acuden a las farolas a cazar insectos atraídas por la luz pero a la vez las farolas las hacen más vulnerables a ser descubiertas por depredadores nocturnos como rapaces nocturnas o gatos. Foto: Conxa Martínez.

**La estrategia humana de emparejamiento**
Para los primates no humanos, la estrategia reproductiva óptima consiste en que los machos copulen con el mayor número posible de hembras y que las hembras sean cubiertas por el mayor número posible de machos. De ahí que las hembras manifiesten externamente, mediante llamativos colores, los periodos en que son fértiles. La competición espermática juega, por tanto, un papel preponderante en este caso (1).
En la especie humana, sin embargo, machos y hembras tienen intereses que entran en conflicto. Para el hombre del Paleolítico, como para cualquier otro primate, lo ideal era fecundar varias hembras y después no ofrecer cuidado parental alguno. Para las mujeres la estrategia óptima era la monogamia, dado que el cuidado de los hijos en solitario era inviable y exigía que el hombre se involucrara en la crianza de la prole. Todo esto se debe a que nuestros hijos, a diferencia de los hijos de los otros primates, nacen varios meses antes de lo que le correspondería a nuestra especie por su tamaño y muy desvalidos, debido a que el factor limitante en el parto consiste en que la gran cabeza del cachorro humano quepa por el estrecho canal pélvico. Quizás por ello las mujeres, a diferencia del resto de las hembras de primates, desconocen con exactitud sus periodos fértiles y no los muestran externamente de manera patente mediante colores, ruidos u olores. De esta manera consiguen que los machos tengan que permanecer a su lado de manera habitual para asegurarse de que son los padres de la criatura. En cualquier caso parece que la mejor descripción de la sexualidad de los machos de nuestra especie es también la de monógamos aunque con ligera tendencia a la poliginia, heredada de nuestros ancestros. Esta afirmación se apoya en que existe poco dimorfismo sexual entre hombres y mujeres (los hombres son más grandes y fuertes que las hembras en promedio pero no mucho comparado con el caso de los polígamos gorilas) y en que el tamaño de nuestros testículos en relación al tamaño corporal es pequeño con lo cual se colige que la competición espermática en nuestra especie no tiene gran importancia.

Así pues, son las hembras humanas, con su estrategia de ovulación oculta, sexo en privado y disponibilidad continua a lo largo del año –no sólo durante periodos concretos, como es norma entre los primates– las que hacen del hombre con tendencias polígamas un ser monógamo. Por eso ha estado tan mal vista la promiscuidad femenina hasta hace bien poco en nuestra sociedad (y lo sigue estando en muchas otras): porque un hombre se podía encontrar criando de por vida un hijo que no llevase sus genes; mientras que la promiscuidad masculina ha sido más tolerada, o incluso considerada como algo natural, no sólo porque no existe riesgo alguno para las mujeres en este sentido, sino porque además los hombres pueden obtener potenciales beneficios en forma de mayor transferencia de sus genes a la siguiente generación.

El escenario biológico ideal para un hombre del Paleolítico (es decir, un hombre biológicamente similar a nosotros pero con un bagaje cultural muy distinto) sería colarle un gol a una pareja ajena a la suya, pasando sus genes a la descendencia pero sin ofrecer a cambio cuidado parental alguno. Claro que para el hombre al que se trata de engañar la estrategia es la misma con lo cual todos los machos cuidan de cerca a sus hembras (monógamente) para asegurarse de que el engaño no llegue a darse nunca. Afortunadamente, este conflicto histórico entre hombres y mujeres en lo tocante a las relaciones fuera de la pareja está llegando a su fin con la era tecnológica, desde el momento en que las mujeres pueden sacar adelante a sus hijos por sí mismas y escoger entre tener sexo destinado a la procreación o no. La tecnología deviene así en una contribución aún no bien ponderada del camino hacia la tan deseable igualdad entre hombres y mujeres. ¡Curiosidades de la vida! Probablemente, la violencia de género esté viviendo sus últimos coletazos en este mundo nuestro, tan industrializado, en paralelo con los últimos estertores de la era agrícola. Es de esperar que esta nueva cultura acabe por imponerse ante el peso biológico que inevitablemente arrastramos y que, de ahora en adelante, consigamos vivir con un conflicto menos ¡Ojalá ese cambio sea rápido!

## 27. Conocer lo que se dice conocer...

*Me sorprende que podamos vivir con tan poca información sobre el entorno que nos rodea. O incluso sobre el entorno que nos constituye, es decir, nuestro propio organismo. Podemos pasarnos la vida entera sin saber cómo funciona el complejo sistema circulatorio sanguíneo o cultivando patatas sin tener ni idea de lo que es en realidad un tubérculo. Eso me hace pensar que el conocimiento no es imprescindible y que solamente aporta una capa de belleza adicional a nuestra forma de percibir la realidad.*

¿Qué tienen en común una buganvilla y la espectacular cola de un pavo real? A primera vista, nada. Pero, si ahondamos un poco, veremos que los aparentes pétalos de la buganvilla no son tales, sino brácteas modificadas, brácteas híper-desarrolladas que cubren una flor por otro lado bien exigua. En cuanto a la cola del pavo real, es un abanico formado por las plumas supracoberteras caudales, que en la mayoría de las aves pasan desapercibidas, aunque en este caso estén agigantadas. Ambos ejemplos de falsos "pulgares del panda" nos muestran que podríamos pasarnos toda una vida cuidando buganvillas o pavos reales en un jardín, llamando flor o cola a lo que no lo es y, sin embargo, tampoco pasaría nada. Sólo estaríamos perdiéndonos el disfrute de una capa de belleza que enriquecería intelectualmente nuestras vidas.

Recuerdo el día en que le dije a un buen amigo, acostumbrado a criar higueras desde la infancia, que los higos no son en realidad un fruto sino un conjunto de frutos, una infrutescencia. Cada uno de esos pequeños granitos que sentimos en la boca al masticarlos (aquenios) son los verdaderos frutos de la higuera, que proceden a su vez de diminutas flores, todos ellos rodeados por una envoltura carnosa que da lugar a la estructura del sicono que conocemos comúnmente como "higo". Algo similar sucede en el caso de las fresas, cuya estructura se denomina eterio.

**La aparente chapuza del ojo humano**
Conocer, lo que se dice conocer, conocemos las cosas muy superficialmente, aunque pensemos lo contrario. Si preguntáramos a alguien si sabe lo que es un ojo humano diría que sí, claro. Convivimos con nuestros ojos a diario y son ellos los que nos permiten percibir buena parte del mundo exterior. Pero apenas los conocemos en profundidad y en parte es lógico que así sea, porque aprehender el conocimiento es más difícil de lo que parece. Un asunto que siempre me ha cautivado de la estructura del ojo humano es que haya evolucionado doblando el tejido óptico de nuestros lejanos ancestros

desde fuera hacia dentro, como si le diéramos la vuelta a un guante de fregar. Justo lo contrario de lo que ocurre, por ejemplo, con los ojos de los cefalópodos, como calamares y pulpos. Es indiscutible que tan peculiar cambio se produjo en algún momento de la evolución de nuestro linaje, ya que el nervio óptico discurre por el interior del ojo y hace sombra a la retina, lo cual es un absurdo que obliga al cerebro a corregir constantemente esa aberración. Y, por otra parte, las baterías de conos (receptores del color) y bastoncillos (receptores de luminosidad) de nuestro ojo no miran hacia fuera, que es de donde procede la luz que nos traslada la información del mundo exterior, sino que están orientados hacia dentro, dirigidos hacia la retina ubicada en el fondo del ojo. Un aparente sinsentido, vaya. Nadie, que yo sepa, ha dado una explicación adaptativa convincente a semejante disposición contra natura. De hecho, nuestro ojo suele emplearse como ejemplo de un "mal diseño" de la naturaleza.

Yo también creo que no tiene explicación ahora, pero sí la tuvo antes y me atrevo a aventurar una posible razón histórica de ese actual sinsentido morfológico, aunque sea como ejercicio mental. Todos sabemos que muchos mamíferos nocturnos, como los felinos y los cánidos (aunque también murciélagos, caballos, bóvidos y cetáceos), tienen ojos que brillan en la oscuridad cuando son iluminados. Este fenómeno se debe a que todos esos animales cuentan con una capa de tejido reflectante que se denomina técnicamente "*tapetum lucidum*" en el fondo del ojo, ya sea por delante o por detrás de la retina. Algo así como el reflector que colocamos en nuestras bicicletas para ser vistos. La ventaja de dicho tapete es que aprovecha al máximo la luz disponible y la pone a disposición de las células fotosensibles (conos y bastoncillos) para que transmitan información al cerebro a través del nervio óptico. Nuestra especie no tiene *tapetum lucidum*, pero sí lo tenían nuestros antepasados prosimios (más técnicamente: primates estrepsirrinos) como los lémures de Madagascar, los loris asiáticos y los gálagos y potos africanos, todos ellos de hábitos nocturnos (1). Bien podría ser que más adelante, cuando la mayoría de los primates haplorrinos (grupo compuesto por monos aulladores, titíes, macacos, papiones, orangutanes, gorilas, chimpancés y humanos, además de por los tarsios) abandonaron la vida nocturna, el *tapetum lucidum* desapareciese. No por un uso o desuso de los órganos a la lamarckiana, sino por economía de la naturaleza. De este modo, quien ahorra en estructuras puede dedicar energía extra a la reproducción y la supervivencia, lo que aumenta su eficacia biológica (la famosa *fitness*), que es la regla que mide el éxito evolutivo a largo plazo. Así pues, nos encontramos con que nuestro ojo es ahora una especie de antigua antena parabólica, con el receptor (la batería de bastoncillos ya presente en los primates nocturnos, más la batería de conos que permite apreciar el color a los primates diurnos) apuntando hacia la pared del ojo para recibir la radiación electromagnética, pero desprovista de la parábola reflectora (el *tapetum*) que reflejaría la luz en dirección contraria a su procedencia, es decir, en dirección a los receptores luminosos. Eso sí, hemos adquirido una nueva estructura, la fóvea, que mejora nuestro enfoque y agudeza visual.

La razón de que se haya perpetuado en el tiempo ese ojo sin parábola concentradora de haces y con el receptor del revés es, simplemente, que funciona. Con problemas, sobre todo para ver en la penumbra, pero lo suficientemente bien como para evitar presiones selectivas que actúen en su contra. Al contrario de lo que solemos pensar, las soluciones evolutivas por selección natural no son óptimas, porque partimos de lo que hay disponible, no de cualquier conjunto de elementos necesario para que el resultado final sea el idóneo. Es decir, se reutilizan las piezas disponibles (o los genes que las controlan) para construir otras nuevas, idea en la que ya he insistido en capítulos anteriores. Y así llegamos al presente y nos encontramos con la aparente chapuza de nuestro ojo, que no entenderíamos sin viajar al pasado para trazar el curso de los acontecimientos. De confirmarse la hipótesis que planteo, el ojo humano podría convertirse en un nuevo ejemplo de cómo lo que observamos en el presente es engañoso, ya que no tiene en cuenta los "fantasmas" del pasado, un tema en el que incidió como nadie el enorme Stephen Jay Gould. En cualquier caso, tenga sentido o no la hipótesis, sólo el hecho de pensar en cómo evolucionó nuestra cámara óptica, esa que permite luego al cerebro fabricar modelos de la realidad, ya es un ejercicio muy edificante.

*La estructura actual de nuestros ojos, cuyos conos y bastoncillos apuntan incomprensiblemente hacia el interior, en lugar de hacia la fuente de luz, podría explicarse, metafóricamente, como la pérdida de la parábola reflectora (nuestro "tapetum lucidum") en esta antena de telecomunicaciones. La razón hay que buscarla en el pasado, cuando nuestros antepasados abandonaron la vida nocturna. Foto del autor.*

## Pérdida de vello corporal

Tampoco solemos reparar en que somos unos monos desnudos. Aparte de, muchos de nosotros, todos los europeos por ejemplo, despigmentados. Aunque gracias a Desmond Morris (2) hemos tenido que reflexionar más al respecto, no es algo que nos llame la atención, ni siquiera si vemos un grupo de chimpancés o de gorilas en cautividad. Simplemente, lo damos por sentado. Si nos comparamos con ellos, es un hecho que nuestra especie tiene el vello corporal reducido a su mínima expresión. La antropología sugiere que la pérdida de vello corporal puede ser uno más de los rasgos neoténicos de nuestra especie, en cuya evolución ha tenido mucho peso la retención de características juveniles ancestrales por ralentización de los ritmos de desarrollo somático respecto al desarrollo germinal (véase el capítulo 24). Si vemos la foto de un gorila recién nacido, comprobaremos con sorpresa que casi no tiene pelo, excepto en la cabeza, como nosotros. Esta característica fue probablemente bienvenida en nuestro tránsito de la selva tropical africana a la sabana, ya que nos permitió regular mejor nuestra temperatura en un nuevo medio más soleado y aireado.

También se me ocurre proponer que el desarrollo del bipedismo no supuso una desventaja para el transporte de las crías en el homínido lampiño. Lo digo porque las crías de los primates forestales cuadrúpedos se sirven habitualmente del vello corporal profuso de sus progenitores para mantenerse unidos a ellos en los desplazamientos. Sin embargo, con la liberación de la mano, el vello corpóreo pierde mucha importancia. En concreto, toda la que gana la propia mano. Así pues, la pérdida de vello probablemente se debe a un mecanismo neoténico, fue favorable en el ambiente soleado y aireado de la sabana y no fue eliminada por una menor supervivencia de nuestros descendientes, ya que coincidió en el tiempo con los albores del bipedismo y la liberación de la mano. **Así que, tras el simple gesto de darle la mano a un niño, podría esconderse todo un complejo entramado de heterocronías, selecciones direccionales y efectos neutrales casi al unísono, como en una gran orquesta.**

### Conocer es la salsa de la vida

Como ya hemos visto, el conocimiento no es imprescindible para sobrevivir, ni para que nuestra economía diaria sea más boyante. Pero, para aumentar su felicidad, invito al lector a tener presente que habita la superficie de un viejo bólido planetario de unos 6.000 trillones de toneladas de peso y 4.500 millones de años de antigüedad, que se mueve en torno a una estrella mediana llamada Sol y se desplaza a nada menos que 30 kilómetros por segundo.

A mí, personalmente, me parece muy triste que conozcamos mejor la mecánica de nuestros coches que el motivo por el que nuestras manos y pies cuentan con cinco dedos, o la causa de que seamos propensos a las hernias inguinales o padezcamos hipo. Tampoco parece que nos interese demasiado el origen de nuestros pulmones o el de los huesecillos del oído interno. Ni siquiera la razón de que sólo conservemos vello sobre la cabeza después de haberlo perdido en el resto del cuerpo. Como todos los enamoramientos, el del saber no es imprescindible para vivir, ¡pero hace de la vida una aventura mucho más interesante!

## 28. Los hijos de los hijos de los hijos

*La herencia genética de cada especie puede marcar pautas que, aunque tuvieron éxito en el pasado, quizá ahora resulten inadecuadas. No obstante, muchas especies cuentan con un cierto grado de flexibilidad genética y cultural que les permite desarrollar rápidamente nuevos hábitos con los que afrontar los cambios ambientales.*

**Nómadas del viento**
¿Recordáis *Nómadas del viento*, aquella película francesa que triunfó en los cines en el año 2001? Estuvo incluso nominada para los Óscar al mejor documental. Iba narrando, con imágenes impactantes, la aventura de la migración de las aves a través de cuarenta países de la geografía mundial. Recuerdo una secuencia que me llamó especialmente la atención: unas cigüeñas blancas (*Ciconia ciconia*) posadas sobre las dunas del desierto del Sáhara. Puede que fuera algún artefacto debido al uso de aves troqueladas para la filmación, pero el caso es que me hizo pensar que los migrantes transaharianos de los últimos 5.000 años lo tienen mucho más crudo para sobrevivir a tamaña aventura que sus antepasados. Repasemos el curso histórico de los acontecimientos.
La actual era glacial comenzó hace unos 40 millones de años, en pleno Eoceno (segunda época del periodo Cenozoico), cuando Australia se separó de la Antártida. Se inició entonces la corriente circumpolar antártica que propició la formación de un casquete de hielo en el Polo Sur y puso punto final en el Hemisferio Sur a la larga edad dorada de clima tropical que imperaba en la mayor parte del planeta. Mucho después, a finales del

Plioceno (último periodo del Cenozoico), hace unos 2'5 millones de años, el clima volvió a empeorar y dieron comienzo las glaciaciones pleistocenas del Cuaternario, que esta vez afectaron al Hemisferio Norte. Hace entre 80.000 y 10.000 años la Tierra estaba inmersa en el último (cuarto hasta la fecha) periodo de las glaciaciones cuaternarias, conocido como Würm. Imaginemos las cigüeñas que viviesen hace 80.000 años en centroeuropa. La mayoría de las que tuviesen el "lógico" –por económico– hábito de ser sedentarias debieron perecer con la llegada de los fríos extremos. Sin embargo, unos cuantos individuos con hábitos más aventureros optaron por una vía aparentemente suicida: embarcarse en un largo viaje rumbo al sur para huir del mal tiempo y de la escasez de comida asociada, una consecuencia de la variabilidad genética que existe en todas las poblaciones animales con reproducción sexual. Aquellos individuos acertaron casualmente y sobrevivieron, al contrario que el grueso de la población, que probablemente pereció. Sus hijos heredaron, necesariamente por vía genética, la tendencia a desplazarse hacia el sur después de la reproducción, así que también lograron sobrevivir y dejar descendencia. Las cigüeñas de hoy en día son las hijas de las hijas, de las hijas, de las hijas... de aquellas pocas cigüeñas fundadoras del exitoso hábito de migrar y siguen comportándose igual que sus lejanos ancestros, incluso aunque estemos inmersos desde hace 10.000 años en un periodo interglaciar de clima suave. Eso sí, en el marco general de una glaciación, de raíces eocenas y pliocenas, que aún mantiene casquetes de hielo en los dos polos del planeta.

*Cigüeña blanca "Ciconia ciconia" en vuelo. La razón de que los seres vivos no tengan otro afán que perpetuarse se debe simplemente a que son hijos de los hijos, de los hijos... de individuos que tuvieron esa misma pulsión en el pasado. Los que no la tuvieron simplemente no dejaron descendencia y su recuerdo se perdió en el tiempo. Lo mismo puede decirse del hábito de emprender migraciones estacionales. Foto: José Santamaría / Ullades naturals.*

**Pero, ¿siempre hubo allí un desierto?**
Regresemos ahora a la secuencia cinematográfica de las cigüeñas posadas en las dunas del Sáhara. Cuando sus antepasados de hace 15.000 años migraban sobre aquel desierto, una buena parte del Sáhara, concretamente sus franjas norte y sur, eran auténticos vergeles de vida, lugares húmedos donde los pastores locales llevaba a abrevar el ganado junto a la megafauna africana. Esta situación cambió sustancialmente hace 5.500 años, debido al desplazamiento en latitud de los rodillos de aire húmedo que se sitúan sobre los trópicos. Aquellos vergeles pasaron entonces a formar parte del desierto, cuyo núcleo se remonta a unos 3-4 millones de años de antigüedad, de manera bastante coincidente con la formación del istmo de Panamá. Desde entonces, la zona inhóspita es mucho más amplia.
Las cigüeñas del documental bien podrían estar transmitiéndonos la idea de que estaban haciendo un alto en el camino donde realmente tocaba, según su programación genética procedente del lejano pasado, si bien ahora carecería de sentido. Esta trampa evolutiva, la de seguir migrando aunque no sea tan necesario y sobre terreno que se ha vuelto inhóspito, debe causar una enorme mortalidad entre los migrantes, mucho mayor que la de antaño, lo que debe influir en su dinámica de poblaciones. Dado que los animales, aunque sigan sujetos a codificación genética, cuentan con un margen de plasticidad cultural (además de genética), hay cigüeñas que se quedan a pasar el invierno en las zonas de cría, como todos sabemos. De hecho, es una tendencia creciente y rápida a medida que el planeta se calienta y aumentan las fuentes alternativas de alimento invernal, como los basureros. Dicha conducta, en principio aberrante, puede convertirse a la larga en adaptativa y ventajosa, si los individuos que se quedan acaban sobreviviendo más que los que migran y también si se reproducen mejor. A medida que el desierto del Sáhara se siga ensanchando hacia el norte y hacia el sur la ventaja de los sedentarios será cada vez mayor. Una vez más, los raros de hoy en día serán la norma del mañana (recuerda un poco al cuento del patito feo ¿no?). Los hijos de los hijos de los hijos de las cigüeñas sedentarias de hoy serán las poblaciones sedentarias del futuro y los raros serán los que migren. Poco a poco se va dando vuelta al guante hasta que todo está del revés, como pasa en geología, ya que ahora encontramos montañas donde antaño hubo lagos o mares.

**Una travesía cada vez más larga**
Explicaciones similares pueden aplicarse, por ejemplo, a un mosquitero musical (*Phylloscopus trochilus*) que nos encontráramos en una isla en medio del Mediterráneo. Para un pajarito de sólo 8 ó 9 gramos de peso

descubrir las ventajas de la residencia permanente en un bosque europeo de este periodo interglaciar, crecientemente caliente, probablemente sea una ventaja a largo plazo.

Pero la carga evolutiva de repetir el camino migratorio de sus ancestros no es sólo propia de las aves, claro, sino que se repite en todos los taxones sujetos a largos desplazamientos periódicos. Es curioso, por ejemplo, que un linaje tan antiguo como el de las tortugas bobas (*Caretta caretta*) no haya descubierto todavía la trampa geológica en la que se halla inmerso. ¡Ojo! Detrás de ese descubrimiento se esconde todo el proceso darwiniano de selección natural que he descrito antes para las cigüeñas. Quizás un comportamiento menos flexible sea un seguro de permanencia a muy largo plazo, si los cambios son de corta duración y por tanto engañosos (véase capítulo 2). El caso es que las tortugas bobas que llegan al Mediterráneo desde sus lejanas colonias de cría en el Caribe lo siguen haciendo porque la distancia entre ambos continentes era más corta en el pasado, antes de que el Atlántico se abriera más y más por los dictados de la deriva continental de los últimos 150 millones de años. Lo que antaño era un corto viaje ha terminado por convertirse hoy en una larga aventura.

El desplazamiento de las tortugas es menos costoso que el de las aves no planeadoras, ya que los quelonios se dejan arrastrar por las corrientes marinas. Tanto es así que cuando los juveniles penetran en el Mediterráneo se quedan atrapados en su interior, ya que la corriente de entrada es superficial pero la de salida es de fondo, debido a la mayor densidad del agua mediterránea. Por su parte las tortugas verdes (*Chelonia mydas*) emprenden un largo viaje de 2.000 kilómetros, desde Brasil hasta la pequeña isla de Ascensión (la más remota del mundo, en medio del Atlántico), para reproducirse. Un esfuerzo que también estaría relacionado con la antigua disposición de los bloques continentales.

Un caso similar al de las tortugas podría explicar la titánica migración de las angulas desde el mar de Los Sargazos, en el Caribe, hasta nuestras costas. No obstante, el linaje de las anguilas sólo se conoce por sus formas fósiles desde el Mioceno Superior, hace unos 10 millones de años, cuando Pangea ya estaba muy escindida por el océano Atlántico, así que puede que tenga otra explicación más relacionada con la disposición de las corrientes marinas. El origen del linaje de las tortugas marinas sí coincidiría con la apertura del Atlántico, ya que lo quelonios llevan 200 millones de años sobre el planeta. Además se conocen fósiles de tortugas marinas desde hace al menos 65 millones de años. En cualquier caso, ha quedado patente, una vez más, que pensar sobre el pasado es a menudo la clave para entender los aparentes sinsentidos del presente.

## 29. La segunda oportunidad

*Allá por el Pleistoceno Inferior de la historia de la televisión pública española, había un buen programa llamado "La segunda oportunidad". Iba de seguridad vial y estaba presentado por Paco Costas. Con ayuda de una herramienta entonces rompedora, la moviola, daba una segunda oportunidad a las víctimas de los accidentes de tráfico. Pero, sobre todo, hacía reflexionar a los conductores sobre lo que debían evitar cuando estaban al volante.*

Por alguna razón, ese programa de *La segunda oportunidad* se me quedó grabado en la memoria, aunque sólo tenía doce o trece años cuando lo emitían y nunca he sido un entusiasta de los coches. Supongo que la razón estriba en su magia para volver a dar vida a algo que se nos ha ido ya. Una imagen que regresa muchas veces al visitar un yacimiento arqueológico o un museo paleontológico. ¡Quién pudiera tener una máquina del tiempo para viajar hacia atrás y ver cómo era todo aquello en directo!

Sin embargo, si uno se fija bien, a veces no hace falta viajar en el tiempo para ver el pasado, porque algunas cosas no han cambiado demasiado en el transcurso de millones de años. Somos muy afortunados de contar con formas vivas que proceden de un pasado muy lejano, de modo que nos ahorran la angustia de no poder verlo en directo. Es como si pudiésemos echar un vistazo a los pobladores iberos de las antiguas Arse o Edeta, las actuales Sagunt y Lliria, en la provincia de Valencia, paseándose por las calles de sus poblados, antes de la romanización. Bueno, en realidad es mucho más, porque la escala temporal no tiene punto de comparación.
Otros linajes no han perdurado inalterados en el tiempo pero, sabiendo mirar, podemos encontrar en sus descendientes rasgos de formas pretéritas ahora modificadas que también nos permiten viajar, chuff, por el aire, con la cabeza, como decía a veces Carlos Cano sobre sus canciones. Es la sensación que deberían transmitirnos los gorriones cuando se pasean entre nuestros pies en las terrazas de las cafeterías. Son pequeños dinosaurios que se desplazan a saltos, dinosaurios diminutos, emplumados y de sangre caliente. ¡Quién da más! Pero la cotidianeidad y la costumbre hacen que estas maravillas se nos pasen desapercibidas.

**Fósiles vivientes: viajes al pasado**
Gracias a que existen moluscos de los géneros *Nautilus* y *Argonauta*, unos cefalópodos con concha a modo de calamares acorazados, podemos hacernos una idea de cómo se desplazaban los amonites en los mares del Mesozoico.

Gracias también a que aún existen formas basales en la filogenia de los Actinopterigios, clase que incluye unas 27.000 especies de peces óseos, podemos saber que la vejiga natatoria, derivada embriológicamente del esófago, se empleó inicialmente tanto para respirar como para regular la flotación. De esta doble función se infiere que los pulmones de los vertebrados que colonizaron la tierra firme iniciaron su andadura como vejiga natatoria, aunque su uso fue exaptado o, mejor, cooptado posteriormente; al igual que los CD, diseñados para almacenar información y usados secundariamente ¡¡¡¡para espantar pájaros de los árboles frutales!!! Gracias asimismo a los dipnoos, o peces pulmonados con aletas lobuladas, conocemos el tránsito de los peces a los anfibios de tierra firme.

Un CD, inicialmente diseñado para almacenar información, puede servir también para espantar pájaros. Del mismo modo, la vejiga natatoria, inicialmente derivada del esófago, fue cooptada, para sentar los cimientos de un aparato respiratorio útil en tierra firme. Foto del autor.

En este sentido, hemos de agradecer a los celacantos, peces de aletas lobuladas, la posibilidad de remontarnos de golpe hasta los periodos Carbonífero y Devónico, hace 350-400 millones de años. Los celacantos se creían extintos desde hace 70-80 millones de años, pero en 1938 la ciencia se percató de que aún estaban siendo pescados en la costa oriental de Suráfrica. Parece que fue a partir de peces Sarcopterigios, como el celacanto, como se dio el paso desde las aletas a las patas, que permitieron la conquista del medio terrestre a nuestros ancestros tetrápodos. Es todo un lujazo tener entre nosotros un pez que apenas ha cambiado en cientos de millones de años, de manera que ahora podemos tocar con las manos unas aletas que, acabarían derivando en esas mismas manos.

Los tiburones nos enseñan cómo eran los peces marinos hace 400 millones de años. Un montón de tiempo, con sus múltiples avatares, que no ha conseguido cambiarlos ni acabar con ellos. Sin embargo, en una millonésima parte de ese plazo nuestra especie los ha llevado al borde de la extinción, en gran medida debido a la mística obscura y el interés gastronómico que despiertan sus aletas.

Tortugas, iguanas y cocodrilos nos ofrecen pistas de cómo eran los reptiles ancestrales, hace 200 millones de años, antes de que un grupo de ellos diera lugar a los mamíferos y otro a los dinosaurios y las aves. Los ornitorrincos y los equidnas ilustran cómo fue el tránsito de reptiles a mamíferos.

Algunos antiguos branquiópodos han logrado llegar hasta nuestros días. Por ejemplo, las famosas tortuguetas (*Triops cancriformis*), pequeños crustáceos provistos de un exoesqueleto a modo de caparazón o escudo, que viven en nuestras zonas húmedas temporales, como los arrozales de la albufera de Valencia, y que prácticamente no han cambiado desde el Triásico, es decir, en los últimos 200 millones de años. Las no menos célebres cacerolas de las Molucas (*Limulus polyphemus*), de aspecto muy similar a las tortuguetas, pero parientes cercanas de los arácnidos, nos acercan a los trilobites del Paleozoico, ya que, a juzgar por los fósiles encontrados en rocas del Ordovícico, apenas han cambiado en 450 millones de años.

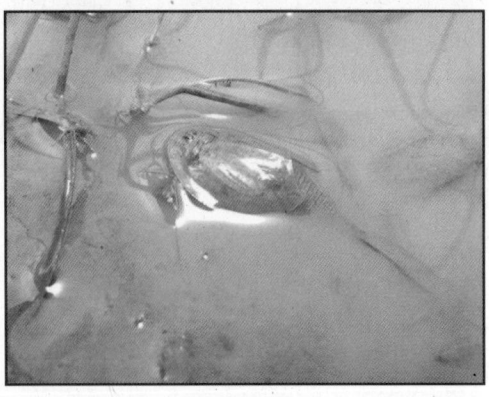

*No hace falta subirse a la máquina del tiempo para ver animales del pasado, como la tortugueta "Triops cancriformis", un verdadero fósil viviente. Foto: Vicente Sancho.*

Los onicóforos tampoco han cambiado mucho en los últimos 500 millones de años, a juzgar por los extraordinarios fósiles marinos de Burgess Shale (Columbia Británica, Canadá). Hoy en día, los onicóforos son un filo de invertebrados que habitan en las selvas tropicales, donde cazan a sus presas lanzándoles chorros de una sustancia líquida que se hace pegajosa al entrar en contacto con el aire. Los fósiles del Cámbrico Inferior son todos marinos, lo que nos indica que los actuales onicóforos relictos deben parecerse mucho a las primeras formas invertebradas que abandonaron el mar y dieron lugar a los artrópodos modernos.

Finalmente, las secuoyas, las cicas y los helechos gigantes nos abren una ventana a la vegetación entre la cual triscaban los dinosaurios. Las cicas, con aspecto de palmera y capaces de vivir mil años, son hoy tóxicas para los mamíferos, pero resultaban un verdadero manjar para los dinosaurios vegetarianos. Todavía podemos verlas en los bosques tropicales de Asia, América, Oceanía y África, aunque las tenemos cultivadas en muchos de nuestros jardines. Pasar junto a un ejemplar de *Cycas revoluta*, aunque sea en un parque urbano, no debería dejarnos nunca impasibles.

*Algunas cicas como esta "Cicas revoluta" son muy frecuentes en parques y jardines urbanos. Cuando pasamos junto a una de ellas no reparamos en que son plantas muy antiguas, contemporáneas de los dinosaurios. Foto del autor.*

### Nosotros, los habitantes del pasado

Otra vertiente de esa segunda oportunidad evolutiva la protagonizamos nosotros mismos, los humanos. Debido al imponente flujo de información actual solemos pensar que ya está todo perdido en conservación de la biodiversidad. Una sensación que puede llevar fácilmente al derrotismo. Sin embargo, basta con hacer un ejercicio mental para viajar al futuro e imaginar un planeta depauperado, sin selvas, sin arrecifes coralinos, sin megafauna, habitado sólo por bacterias, cucarachas y ratas. Si desde ese futuro imaginario se nos diera una segunda oportunidad y viajáramos al pasado (a nuestro presente) nos daríamos cuenta de que nosotros aún somos ¡¡¡los afortunados habitantes del pasado!!! Todavía vivimos en un planeta abarrotado de vida, con varios millones de especies y en el que es posible pasear por selvas, bosques caducifolios y de coníferas, desiertos, tundras, taigas y mares repletos de fauna y flora... Y de hongos, protistas y bacterias. Nuestro planeta está lleno de vida. Buena prueba de ello es que, desafortunadamente, muchas especies se extinguen por nuestra culpa.

Los seres humanos del siglo XXI aún somos herederos del Eoceno. La fauna y la flora tropical que imperaba en casi todo el planeta en aquellos lejanos tiempos, hace unos 55 millones de años, aún está entre nosotros, aunque comprimida, compactada en un estrecho cinturón de 23 grados al norte y al sur del ecuador. Tenemos buena parte de la historia de la vida del planeta preservada en esa balsa de bosques y arrecifes. Muy pocas formas vivas han conseguido salir de aquel refugio de condiciones maternales: cálido y húmedo. ¡Y nosotros estamos aquí para verlo! Es absolutamente fantástico y está en nuestras manos que las generaciones futuras no digan de nosotros que fuimos los habitantes del pasado... ¡Aquellos afortunados!
**Dudo que haya empresa más importante que preservar esa historia acumulada para que pueda ser contemplada y valorada como merece por nuestros descendientes.** Incluidos los pueblos indígenas, últimos testigos de nuestro modo de vida ancestral, anterior a la intensificación de la agricultura. Una historia del planeta que, en diversas ocasiones, ha vuelto a arrancar casi desde cero por fenómenos naturales catastróficos.

## 30. ¿Mató el video a la estrella de la radio?

*Al menos desde Darwin y Wallace, se da por hecho que las especies aparecen y desparecen sobre la faz de la Tierra en el curso de la evolución. Ahora bien, ¿cómo se desarrolla este proceso? ¿Es lento o rápido? ¿Ocurre de la misma manera en las islas que en los continentes? ¿Hay pautas fijas que definan la sustitución de unas especies por otras? ¿O acaso todo depende de fenómenos catastróficos puntuales?*

Como es bien sabido, el mérito de Alfred Russell Wallace y Charles Darwin no fue introducir el concepto de evolución, sino formular un mecanismo plausible para un proceso que ya se había ido perfilando con anterioridad. En la sociedad victoriana se pensaba que la historia del mundo era muy corta y que las especies eran entidades inmutables, producto de creaciones independientes. Sin embargo, en los círculos académicos europeos ya circulaba desde hacía tiempo una idea alternativa sobre la transmutabilidad de las especies. Sin ir más lejos, Félix de Azara, un naturalista ilustrado español a quien Darwin leyó y citó, ya había propuesto algunas ideas sobre la adaptación de las especies a su entorno. En Francia, Jean-Baptiste-Pierre-Antoine de Monet, caballero de Lamarck, defendía la evolución de las especies por el uso y desuso de los órganos y la herencia de los caracteres adquiridos durante la vida.

A decir verdad, aunque Darwin tituló su obra *Sobre el origen de las especies...*, se centró en los cambios y adaptaciones que se registran por debajo de esa categoría. Su obra más célebre es una larga argumentación sobre el cambio microevolutivo (la adaptación individual), aunque termina sugiriendo en las recapitulaciones de su obra magna que todo lo dicho para los individuos podría aplicarse también a las subespecies (sus "razas" o "variedades") e incluso a las propias especies. Lo cual explicaría, en definitiva, el origen de dichas especies.

**Exclusión competitiva como mecanismo de extinción de fondo**
Para explicar cómo es posible que un mecanismo que actúa de manera gradual acabe dando lugar a entidades discretas (razas distintivas o "especies"), Darwin recurre al denominado principio de "divergencia" (1) y lo ilustra con la única figura (diagrama en sus palabras) que aparece en *El Origen*. Según este principio, aunque se generan multitud de formas intermedias a partir de una especie original, sólo algunas de ellas llegan finalmente a consolidarse como nuevas especies. Según él, son precisamente las variedades ecológicamente más próximas y las especies de un mismo

género las que compiten con más ahínco entre sí, dado que la lucha por los recursos es mayor a medida que aumenta el parecido ecológico. Esta es, de hecho, la raíz del principio de exclusión competitiva, según el cual dos especies no pueden coexistir de manera estable si hacen uso de exactamente los mismos recursos, un principio que reformularían mucho más adelante Gause, Volterra y Hardin (¡nuevas palabras para viejos conceptos!).

Así pues, Darwin no sólo pretende solventar el problema de la generación de especies, sino que propone una teoría biótica de la extinción de fondo en toda regla, ya que ambos procesos, especiación y extinción, serían en realidad las dos caras de una misma moneda. Como los recursos son limitados, si unas especies aparecen, otras deben forzosamente desaparecer. Así pues, las variedades que resultan estar mejor adaptadas a las circunstancias espacio-temporales locales acabarán excluyendo a otras no tan afortunadas (especialmente a los ancestros de los que proceden) hasta empujarlas a la extinción.

*El martín pescador "Alcedo atthis" es un ave coraciforme, un grupo de aves no paseriformes que se considera un relicto del Eoceno. La extinción de gran parte de los no paseriformes en Europa coincidió en el tiempo con su reemplazo por aves paseriformes, lo que sugiere que la extinción de un grupo pudo ser consecuencia de la aparición de otro. Cualquier guía de aves pone de manifiesto que las páginas dedicadas a los paseriformes ocupan aproximadamente el 40% del volumen total lo cual da que pensar. Foto: Fermín Muñoz.*

## El ciclo del taxón

Contrastar esta hipótesis no es tan sencillo como en el caso de las adaptaciones microevolutivas, ya que el proceso de divergencia y extinción no ocurre en plazos de tiempo que puedan escrutarse en el transcurso de una vida humana. Una de las maneras en que se ha puesto a prueba este principio de extinción de fondo es tratando de verificar si el denominado "ciclo del taxón" se cumple en la avifauna de las Antillas (2). Según esta hipótesis biogeográfica, las especies insulares se embarcan en ciclos de expansión y contracción cuyo periodo se cifra en torno al millón de años. Los colonizadores que acaban de llegar a las islas tienen hábitos generalistas, amplios rangos de distribución iniciales y genéticamente son similares a las poblaciones continentales de las que proceden. Los colonizadores fuerzan a los residentes a reducir cada vez más su área de distribución, a disminuir el tamaño de sus poblaciones y, en consecuencia, a diferenciarse genéticamente y a sufrir un mayor riesgo de extinción local. ¿Cómo lo consiguen? A través de la competencia, directa o indirecta; por ejemplo, el contagio de enfermedades infecciosas. Pues bien, esta hipótesis sí parece cumplirse en el caso de la avifauna de las Antillas menores, pero la evidencia acumulada en el resto del mundo es realmente escasa, en buena parte por carecer de la información histórica necesaria.

Además, es muy posible que en las islas oceánicas (volcánicas y de gran dinamismo geomorfológico), las tasas de especiación se expliquen mejor por mero aislamiento geográfico (vicarianza) y las de extinción por mortandades masivas, que por fenómenos de competición. Estos fenómenos adaptativos (selectivos) serían más probables en archipiélagos de origen continental (las denominadas land-bridge islands en inglés), geomorfológicamente más estables y sometidos a una mayor influencia del continente debido a su cercanía.

**¿Mató el video a la estrella de la radio?**
Aunque la ecología no es resolutiva en este frente, desde la óptica de la paleontología parece que se han dado casos de reemplazamiento casi completo entre taxones antiguos. Es decir, existen ejemplos que apuntan hacia la aparición de nuevos taxones debido a la extinción de otros precedentes. En concreto, podría citarse la extinción de los mamíferos multituberculados por los marsupiales, o la de la mayor parte de los propios marsupiales por los placentados. También la práctica extinción de los braquiópodos tras la invención del sifón por los moluscos bivalvos. O incluso la desaparición de muchas aves en el Eoceno cuando irrumpieron linajes más modernos como el de los paseriformes. No obstante este último ejemplo, han quedado algunos grupos relictos como los vencejos, las carracas y los pájaros carpinteros. En cualquier caso, es difícil establecer relaciones de causa y efecto en estos procesos, ya que los patrones observados podrían deberse a simples correlaciones temporales debidas a una tercera causa.

En nuestro mundo de los objetos materiales modernos, podemos encontrar ejemplos de inventos que unas veces acabaron con las formas precedentes, pero otras veces no. Entre los primeros, me vienen a la cabeza el sistema de video VHS frente al Betacam o el CD frente a las cintas de casete o los discos de ordenador. Entre los segundos se me ocurre el caso de la motocicleta, que no acabó con la bicicleta; o el del coche, que no acabó con la moto; o la televisión, que no erradicó a la radio; incluso el correo electrónico, que no ha terminado con el correo postal, aunque quizá sí lo haya relegado a la publicidad, la correspondencia bancaria y la paquetería. ¿Acaso el libro electrónico conseguirá extinguir a los libros de papel? No lo creo. El papel, por su parte, terminó en su tiempo con papiros, pergaminos y cortezas de abedul. Las innovaciones llevan a veces a extinciones, pero no siempre.

**La visión de la paleontología**
Los patrones macroevolutivos de especiación-extinción que se derivan del registro fósil no parecen sugerir un cambio gradual y continuo de los linajes, sino más bien una constancia en la composición morfológica de las especies durante largos periodos de tiempo que se ve interrumpida, eso sí, por periodos de extinción masiva, seguidos de una nueva generación de especies y radiación feraz de formas novedosas en periodos de tiempo relativamente cortos en términos geológicos. O sea, a escalas suficientemente amplias, parece que los sistemas están realmente en equilibrio dinámico durante la mayor parte del tiempo, hasta que en un momento dado dejan de estarlo, para después regresar a otro equilibrio. Dicho equilibrio de fondo podría ser mantenido dinámicamente mediante tasas de especiación similares a las de extinción en sistemas saturados, hasta que sobreviene un proceso de especiación o extinción en masa que rompe todo equilibrio. Ambos procesos podrían estar simplemente correlacionados o ser uno causa del otro.

En cualquier caso, resulta paradójico que la tendencia histórica de la biodiversidad planetaria haya sido hacia el aumento. Al parecer, ahora mismo existen más familias zoológicas que nunca, a pesar de que el 99% de las especies que han vivido alguna vez sobre este planeta estén ya extintas. Si la aparición de unos grupos causa la extinción de otros preexistentes, a la larga el resultado final debería ser el equilibrio, la constancia. La razón de que el equilibrio no se dé parece estar relacionada con los múltiples eventos de extinción masiva (unos veinte, con cinco picos más marcados) que se han dado en la historia del planeta. Cada uno de estos eventos habría sido un enorme incentivo para la posterior diversificación debido a la abundancia de nichos vacantes (3). En resumen, cuando Darwin trató de explicar el "misterio de los misterios" (como él mismo se refería al origen de las especies) quizá nos regalase, por el mismo precio, una teoría biótica de la extinción de fondo que ayuda a explicar los patrones de cambio en la diversidad de especies a largo plazo.

## 31. Todo para mí

*Siempre pensé que ese hábito de los lobos de matar muchas más ovejas de las que se van a comer obedecía a un "sobrestímulo" causado por la abundancia de presas y quizás a que los animales domésticos carecen de mecanismos para hacer frente a los depredadores. Pero leyendo a Margalef descubrí una nueva posibilidad.*

En una de sus geniales ideas, Ramón Margalef propone que la selección natural no sólo ha favorecido la aptitud para conseguir alimento, sino que también promueve comportamientos para evitar que nuestros competidores se queden con un recurso que no hemos podido aprovechar (1). Es un argumento retorcido, pero tiene sentido en la lucha por la existencia. Si yo soy un lobo y dificulto a mi competidor conseguir recursos, me estoy beneficiando a mí mismo indirectamente.

Cuando comenté esta idea con Carlos Herrera me ofreció dos sugerencias sustantivas. Por un lado, me recordó que ese podría ser el caso en las manadas de lobos si, y sólo si, los otros grupos vecinos no están emparentados de cerca, porque si no iría en contra de las teorías sobre *fitness* inclusiva y *kin selection* o selección de parentesco. Estas teorías vienen a decir que si ayudo a los individuos que están estrechamente emparentados conmigo me ayudo a mí mismo, o sea, a mis genes. Salvar a dos hermanos míos que se están ahogando (con los que comparto el 50% de mis genes) es equivalente, en términos de eficacia biológica, a salvar el 100% de mí mismo. No sé si los grupos lobunos están muy emparentados o no, pero ahí queda la propuesta, como posible explicación de un comportamiento aparentemente aberrante, para quien sepa más sobre la estructura social de estos cánidos. En cualquier caso este razonamiento podría valer como atavismo procedente de un lejano pasado en el que los lobos formaban parte de comunidades más ricas de depredadores ahora extintos como hienas, leones o tigres dientes de sable
El segundo comentario de Carlos fue dirigirme a un artículo publicado por Daniel Janzen en 1977 (2), esto es, veinte años antes que el libro de Margalef.

*El comportamiento de los lobos de matar más ovejas de las que se van a comer puede deberse, bien a un estímulo exacerbado ante tanta presa fácil de cazar, o bien a una estrategia para no dejar recursos a sus competidores, un atavismo de los tiempos en los que las comunidades de depredadores apicales eran más diversas. Foto del autor.*

## Levaduras, insectos, frutas y podredumbre

Este sublime artículo del genial Janzen viene a sugerir que la razón por la cual las semillas se enmohecen, los frutos se pudren y la carne se echa a perder no es ni una casualidad, ni un imponderable de la naturaleza, ni siquiera una estrategia de los microorganismos (bacterias, protistas, levaduras) para competir entre ellos acaparando los recursos. El autor va más allá y argumenta atrevidamente que los microorganismos producen toxinas, antibióticos y sustancias de sabores y olores desagradables (entre ellos el alcohol) para evitar que los animales macroscópicos nos hagamos con unos recursos que los microbios quieren para sí.

La cosa tiene miga. Pensad, por ejemplo, en una manzana. Mientras su aparato reproductor está inmaduro, la manzana se mantiene verde, es decir, repleta de sustancias químicas que la hacen poco o nada atractiva para los posibles consumidores y dispersores de sus semillas. Sin embargo, cuando el ovario está listo para producir semillas maduras, la manzana cambia radicalmente de estrategia y no sólo elimina los sabores repulsivos sino que, bien al contrario, se maquilla con sus mejores galas y dulces sabores para que alguien venga a consumir el fruto y dispersar sus semillas. Pero, claro, levantar el veto químico tiene un problema asociado: al fruto maduro no sólo acuden los animales dispersores, sino también los insectos y multitud de microorganismos detrás de ellos. ¡¡¡Todos quieren los valiosos recursos de la manzana para sí mismos!!!

*Tres fases en el desarrollo de un limón. A la derecha, reproductivamente inmaduro y protegido químicamente de la depredación. En el centro, reproductivamente maduro y sin escudo químico protector. A la izquierda, en descomposición por acaparamiento microbiano del recurso. Fotos del autor.*

Por tanto, la razón de que la fruta se pudra, las semillas se llenen de moho y la carne se estropee no es otra que el afán de mohos y bacterias para no rendir la plaza a las huestes macroscópicas enemigas, los seres humanos entre ellos. Es una carrera contrarreloj que comienza tan pronto la fruta madura y relaja sus defensas. Cuando evitamos que la fruta se golpee (y se abra una vía de entrada a insectos y microbios) o la conservamos refrigerada, estamos participando en una batalla muy antigua que se remonta a la aparición de las plantas con flores sobre la Tierra. Al parecer, ahora se ensaya además un tipo de lucha biológica contra la podredumbre que consiste en rociar las frutas con levaduras (hongos microscópicos) para que continúen su vieja pelea con las bacterias y mantengan las frutas en buen estado durante más tiempo para nuestro consumo.

El razonamiento de Janzen lleva directamente a un modo de selección poco o nada aceptado por los neodarwinistas denominado "selección de grupo", en el que un comportamiento evolucionaría por beneficio de un colectivo y no de un individuo, unidad clásica de la selección natural. Janzen resuelve este problema recordando que la selección que probablemente está operando en este caso es la de parentesco (*kin selection*, de nuevo) ya que los grupos de levaduras o de hongos probablemente están muy cercanamente emparentados (si es que no son clones) y, por tanto, favorecer a otros es como favorecerse a uno mismo, una visión que sí cae dentro de la ortodoxia neodarwinista.

## Carroñeros obligados
Todo lo anterior invita a meditar sobre cómo demonios se las apañan los animales que son carroñeros obligados, es decir, consumidores de comida en putrefacción o ya en fase de acaparamiento microbiano. Muchos carroñeros son facultativos (lobos, cuervos, zorros, milanos), pero el conjunto de especies que clasificamos como "buitres" son carroñeros

obligados. Prácticamente sólo consumen carroña, carne en descomposición. A Janzen no se le escapó este aspecto del problema y menciona los potentes antisépticos que deben morar en los intestinos de estas aves y el hábito de embadurnar sus patas con material fecal, rica en estos potentes antisépticos. No hay nada menos susceptible de provocarnos una infección microbiana que un baño de excrecencias de buitre, por decirlo más claro.

Es curioso que, incluso en las latitudes más cálidas, en pleno trópico, un cadáver no se descompondría (simplemente se momificaría, como en el frío ambiente de los polos) si no tuviesen acceso a él animales (sobre todo insectos) que abriesen camino a los microorganismos responsables de la putrefacción. Parece un argumento poco intuitivo, pero es así. Es más, se han hecho experimentos que lo confirman.

En todo este asunto de la producción de sustancias peligrosas y desagradables, Janzen no niega el importante papel que tiene la lucha por conseguir alimento únicamente entre estirpes de microbios, sin dar el salto a la pelea entre micros y macros. Pero resulta realmente sorprendente que nosotros, como muchos otros animales macroscópicos, hayamos desarrollado mecanismos de rechazo ante frutas, semillas y carnes con determinados olores, colores y sabores. Sería demasiada casualidad que una batalla entre hongos y bacterias hubiese despertado unos mecanismos instintivos de conducta tan complejos y eficaces.
Así que, la próxima vez que le hagas ascos a una fresa enmohecida o a un pedazo de carne maloliente, recuerda que detrás de todo ello hay millones de años de evolución por el dominio de recursos escasos. Ninguna visita a la frutería de tu pueblo o ciudad volverá a dejarte indiferente. Nada tiene sentido en este planeta nuestro si no es bajo el prisma de la evolución.

## 32. El reclamo de la curruca

*Un buen día escuchaba, como casi todos los días, el reclamo de las currucas entre los lentiscos y acebuches que hay al otro lado de la ventana de mi despacho. Esta vez sin embargo me dio por tirar del hilo hacia atrás y averiguar hasta donde podía llegar. Me intrigaba saber desde cuando se viene escuchando en este mundo el reclamo de las currucas y averiguar qué lecciones me podría enseñar esa cábala mental.*

### Diferentes ritmos de evolución

Lo que descubrí me dejó atónito. Hay currucas capirotadas y currucas mirlonas en yacimientos fósiles ibéricos datados en hace 1,3 millones de años, concretamente en la Cueva Victoria del término municipal de la Unión (Murcia). También han sido descritas las currucas mirlonas fósiles en el yacimiento de la gran Dolina de Atapuerca, de hace unos 800.000 años. Eso significa que los *Homo antecessor* de Atapuerca (una especie coetánea de los *Homo ergaster* africanos y los *Homo erectus* asiáticos), cuando salían de sus cuevas, o desde el umbral de las mismas, ¡¡¡escuchaban los mismos reclamos que las currucas emiten hoy en día!!! En realidad, la mayor parte de las especies de aves que vemos hoy en día ya aparecen en yacimientos de hace 3 millones de años, por lo que eran coetáneas de los *Austrolopitecus* (1). Aunque las currucas han permanecido prácticamente inalteradas durante el último millón de años (al menos morfológicamente) nuestro linaje (el del género *Homo*) ha visto transcurrir una transformación enorme, a partir de *H. antecessor* que diera lugar a *H. heidelbergensis* y éste por un lado a *H.neanderthalensis* (en Europa) y a *H.sapiens* (en África , donde algunos autores consideran que *H. heidelbergensis* es en realidad una especie distinta, *H. rhodesiensis*). Ha transcurrido por tanto un periodo en el que sobre el planeta han llegado a existir a la vez al menos tres especies de homínidos distintas (*H.erectus*, *H.neanderthalensis* y *H.sapiens*), teniendo en cuenta que los restos recientes del hombre de Flores han sido atribuidos a poblaciones relictas de *H.erectus* en Asia.

Sin duda cosas excepcionales le han sucedido a nuestro linaje en los últimos 5 millones de años que nos han traído hasta aquí desde nuestra separación con los ancestros comunes a los actuales gorilas y chimpancés, dejando a muchas otras especies inalteradas. Algunas tienen que ver con mutaciones, es decir, con cambios (a nivel de gen, cromosoma o genoma) que sin embargo acaban resultando positivas por casualidad. Una de las mutaciones que parece haber sido clave es la sufrida por el gen MYH16 hace 2,4 millones de años (2) que debilitó los músculos de masticación en nuestros ancestros lejanos (una cosa en principio negativa) lo que sin embargo abrió una vía a los medios naturales de selección hacia un engrandecimiento de la capacidad craneana y también fomentó un cambio de dieta desde el vegetarianismo con eventual ingesta de carne hacia la carne como alimento principal, que llevó a una reducción del aparato digestivo, derivando esa energía hacia el aumento del tamaño del cerebro. Los potentes músculos mandibulares que se ensartaban en la cresta sagital del cráneo actuaban como factor limitante de la expansión craneal pero aquel "fallo" abrió las puertas a cerebros más voluminosos surgidos mediante la recolocación de esta energía extra. Todo ello resultaba una ayuda impagable en la sabana, más pobre en variedad y abundancia de frutos y semillas que la selva y un medio abierto e inhóspito para una especie animal sin mayores defensas naturales que su inventiva. Otro de los caminos paralelos que favoreció a los más inteligentes (de entre los existentes) fue la aparición, mucho más reciente, del pulgar oponible: la pinza que el pulgar es capaz de formar con todos los demás dedos y que dota al individuo, capaz de imaginar e inventar, con la herramienta adecuada para ejecutar sus obras. Muchos otros cambios encajados por nuestro linaje nada tienen que ver con las mutaciones genéticas, ya que son debidos a duplicaciones de genes, cambios en la expresión de éstos (genes que se encienden o se apagan durante el desarrollo) o la simple reutilización de genes pre-existentes para nuevos fines. A las currucas al parecer no le han sucedido grandes cosas equivalentes o si les han sucedido no han sido de beneficio alguno en las maquias y garrigas mediterráneas. En nuestro caso sin embargo los cambios ambientales que llevaron a la acogedora selva lluviosa del este de África hasta la difícil sabana fueron un buen medio de cultivo para que las innovaciones fuesen bienvenidas.

*Las currucas, como este macho de curruca cabecinegra "Sylvia melanocephala", no parecen haber cambiado mucho en los últimos millones de años, a diferencia del linaje humano. Foto: José Manuel Igual.*

## Maquias y currucas, currucas y maquias

Las maquias han permanecido más o menos estables a todo lo largo del Cuaternario, desde que apareció el clima mediterráneo, debido a que las glaciaciones pleistocenas del hemisferio norte no llegaron tan al sur como para afectarles negativamente. Así que fueron refugio de una fauna poco cambiante. Mientras que muchas especies de paseriformes del centro y norte de Europa al refugiarse en el sur del continente acabaron especiándose y dando lugar a nuevas especies hermanas (los trepadores corso, argelino y de Kruper frente al trepador azul o el gorrión moruno y el del Mar Muerto frente al molinero o el vencejo pálido y la golondrina dáurica frente al vencejo y golondrina comunes, entre muchos otros ejemplos posibles), las especies originarias del sur siguieron su propio camino de diversificación (el género *Sylvia* cuenta actualmente con 25 especies descritas). Aunque muchas de las especies vegetales típicas del maquis proceden en realidad de formas anteriores propias del clima subtropical del terciario (como lentiscos, palmitos, madroños, zarzaparrillas, acebuches, o labiérnagos) (3), las currucas mediterráneas han llegado a tal grado de asociación con ellas que hoy en día podemos ver estas formaciones vegetales como una obra de arquitectura de las propias avecillas. Como nos recuerda Carlos Herrera en un artículo ya añejo pero sublime (4) las currucas confieren estructura a la maquia ya que en sus deyecciones viajan juntas las especies de plantas que las aves consumen preferentemente con lo cual no sólo aumenta la frecuencia de las plantas favoritas para las aves sino que unas se asocian con las otras, sin necesidad de que haya ningún tipo de coevolución entre las diferentes especies de plantas. Es uno de los mecanismos (que Herrera llama "*habitat shaping*") del proceso de ensamblaje de comunidades sin componente evolutiva que el ecólogo norteamericano Daniel Jansen denominó "*ecological fitting*" (5). Yo añadiría de mi propia cosecha que las listas currucas, legítimas propietarias de la maquia al ser residentes en ella todo el año, saben aprovecharse del trabajo que en su favor hacen los ejércitos de pajarillos migratorios de diversas especies que en otoño hacen uso temporal de la maquia contribuyendo a expandirla. De ir en sentidos contrarios los intereses de los residentes y de los inmigrantes uno de los dos colectivos hace tiempo que se hubiera visto perjudicado y probablemente excluido.

## Agricultura y ganadería silvestres

Como discutíamos en el capítulo 15, solemos pensar que sólo algunas especies de gran talla actúan como ingenieras ambientales, modificando el entorno en el que viven y dándole forma. Sin embargo especies de pequeña talla, como las currucas, pueden llevar a cabo una ingente labor como arquitectas del paisaje, de manera que lo que percibimos como un paisaje salvaje es en realidad no muy distinto de un campo de melones para sus promotores. Últimamente tiendo a ver en la naturaleza formas salvajes de explotación neolítica y paleolítica del entorno. Los protagonistas paleolíticos son los animales cazadores, incluyendo entre ellos claro a los que cazan cualquier forma de vida. Los actores neolíticos son los que practican formas salvajes de agricultura y ganadería. Ejemplos de lo segundo son las hormigas y sus rebaños de pulgones que podemos encontrar sobre cualquier planta ruderal. Ejemplos de lo primero podrían serlo nuestras protagonistas, las currucas, como también las hormigas que cultivan hongos en las cámaras de sus hormigueros sobre hojas de la selva tropical lluviosa debidamente troceadas. Algunas especies pueden alternar agricultura o ganadería dependiendo de la época del año. Las currucas son cazadoras fundamentalmente en la época de cría mientras que en otoño se hacen agricultoras.

Recuerda, cuando vuelvas a pasear por el campo mediterráneo, que ahora tienes dos motivos más de admiración para tu deleite: por un lado muchas de las aves que ves ya estaban ahí, tal cual, hace varios millones de años y tú tienes el privilegio de abrir una ventana y viajar a ese mundo del pasado y por otro, la vegetación que ves no es una maraña azarosa de especies de arbustos sino que contiene cierto orden: unos patrones de abundancia y vecindad establecidos por la conducta de consumo y dispersión de frutos de las humildes currucas, ayudadas por las masas de avecillas migratorias que trabajan en sintonía con las residentes al favorecer a las plantas que les sirven de alimento y quién sabe si de fuente de los insectos que comen en primavera. Todo eso y mucho más está pasando ahí, delante de tus ojos, silenciosamente; sólo hace falta saber verlo para disfrutar del enorme placer de poder pensarlo.

## 33. ¿Parentesco o convergencia?

*Entender correctamente eso que hemos dado en llamar naturaleza no es una tarea sencilla. De hecho, son innumerables los mitos y las supersticiones que se basan en interpretaciones erróneas de la realidad. Ya les pasaba a nuestros antepasados y eso que vivían en estrecho contacto con ella. Por ejemplo, las sutiles –pero trascendentes– diferencias entre parentesco y convergencia evolutiva han sido una fuente constante de confusión.*

Un factor de complejidad que explica por qué caemos en semejantes errores es el hecho de que el parecido entre especies puede deberse, bien a una relación real de parentesco evolutivo (homología), o bien a que, sin estar cercanamente relacionadas, han dado con una misma solución tras verse sometidas a similares presiones ambientales (analogía). Un caso paradigmático es el de los vencejos y los hirundínidos (aviones y golondrinas). Ambos se alimentan de plancton aéreo en los cielos de nuestros pueblos y ciudades, además de reproducirse al abrigo de tejados y aleros. Sin embargo, su parecido nada tiene que ver con un cercano parentesco. Los vencejos son un viejo grupo de aves no paseriformes que existe como tal desde hace unos 25 millones de años (1), mientras que aviones y golondrinas son hijos de una reciente radiación en el "Plio-Pleistoceno", iniciada hace unos 2-3 millones de años. Así pues, entre ambos grupos media una ventana temporal de un orden de magnitud: de las unidades, a las decenas de millones de años.

Otro caso singular, esta vez entre los vegetales, es el de la familia de las Euforbiáceas. Cualquier lector no avezado que observara la planta que aparece en la fotografía siguiente pensaría que es un cactus. Pero si digo que la foto está tomada en Kenia y que se trata de una especie nativa de esa zona del África tropical, ya debería bastar para descartar semejante posibilidad. De hecho, las Cactáceas son una familia del Nuevo Mundo, originaria de los desiertos de América del norte. En la foto aparece una *Euphorbia candelabrum*, especie que, como muchas otras lechetreznas, ha convergido al fenotipo de los cactus por vivir en medios muy parecidos: las cálidas sabanas de África oriental en este caso. Es lo mismo que ocurre con muchas otras plantas de esta misma familia que habitan en las islas Canarias (cardones y tabaibas), así como en la cercana costa africana. Un síndrome adaptativo típico de tales plantas es adoptar un porte arbustivo o arbóreo al crecer en medios pobres en árboles. Incluso en las islas Baleares tenemos a *Euphorbia dendroides*, una lechetrezna de buen porte que pierde las hojas con el calor estival.

*"Euphorbia candelabrum"* es una planta de África oriental con porte de cactus. Esta especie ha convergido evolutivamente hasta adoptar el aspecto morfológico de las cactáceas de América debido a que viven en un entorno con parecidas presiones ambientales. Foto del autor.

## Parecidos engañosos

Durante mucho tiempo me he preguntado si el parecido entre las rapaces y las aves marinas del grupo de los petreles podría ser una cuestión de parentesco. Las pardelas, por ejemplo, son depredadores apicales marinos que pescan calamares y peces clupeidos (sardinas y boquerones) con sus picos acabados en un buen gancho. Además, ponen un solo huevo y son aves planeadoras, de lento desarrollo. En fin, que coinciden en numerosos rasgos con las grandes rapaces. Quizá el ancestro terrestre de los petreles que conquistó el mar fuese una rapaz. Pero no. Los petreles proceden de algún ave acuática de patas palmeadas, habitante del litoral, que acabó dando el salto al medio marino en el Oligoceno (paíños, albatros) o en el Mioceno (pardelas, fulmares). Así pues, el parecido entre ambos grupos de aves es pura convergencia adaptativa debido al papel que cumplen como depredadores apicales en sus respectivos medios (1).

También es convergencia adaptativa el lejano parecido de las aves con los pterodáctilos del Mesozoico, unos reptiles voladores que no eran dinosaurios. En realidad, las aves derivan de un grupo auténtico de dinosaurios conocido como Saurisquios. Es curioso que no procedan de los dinosaurios Ornitisquios, o con cadera de ave. El vuelo ha sido una característica adquirida muchas veces a lo largo de la historia de la vida, tanto por los insectos (las libélulas gigantes del Carbonífero ya volaban hace 350 millones de años), como por peces, reptiles, aves y murciélagos. Que se sepa, nunca ha habido anfibios voladores, a los sumo planeadores, quizá como resultado de su gran dependencia del medio acuático. Así pues, todas

estas reinvenciones del vuelo son convergencias y no caracteres compartidos entre grupos tan dispares.
No ocurre lo mismo, claro está, en cuanto al parecido entre las ballenas y los mamíferos terrestres. Los grandes cetáceos provienen de formas terrestres similares a los hipopótamos que ya eran parcialmente acuáticas en tierra firme, un poco como en el caso de las aves marinas. Pero sí es convergencia el parecido de los cetáceos con los peces. Ambos son vertebrados pero no están cercanamente emparentados. Bajo la apariencia externa de las aletas de un delfín, parecidas a las de los peces, se esconden cinco dedos de mamífero. También es convergencia el parecido morfológico de los cetáceos con los extintos reptiles marinos del Mesozoico, como los ictiosaurios. A estos casos de convergencia con grupos que no son contemporáneos se les denomina "relevo evolutivo", porque uno acaba ocupando el nicho ecológico abandonado por el otro y convergen hacia los mismos planes corporales por selección natural.

**Cambios dentro de un orden**
También resulta curioso que soluciones evolutivas equivalentes se hayan dado a ambos lados del Atlántico. Los armadillos americanos y los pangolines africanos serían un buen ejemplo de ello. Tiene su lógica. La naturaleza no puede inventar cualquier cosa (2). Hay límites biofísicos que no pueden rebasarse y aspectos del desarrollo que dan más juego que otros. Fabricar un animal en versión grande o en versión pequeña puede conseguirse con una simple modificación del metabolismo, alterando la actividad de la hormona del crecimiento. Un cambio bien sencillo que puede dar resultados espectaculares, como queda patente en dos razas de perros como el Chihuahua y el San Bernardo. Además, los papeles a representar en los ecosistemas (los nichos ecológicos) no son muchos ni muy distintos en los diferentes biomas. Hay un hueco para los carroñeros y es fácil que todos ellos acaben desarrollando un buen olfato. No es sorprendentemente el caso de los buitres, que encuentran las carroñas gracias al comportamiento llamativo de los córvidos, pero sí el de muchos mamíferos necrófagos.
Algo similar explica también el que grandes grupos de mamíferos, como marsupiales y placentarios, hayan encontrado parecidas soluciones evolutivas ante problemas ecológicos similares, aunque en distintos momentos de la historia. Un buen ejemplo es el de los lobos placentarios y los tilacinos o lobos marsupiales (3). Otros dos grupos también lejanos filogenéticamente son los miriápodos diplópodos y los crustáceos isópodos,

aunque compartan la estrategia defensiva de adoptar forma de bola (conglobación).

**Sorpresas de la genética**
De todos modos no es fácil desentrañar si los parecidos son cuestión de parentesco o de convergencia. Hace falta conocer la filogenia de los distintos grupos y esto sólo ha sido posible desde hace unas pocas décadas. Anteriormente sólo las pruebas de tipo anatómico podían resultar de ayuda, como analizar comparativamente el interior de las aletas de los cetáceos y los peces. Pero estas pruebas anatómicas por sí mismas, sin apoyo de la genética, pueden resultar engañosas. Durante años se ha puesto como ejemplo de convergencia los diferentes ojos de los animales, pero hoy sabemos que unos mismos genes conservados en estirpes muy poco emparentadas, como el gen Pax-6, activan en todos ellos la formación de un ojo durante el desarrollo, con lo cual no son eventos evolutivos realmente independientes, a pesar de las enormes distancias temporales que existen entre, por ejemplo, un cefalópodo y un vertebrado terrestre. En otras palabras, si insertamos el gen Pax-6 de un vertebrado en el genoma de un embrión de calamar inducirá la formación de ojos de calamar, por muy increíble que pueda parecer.

Sin embargo, quizá uno de los casos más curiosos de convergencia es el que se da en la coincidente pérdida de algunas estructuras, como ocurre con los propios ojos o con el color corporal en las formas de vida cavernícola; un entorno éste (escaso de luz, alimento y depredadores) donde la ausencia de presiones selectivas y la economía de la naturaleza llevan a una evolución regresiva, es decir, a la pérdida de estructuras.

*Ejemplo metafórico de aparente analogía que probablemente sea una homología. A la izquierda, decoración de una ermita del siglo XVI en Mallorca. A la derecha, recurso decorativo similar en Lamu, junto a la frontera de Kenia con Somalia. La relación de parentesco podría plantearse por el hecho de que ambas zonas fueron históricamente islamizadas y compartieron, por tanto, un ancestro común. Fotos del autor.*

## 34. Jugar a dioses

*El ser humano ha anhelado siempre ser inmortal y ahora quiere ser capaz de fabricar vida en el laboratorio. Este empeño puede llevarle a sentirse un dios todopoderoso o, por contra, a terminar de convencerse de que los dioses son sólo producto de nuestra imaginación y que la vida surge directamente de la materia inerte debidamente ordenada.*

### ¿Es posible la inmortalidad?

En la naturaleza hay algún ejemplo de inmortalidad. Es, en cierta manera, inmortal nuestra línea germinal, porque pasa de generación en generación, aunque con cambios, mientras que nuestra línea somática, es decir, nuestros cuerpos desaparecen por completo. Y son realmente inmortales las bacterias, porque básicamente son todo línea germinal (una molécula circular de ADN) que se multiplica sin reproducción sexual. El "alma" desde luego no tiene nada de inmortal, porque la sensación de trascendencia que podríamos asimilar a la idea etérea de "alma" sabemos que se ubica en el cerebro, como subproducto del desarrollo de la inteligencia, y el cerebro es tan perecedero como el resto de nuestro cuerpo serrano y pluricelular.

Lo que a nosotros nos preocupa en realidad es la inmortalidad de nuestro soma. No nos basta con seguir viviendo una segunda vida a través del "hardware" de nuestra descendencia, portadora de una mitad haploide de nuestro "software". ¿Es eso posible? Bueno, que sepamos, no exactamente. La mayor parte de las células humanas se pueden dividir a lo largo de la vida unas 50 veces (es el denominado límite de Hayflick); es decir, nuestro cuerpo viene con fecha de caducidad al mundo, lo que hace imposible que, en cualquier caso, vivamos más allá de los 125 años (1). De todos modos 50 mitosis es un número muy elevado de divisiones y normalmente nos morimos antes debido a la pérdida de funcionalidad de nuestro organismo con el tiempo, o sea, debido al proceso de senescencia o envejecimiento. Así que la pregunta de la inmortalidad queda respondida con un no y en realidad se traslada a...

### ¿Es posible vivir sin envejecer?

En este caso la respuesta parece ser un sí y la ciencia avanza al respecto a un ritmo veloz de modo que en el futuro será posible probablemente llegar a una edad avanzada (tener una elevada longevidad individual o una alta esperanza de vida visto a nivel poblacional) en un estado físico bastante bueno y finalmente morir. ¿Cuáles son las claves para conseguir esto?

Veamos. Nuestras células somáticas (los trillones de células eucariotas que componen nuestro cuerpo) tienen núcleo y citoplasma y ambos componentes son importantes en el proceso de envejecimiento.

*A nivel del citoplasma celular, la célula envejece por pérdidas involuntarias de oxígeno en el proceso de combustión de los alimentos a nivel de las mitocondrias, que acaba oxidando las células. La imagen representa una cañería con pérdida de agua, a modo de metáfora. Foto del autor.*

### Daños en el citoplasma

En el citoplasma cada célula cuenta con unos cientos de mitocondrias, que son equivalentes a plantas generadoras de energía. Curiosamente nuestro organismo tiene una única bomba (el corazón) o dos únicas depuradoras (los riñones) pero en lugar de tener una única planta de generación de energía tiene muchas minicentrales dispersas en el interior de cada célula. Las mitocondrias producen energía quemando el alimento que ingerimos, es decir, combinándolo con el oxígeno que extraemos del aire (que cuenta con un 21% de este elemento) que es transportado a cada célula por la hemoglobina de los "glóbulos rojos". Pero en el proceso de quemado hay una pequeña proporción de oxígeno que no se quema y que acaba generando radicales libres, muy reactivos. Cada mitocondria de cada célula sufre miles de ataques por estas sustancias a cada minuto. Hay mecanismos de reparación del daño producido sobre el ADN de las mitocondrias pero estos mecanismos funcionan mucho mejor durante la juventud simplemente porque la evolución por selección natural ha hecho que nuestro soma sea considerado desechable después de pasar nuestra edad reproductora. El caso es que, con los años, los daños citoplasmáticos se van acumulando por acción de los radicales libres incontrolados (¡los radicales controlados tienen funciones muy útiles de señalización durante la juventud por cierto!). Por ejemplo activan los fibrocitos para favorecer la cicatrización.

Las células tienen dos estrategias secuenciales muy curiosas cuando esto pasa: 1) clausuran la planta energética por completo, autodestruyendo las mitocondrias y 2) si llega a haber muchas mitocondrias dañadas directamente destruyen la célula entera. Es la llamada apoptosis o muerte celular programada en la que las células son desmontadas y fagocitadas limpiamente. Al destruirse muchas células obviamente los tejidos y órganos acaban deteriorándose ya que están compuestos de células. El cáncer se debe precisamente a que algunas células son capaces de escapar a la apoptosis y se dividen sin cesar de manera incontrolada. La apoptosis por tanto tiene un papel positivo también. Es algo similar a lo que ocurre con la pérdida de memoria. ¿Podéis imaginar que sería de nosotros o de cualquier animalillo si recordase exactamente cada detalle que observa cada día?

Es decir, y esto es muy importante, NO existe un programa de envejecimiento del cuerpo humano. El malfuncionamiento de los órganos que se asocia a la senectud es simplemente un subproducto de la acumulación de daños y de la destrucción de células, en un organismo que lucha por vivir hasta el último segundo e incluso después de muerto (2). Imagina las neuronas del cerebro. Si sus mitocondrias claudican y van perdiéndose neuronas individuales el cerebro empieza a reducir su volumen y a fallar. Y lo malo es que, como ya sabemos, al contrario de la mayoría de las células somáticas las neuronas no se dividen, aunque son longevas, pudiendo vivir más de 100 años.

No se sabe bien cómo evitar que se generen radicales libres, ni como eliminarlos. Pero sí se sabe que las sustancias que contienen antioxidantes, como las vitaminas C, E y el caroteno, reducen los efectos negativos (los daños celulares) de los radicales libres. Los científicos que trabajan en biomedicina buscan hoy en día sustancias que actúen de "basureras" de las mitocondrias, pero aún no las han encontrado. Y piensan que este proceso de oxidación y suicidio celular programado es lo que podría estar detrás de enfermedades neurodegenerativas como el Alzheimer o el Parkinson o incluso de la diabetes. La senescencia sería por tanto una consecuencia inevitable de a) vivir en una atmósfera oxidante fabricada por las cianobacterias de hace tres mil millones de años que hace sencillamente que nos oxidemos como una pieza de hierro y b) tener mecanismos celulares "imperfectos", porque en la historia de la vida en este planeta basta que las cosas funcionen (y no que funcionen óptimamente) para llegar a reproducirnos.

**Daños en el núcleo**
La segunda causa de envejecimiento son las mutaciones que tienen lugar sobre todo en el interior del núcleo (en lugar de en el citoplasma) y afectan, especialmente al ADN nuclear (ADNn). Las mutaciones allí se dan también más a menudo a medida que pasan los años porque el extremo de los cromosomas (un ADN empaquetado que no codifica para la síntesis de proteínas llamado telómero), se acorta con cada división celular, con cada mitosis. Los telómeros son una especie de tapones protectores que, cuando se extinguen, dejan al ADNn indefenso ante los ataques externos, como los causados por la radiación ultravioleta. También es verdad que los buenos hábitos (ejercicio y buena comida) hacen que los telómeros se pierdan a menor velocidad, de modo que puede haber gente con una edad cronológica de 80 años que tenga en realidad una edad biológica de 50 y al revés también. En el futuro próximo vamos a oír hablar de los telómeros hasta la saciedad, para bien o para mal.

**Envejecimiento en la naturaleza**
En la naturaleza la senescencia es algo común también, aunque las aves (y curiosamente también los murciélagos) se escapan bastante a esa lacra debido a que por su particular fisiología, ajustada a las necesidades del vuelo, sufren 10 veces menos fugas de radicales libres. ¡¡¡Las palomas pueden llegar a vivir 20 años, lo cual es 4-5 veces más de la longevidad de una rata!!! (3). Al parecer las aves (y los murciélagos) tendrían unas mitocondrias más eficientes a nivel celular, con menos fugas de oxígeno durante el proceso de combustión de oxígeno. A nivel del núcleo celular sí parece que se reduce la longitud de los telómeros con el aumento de esfuerzo reproductor que se produce a lo largo de la vida pero, curiosamente, el bajo porcentaje de individuos que llega a viejo (del cual depende el grueso del crecimiento de la población) no padece recorte en los telómeros con el tiempo. La longevidad y la reproducción tienen un coste pero hay individuos que son capaces de librarse de ellos.

La senescencia está bien documentada sin embargo en mamíferos como el león o los babuinos (y también el caso de invertebrados como los saltamontes) para los que tanto la probabilidad de supervivencia como la fecundidad van decreciendo paulatinamente a medida que pasa el tiempo, como pasa con nosotros. A veces es difícil observar sus efectos, porque resulta complicado seguir sobreviviendo ahí fuera cuando los efectos de la senectud avanzan. De hecho es más fácil encontrar senescencia en animales salvajes criados en cautividad, o trasladados a condiciones de cautividad, lejos de las presiones de selección de la naturaleza. La longevidad potencial es, por regla general, mayor que la longevidad observada en condiciones naturales. Todos sabemos que nuestros perros llegan a los 20 años con muchas dificultades para andar los pobres. Una longevidad tal sería impensable en un lobo salvaje, del que los perros son la versión domesticada. Un elefante silvestre no suele vivir más de 65 años, pero en cautividad puede superar los 80 (1). Nuestra especie sin embargo desarrolló desde antiguo (4) estrategias sociales de mantenimiento de los ancianos humanos, que incluían incluso proporcionarles comida previamente masticada, en parte (pero no sólo, seguramente, porque también cuentan nuestros sistemas éticos y nuestros sentimientos) porque los abuelos han jugado históricamente un papel relevante en la crianza de la prole en las tradicionales familias extensas y por tanto en el aumento de la *fitness* de los individuos que los cuidaban.

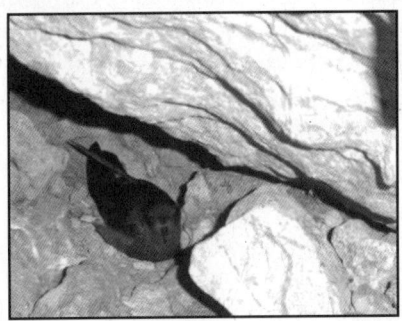

Las aves procelariformes tienen el secreto de la longevidad. Algunas especies tan pequeñas como el paíño europeo "Hydrobates pelagicus" de la foto pueden llegar a vivir 40 años lo cual es una auténtica anormalidad comparado con aves de igual talla de otros grupos y con mamíferos de igual talla, aunque aún no sabemos bien a qué se debe. Foto: Ana Sanz.

## ¿Es posible fabricar vida?

Bien mirado todas las máquinas que inventamos no son sino intentos burdos de copiar la naturaleza. Las depuradoras son intentos de riñones y las bombas de corazones; las plantas de generación de energía emulan a las mitocondrias y las placas solares a los cloroplastos. Los ordenadores por supuesto tratan de reemplazar a nuestro órgano pensante, esa "maravillosa chapuza" que nos hace lo que somos. En el fondo, el ser humano quiere fabricar otro ser humano pero con sus manos, teniendo pleno control. A partir del barro, como los dioses. Hasta ahora los intentos de fabricar vida han fracasado estrepitosamente. En la década de los 50 parecía, tras el famoso experimento de Stanley Miller, que en poco tiempo se llegaría a fabricar proteínas a partir de una sopa de agua y elementos químicos básicos sujetos a calor y potentes descargas eléctricas, pero no se ha pasado de conseguir aminoácidos, los bloques constituyentes de las proteínas. Las recientes (2010) noticias de fabricación artificial de una célula no dejan de ser sensacionalismos mediáticos. Los autores de ese logro en realidad replicaron artificialmente el ADN de una bacteria y lo introdujeron en una célula de otra especie bacteriana a la que se había retirado su ADN. El nuevo ADN insertado se apoderó rápida y completamente de la célula vacía y empezó a expresar proteínas propias, convirtiendo a la célula anterior en un organismo diferente al original. El ADN fue sintetizado artificialmente pero toda la maquinaria celular para permitir la fabricación de proteínas era perfectamente natural. Así que no es justo llamar a esto la primera célula artificial.

Así pues, y resumiendo el futuro de nuestras ambiciones: 1) no somos capaces de fabricar vida (si no es reproduciéndonos claro), 2) no podemos pasar el límite biológico de los 125 años y c) sí podremos probablemente evitar el deterioro asociado al paso de los años y llegar a la muerte de una manera digna, ¡al modo de las aves y los murciélagos!

## 35. La naturaleza...humana

Aunque pudiera parecerlo a primera vista, juzgando por el título del artículo, no pretendo hablar de lo humanizada que está la naturaleza por doquier, sino de la propia naturaleza de nosotros los seres humanos y del peso que la naturaleza ejerce sobre nosotros. El naturalista no puede evitar ser explorador de sí mismo también, ya que nuestra naturaleza no es separable de la restante naturaleza. De hecho me atrevería a decir que toda la actividad científica y artística humana, toda la actividad intelectual vaya, va dirigida, en última instancia, a conocernos a nosotros mismos, conociendo mejor lo que nos rodea.

El dualismo, la naturaleza doble de las cosas, es conocido desde antiguo por los físicos que atribuyen a la luz propiedades de onda y de corpúsculo material. También los filósofos y las religiones se han referido repetidamente al ser humano como ser dual, imaginándonos como un ensamblado de cuerpo y mente, o de cuerpo y alma, que discurren por caminos separados y opuestos.
Quisiera recordar en estas líneas que la biología, obviada en gran medida por los filósofos, nos enseña que el hombre es en efecto dual, pero que su dualismo radica realmente en el órgano más complejo con el que la

evolución nos ha dotado: nuestro cerebro. Nuestro "procesador" ha seguido una larga historia evolutiva hasta alcanzar su estructura actual. Durante millones de años, desde que nuestro linaje se separó accidentalmente de nuestros parientes primates más cercanos hace unos 5 millones de años (debido a un cambio climático que transformó la húmeda selva tropical del este de África en sabana), nuestro cerebro fue el de un gran primate. Pero hace tan sólo unos pocos cientos de miles de años, aparecieron presiones selectivas para el aumento de nuestro cerebro (en especial la aparición de la pinza prensil y también el paso a una dieta más carnívora). **La naturaleza jugó a los dados con nuestros antepasados y de manera contingente nos dotó, relativamente rápido (medido a escala geológica de tiempo), de un poderoso neocórtex, una fina capa de materia gris pensante ubicada sobre el antiguo cerebro de primate.** Lo relevante de esta adquisición fue que todos los millones de años de pasado primate no desaparecieron de un plumazo con el desarrollo del neocórtex. Muy al contrario, el pasado siguió morando en nuestro sistema límbico (el paleopallium o cerebro intermedio). Así pues nuestra especie se convirtió en un invento sin parangón de la naturaleza: un ser capaz de pensar hasta en el sentido de su existencia (un órgano que se pregunta sobre su propia existencia), pero con las filias y fobias de un primate social. Una mezcla realmente explosiva.

Como nos recuerda Wilson (1) la disociación funcional entre ambas partes del cerebro es tal que hay patologías que afectan a uno de los dos componentes y generan dos tipos de persona completamente distintos. Los que sufren afecciones en el neocórtex y se rigen con el sistema límbico tienen comportamientos muy primarios (comer, reírse, abrazarse, pelearse, entristecerse, jugar, robar, socorrerse) asemejables a los de un primate social; por el contrario, si el mal funcionamiento es del cerebro intermedio, los individuos carecen de comportamientos afectivos pero pueden llevar a cabo tareas intelectuales.

De algún modo, nuestra conducta diaria es la resultante final de enfrentar las emociones regidas por el sistema límbico (la "inteligencia emocional") con las decisiones inteligentes controladas por el cerebro pensante. Los niños, que han tenido todavía poca ocasión de desarrollar el potencial de su neocórtex, se rigen en gran medida por el cerebro intermedio y por eso se parecen más a nuestros parientes más cercanos; son pequeñas bestezuelas que juegan, se pelean, hacen trampas y son egoístas.

*Joven chimpancé, requisado a su propietario, atendido antes de ser trasladado a un centro de rescate de primates. Foto: Covadonga Viedma.*

Las religiones, y los sistemas éticos, sin parangón en el mundo animal, han debido de evolucionar en nuestras sociedades en gran medida para controlar las tendencias emocionales negativas para el conjunto. El objetivo de las religiones no ha sido otro que el de fomentar la vida en sociedad de estos complejos seres duales, mitad individualistas mitad sociales, que somos los humanos. Las tablas de los mandamientos que Moisés se bajó del Monte Sinaí según la fe cristiana, no son otra cosa que una lista de cosas que nuestros instintos nos invitan a hacer, para beneficio individual, pero que dificultan la vida en sociedad: robar, matar, mentir, tomar la mujer del prójimo, dejarse llevar por el conflicto de intereses entre padres e hijos, etc., y que, al parecer, hay que controlar para hacer posible la vida en sociedad.

La propia idea de la existencia de un ser superior bondadoso (un dios) y de un ser superior malvado (un demonio) es probablemente consecuencia de la naturaleza dual de nuestro cerebro. Como lo es la separación de cuerpo y alma. El alma no es otra cosa que nuestra capacidad "neocortexiana" de pensar más allá de lo cotidiano, es esa sensación de trascendencia que todos llevamos a cuestas y que nos hace estar en constante lucha con nosotros mismos. Esta dicotomía queda ejemplificada excepcionalmente por la típica imagen del angelito y el demonio subidos en cada uno de nuestros hombros, ofreciéndonos consejos opuestos.

La filosofía hizo caso omiso de la biología hasta que Edward.O.Wilson publicó su obra seminal sobre sistemas sociales en el mundo animal (2) y se aventuró a proponer que nuestro pasado animal (muchísimo más extenso que nuestro pasado como primate complejamente pensante) influía necesariamente sobre nuestra conducta presente. A Wilson se le entendió mal y se le utilizó con fines perversos, como hicieron los eugenistas con

Darwin. Sin embargo su pensamiento ha fomentado nuevas corrientes filosóficas que se acercan a la biología humana para enriquecerse (3) y mirar al hombre con una perspectiva que tiene en cuenta la profundidad del tiempo geológico y la huella que éste ha dejado en nosotros. Una visión integradora del hombre que trata de entender nuestros conflictos internos, nuestras complejas paradojas. Una visión renovada del ser humano que nos permita avanzar por el deseado camino de construir un mundo mejor para todos, más justo, fomentando nuestra capacidad de pensar, conservando nuestros instintos más hermosos (como la sonrisa o el abrazo, universales entre los primates) pero aprendiendo a controlar nuestros instintos más indeseables. Un hombre social y cercano a la naturaleza. Como nos recuerda Wilson en otra de sus grandes obras (4) el hombre no puede evitar sentirse en casa entre elementos naturales. Un árbol, una flor, una mariposa, son parte del escenario en el que hemos evolucionado y eso nos hace tener con ellos un vínculo mucho mayor que con un semáforo o una nave industrial, por poner un par de ejemplos, que sólo cuentan con unos cientos de años de historia a lo sumo.

El ser humano es capaz de las atrocidades más enormes: matar, violar, humillar, comerciar con sus semejantes por dinero, pero también de las maravillas más sorprendentes: el altruismo, la solidaridad, la generosidad, que son raros o inexistentes en el reino animal fuera de nuestra estirpe. La grandeza de nuestra especie es que nuestro cerebro pensante nos dota de libre albedrío. Podemos emplear nuestro neocórtex para hacer maldades calculadas o bien para controlar los impulsos profundos de nuestro yo primate. No estamos programados ni para lo bueno ni para lo malo. Tenemos el potencial de elegir y eso nos debe cargar de optimismo.

Nuestra naturaleza no ha cambiado un ápice, a pesar de los tremendos cambios que ha experimentado nuestro modo de vida y nuestro "fenotipo expandido", es decir, nuestras profesiones. Medio en broma, me pregunto si el creciente uso de las cesáreas en nuestros paritorios actuará como una relajación de la selección limitante que el canal del útero ha ejercido históricamente sobre el tamaño de nuestras cabezas y por tanto de nuestros cerebros. Quizás el futuro vea un cambio importante en la frecuencia de gentes más pensantes que, en cualquier caso, serán bienvenidas si no olvidan la primitiva calidez de un abrazo, la magia que hay detrás de una sonrisa.

## 36. El tiempo profundo

*El objetivo de este artículo, cual mensaje en una botella, es abogar por que se incluya en los programas escolares la idea de que nuestra especie es una recién llegada a este mundo. Lo considero un ejercicio necesario para situarnos en el lugar que realmente nos corresponde en la historia de la vida y para mejorar nuestras relaciones, no sólo con nuestros congéneres, sino también con el resto de las especies.*

A menudo se acusa a los niños de distraerse con una mosca. A mí eso me parece absolutamente genial. ¡Ojalá hubiera muchos niños así y con menos amor por lo virtual! Una mosca. Una mosca es una obra magna de la naturaleza, cuyo origen puede remontarse a miles de millones de años atrás, hasta las primeras bacterias. Lo escribiré otra vez: cuyo origen puede remontarse miles de millones de años atrás. Las moscas, como todos los insectos, que son por definición animales terrestres, proceden de ancestros que fueron invertebrados marinos, porque la vida empezó en el mar.

Antes de que hubiese el menor atisbo de vida sobre tierra firme, el mar ya estaba plagado de ella. Eso es lo primero que debemos tener claro. Y fue así porque durante una prolongada etapa, en la juventud de nuestro planeta, no existía la capa de ozono. Es decir, la vida aún no había "contaminado" la atmósfera con oxígeno, que nos protege de las dañinas radiaciones solares ultravioletas. Sólo el agua era capaz de amortiguar el efecto negativo de la parte más activa y energética de la radiación electromagnética asociada a los fotones que emite nuestra estrella. El sol está a 150 millones de kilómetros, distancia que hemos establecido como unidad astronómica (UA), y emite radiación debido a que en su horno nuclear transforma el hidrógeno en helio.

Comparemos ahora una mosca real con una reproducción suya hecha en goma. El aspecto exterior es muy parecido, al menos en las buenas réplicas, pero la gran diferencia radica en ese conjunto de reacciones enormemente complejas que tienen lugar a diferentes escalas de organización –desde el interior de las células, hasta los tejidos y órganos– que acabamos llamando vida. Nadie es capaz de fabricar una simple mosca. Ni nada que se le parezca de lejos. En este sentido, a mí no me gusta nada que se diga que las moscas y otros animales son como máquinas. Todo lo contrario: las máquinas son como seres vivos extremadamente simples. Mucho antes de que existiese la primera máquina (un palo cavador, un molino de mano, una rueda) los seres vivos llevaban la intemerata de tiempo sobre el planeta.

## Un mundo complejo y antiguo

Así pues, una mosca es un ser extremadamente complejo. Tiene un cerebro capaz de guiarla hasta fuentes de materia orgánica en descomposición o flores repletas de néctar y polen donde alimentarse o reproducirse. A tal efecto cuentan con sexos separados y ponen huevos amnióticos, bastante independientes de la vida acuática. En definitiva y bien mirado, entre una mosca y un ser humano no se alza un abismo cualitativo insalvable, sino tan sólo una diferencia de grado. No en vano, compartimos el 50% de nuestros genes con la mosca del vinagre (*Drosophila melanogaster*).

El problema es que cuando empezamos a ser conscientes de nuestra existencia pensamos que la estirpe humana ha estado aquí desde siempre. Nos parece que todas las formas vivas han surgido a la vez y nosotros con ellas. La realidad, sin embargo, es muy distinta. Los insectos más antiguos (libélulas, cucarachas, saltamontes, mantis) llevan sobre la faz de la Tierra al menos 300 millones de años. El linaje humano no se remonta más allá de 5-6 millones de años y nuestra especie en concreto, como homínido altamente pensante, no va más allá de los 200.000. Así que se impone un respeto a las canas.

Abrimos los ojos, al nacer o en cada amanecer, y nos encontramos en un mundo abarrotado de vida que nos transmite la falsa impresión de que todo surgió a la vez y ha sido siempre igual. Algo así como la falsa impresión de que el sol desciende sobre el horizonte al ponerse. Sin embargo, unos grupos han ido dando lugar a otros a lo largo del tiempo. En algunos casos esos grupos originales han desaparecido, pero en otros muchos no. Siguen estando aquí y se han ramificado hasta generar grupos muy distintos, pero claramente relacionados. Ha habido tiempo, mucho tiempo, para que la naturaleza fabricara el mundo que vemos hoy: barroco, caprichoso en su complejidad, repleto de soluciones evolutivas a los más distintos problemas.

## Fallo educativo

Estoy sentado en la terraza de un bar y acuden los gorriones a comerse las migajas que quedan de mi bocadillo. Esos gorriones, como representantes del mundo aviar, es todo lo que queda de la otrora grandiosa estirpe de los dinosaurios. No todos se extinguieron. Las aves son dinosaurios y siguen aquí, entre nosotros, entre las patas de la silla donde nos sentamos. No es que estén cercanamente emparentados con los dinosaurios, es que *son* dinosaurios alados y emplumados. Los niños de hoy, llevados por modas impuestas desde Holywood, compran libros de dinosaurios, memorizan sus nombres, devoran películas sobre ellos y juegan con reproducciones fabricadas en serie, pero le dan la espalda a los gorriones. A unos dinosaurios avianos que corretean vivos a su alrededor mientras ellos garabatean un *T. rex*. Bienvenidos sean los libros y las películas, pero, por favor, que alguien les cuente a esos niños que sus queridos dinosaurios no desaparecieron del todo. Que están aquí, entre nosotros, ¡pero transformados en aves! Igual que el imperio romano se prolonga en nuestra sociedad y constituye la base del derecho y la lengua, o aparece transformado en iglesia (católica, apostólica y romana) desde la conversión del emperador Constantino al cristianismo.

El caso es que nosotros llegamos ahora, hacia el final de la película, y aprovechamos las sustancias que plantas y hongos han inventado a través de una dilatada historia de supervivencia para defenderse de herbívoros y bacterias. Pensamos que la naturaleza ha puesto a esas especies ahí para hacernos la vida más fácil, que están a nuestro servicio. Tal es la visión antropocéntrica de nuestra especie. Es tal nuestra arrogancia –e ignorancia– que en la Grecia clásica se pensaba que Delfos, cuna del famoso oráculo, era el ombligo del universo. O que somos el elemento culminante de una creación divina. La realidad, sin embargo, es que la mayor parte de las enfermedades infecciosas que padecemos derivan de los tiempos en que convivíamos estrechamente con el ganado. De modo que ni tan siquiera las enfermedades más comunes son algo propio de nuestra especie.

Espectacular nevada caída hace unos años en Esporles (Mallorca). Son relativamente pocas las formas vivas que han conseguido escapar del trópico y soportar los rigores del frío. Foto del autor.

## Cambio de latitud

Desde luego, donde mejor se percibe la enormidad temporal que nos ha precedido es en el trópico, en esa estrecha franja situada entre las latitudes 23ºN y 23ºS. La mayor parte de lo que la naturaleza ha generado en los últimos 40 millones años se encuentra ahora concentrado en esa banda geográfica. La región tropical puede verse como la historia acumulada de gran parte del planeta hasta que el clima empezó a deteriorarse con la aparición de un casquete polar en la Antártida. El casquete norteño vendría mucho después, ya en el Pleistoceno, aunque tendría una repercusión mayor sobre la flora y la fauna de nuestro hemisferio, como ya comentaba en el capítulo 28. Las formas vivas que han conseguido escapar del trópico y soportar los rigores del frío son pocas, relativamente pocas. En este planeta no es natural soportar heladas, rocíos, granizos, nieves y cortos fotoperiodos. La mayor parte de los linajes de los que se derivan las especies actuales extra-tropicales proceden en realidad de ancestros surgidos bajo un régimen climático tropical. Lo tropical es lo basal, es la cuna de todo. Como el mar en última instancia. El mar tropical.

En definitiva, acabamos de llegar. *I have landed*, como decía Stephen J. Gould parafraseando la expresión escrita por sus ancestros europeos al arribar como emigrantes a las costas de Norteamérica a principios del siglo XX (1). Si entendiéramos bien esto, me gustaría creer que seríamos más conscientes del lugar que ocupamos en la larga odisea de la vida. Y, por tanto, estaríamos más en paz con nuestro entorno y con mayor avidez por entender lo que ocurre en él. Los naturalistas sabemos bien que no hay nada más espléndido que tratar de entender eso que llamamos "naturaleza" en el corto plazo de una vida humana. Asimilar los secretos de 3.000 millones de años de historia de la vida en tan sólo 80 no es tarea fácil, pero sí apasionante.

Urge, pues, encontrar vías educativas que nos ayuden a valorar el esplendor del mundo que nos hemos encontrado. Un mundo que no nos necesita y al que estamos infligiendo un gran daño. La conciencia de ese daño probablemente sólo existe en nuestras cabezas pensantes, pero si algo nos caracteriza como especie es esa capacidad de crear sistemas éticos, que dan o quitan valor a nuestras acciones. De lo que no cabe duda es que a nuestra joven especie, de rápida evolución, le iría muy bien, para garantizar su persistencia a largo plazo, un cambio de paradigma en su relación con todo lo que le rodea, desde la materia inerte hasta nuestros iguales. Una nueva perspectiva en la que las medusas dejan de ser enemigos para convertirse en seres dignos de admiración; no en vano llevan 500 millones de años sobre el planeta, sobreviviendo a un avatar tras otro. En este sentido, las enseñanzas de la biología evolutiva pueden jugar un papel fundamental. Un papel casi taoísta, podría decirse (2, 3), que está aún por explotar.

# TERCERA PARTE: CONSERVACIÓN

## 37. Ese invento llamado conservación

La actual crisis de la biodiversidad se debe al efecto acumulado de nuestra actividad depredadora durante los últimos 100.000 años. Es obvio que, desde el advenimiento de la industrialización y la superpoblación humana, las tasas de depredación se han acelerado enormemente, pero es demasiado simple culpar sólo a los últimos decenios o siglos de historia. El cambio global antrópico tiene raíces mucho más profundas.

El invento de la conservación es una reacción *in extremis*. Ahora que le hemos visto las orejas al lobo –al lobo de una forma de vivir insostenible y al lobo de nuestra dudosa capacidad para persistir en el planeta– empezamos a reaccionar con medidas para controlar la tradicional rapacidad humana. Al parecer nunca antes en la historia de la humanidad hemos tenido nada semejante a unas normas estrictas de explotación no abusiva ("sostenible") de la biosfera (1); excepto honrosas excepciones, claro (2). Nos comportamos como se comportaría cualquier otra especie animal o vegetal con nuestra capacidad de controlar la producción primaria del planeta. Lo que nos ha venido salvando hasta ahora de ser víctimas de nuestra propia rapiña es que éramos pocos y teníamos escasos medios a nuestro alcance. A veces también cuenta la casualidad, como cuando la depredación humana iba dirigida a pollos de aves longevas (verdaderos depósitos de grasa) más que a los adultos, lo que hubiera resultado insostenible a corto plazo para las aves..

**El problema actual viene de seguir aferrándonos a unas normas que han funcionado bien durante milenios, con poblaciones humanas pequeñas, ahora que abarrotamos el mundo.** Esas normas, tan prácticas antaño, nos llevan a quedarnos cada vez más solos, rodeados quizá de soja, ratas y cucarachas, nuestras especies asociadas de mayor éxito. Por ejemplo, seguro que os habéis planteado alguna vez por qué la Iglesia Católica se opone al control de la natalidad, incluso en contra de la mayoría de sus fieles. Mi respuesta racional particular forma parte de la explicación global que formulaba más arriba. Para una sociedad semita, pastora y nómada, que vivía en los desiertos de Oriente Próximo cuando fueron escritos los libros que componen el Viejo Testamento, era absolutamente deseable y adaptativo crecer y multiplicarse con celeridad. Esa regla tuvo éxito durante miles de años, pero no sirve cuando hay 7.000 millones de seres humanos sobre el planeta. Por tanto, **seguir aplicando una norma válida para pequeñas poblaciones en un mundo superpoblado es sencillamente suicida.** Pero reconocer que ya estamos en esa encrucijada y que se impone un cambio de normas parece complicado y lento de encajar.

Lo mismo sucede con la economía global. Como defendía Garret Hardin hace unas décadas en la llamada "tragedia de los comunes", la explotación de un recurso comunitario con miras únicamente al beneficio personal lleva a la destrucción del recurso, con perjuicio tanto para el individuo como para la colectividad a largo plazo. A plazos más cortos se genera bipolarización y mientras unos pocos individuos monopolizan el recurso otros muchos padecen escasez. La "tragedia de los comunes" se parece sospechosamente a las consecuencias del sistema económico en vigor. Puede que no se dé en sociedades pequeñas, que nunca llegan a superar la capacidad de carga del sistema, pero en sociedades superpobladas como la nuestra es simplemente inevitable.

**Ritmos de explotación**
De todos modos, conviene aclarar que la denominada "sexta extinción en masa", sólo atribuible a nuestra actividad sobre el planeta y no a alguna catástrofe de tipo geológico o astronómico, no se explica únicamente por nuestra reticencia a cambiar las normas y abandonar la falsa seguridad del pasado. Antes también nos pasábamos de la raya. A un ritmo infinitamente menor que el actual, pero nos pasábamos. Según Niels Eldredge, ese pasado se remonta a unos 100.000 años atrás, cuando nuestra especie salió del continente africano. Hablando con propiedad, una explotación sostenible es aquella en la que sólo se recolecta el excedente de reemplazamiento de una población. Si una población crece a un ritmo del 14% anual sería sostenible (podría mantenerse en el tiempo) cosechar hasta el 14% de sus individuos. No más. Ligeros excesos sobre este porcentaje de "sobrantes" no se notan en cortos periodos de tiempo, pero se van acumulando y su efecto aparece a largo plazo, al cabo incluso de cientos o miles de años. Pues bien, la crisis de la biodiversidad actual tiene sus raíces en ese pequeño exceso acumulado durante milenios.

Desde luego, el grado en el que nos hemos sobrepasado ha cambiado a lo largo del tiempo. Desde que salimos de África (100.000 años) hasta que inventamos la agricultura (10.000 años) el exceso debió ser reducido. Con la expansión de la agricultura el salto pasó a ser sustantivo y se mantuvo hasta la Revolución Industrial del siglo XIX. Después de la industrialización la depredación de recursos volvió a incrementarse y ha vuelto a hacerlo abruptamente en décadas recientes con la Revolución Tecnológica. Un buen ejemplo es el de la explotación del atún rojo en el Mediterráneo. La pesca tradicional con almadrabas se considera habitualmente sostenible, porque sabemos que viene siendo practicada desde hace unos pocos miles de años. Por tanto, se atribuye el riesgo de extinción comercial de la especie a la pesca abusiva, basada en la tecnología, de estas últimas décadas. No cabe ninguna duda de que la pesca altamente tecnificada es del todo insostenible, pero solemos pasar por alto que los atunes ya estaban de capa caída hacia los años ochenta del siglo pasado, antes de que esta nueva etapa diera comienzo. Así pues, la explotación internacional del atún rojo en el Mediterráneo podría ser la puntilla que remate velozmente a un toro ya herido por el estoque –y perdón por el símil taurino– tras miles de años de pesca continuada. En todo caso, es cierto que lo que antes nos llevaba siglos o milenios esquilmar ahora lo hacemos en cuestión de décadas y que tenemos acceso a regiones que habían estado libres de actividad humana, como las grandes profundidades abisales, o se habían visto muy poco afectadas, como las selvas tropicales. Digamos que nunca hemos sido maestros en sostenibilidad y que siempre hemos tratado de extraer del medio todo lo posible en función de los avances técnicos de cada época.

**Cráneos de "Myotragus balearicus". En las islas es más patente el fenómeno de la extinción por causas humanas. Foto: Pere Bover.**

Todas las crisis de recursos se han solventado históricamente con una huida tecnológica hacia delante. Somos en esencia los mismos seres humanos, con las mismas intenciones, pero con la peligrosa salvedad de que hemos aumentado muchísimo en número y contamos con unos medios de explotación extraordinariamente eficaces. Normas válidas para la caza y la pesca hace siglos o milenios carecen de sentido hoy en día, con enormes poblaciones humanas que deben abastecerse y medios tecnológicos punteros a nuestra disposición.

**La verdadera cuenta atrás**

A fecha de hoy, los taxónomos han descrito 1.750.000 especies y se estima que puede haber sobre el planeta entre 15 y 30 millones de especies. Aunque cada año se clasifican unas 25.000 especies nuevas para la ciencia (es decir, para el conocimiento humano acumulado), podemos estar destruyendo unas 30.000 en el mismo periodo de tiempo, la mayor parte antes de que lleguen a ser siquiera descritas. Aunque las cifras marean, todavía hay quien piensa que podrían ser mucho mayores.

Honestamente nadie sabe a ciencia cierta cuántas especies desaparecen cada año. Lo único que sí podemos decir con toda certeza es que estamos haciendo desaparecer selva tropical a un ritmo inaudito (unos 2 millones de hectáreas en la Amazonía brasileña anualmente entre 1990 y 2009) y que los trópicos concentran el grueso de la diversidad del planeta, por lo que, en mayor o menor grado, nuestra afección es mayúscula sin duda.

Durante los últimos 500 millones de años se han sucedido cinco grandes extinciones masivas. Nos han servido para marcar fronteras temporales a finales del Ordovícico, del Devónico, del Pérmico, del Triásico y del Cretácico. Todas se debieron a factores no relacionados con otras formas de vida. La peor fue la del Pérmico, hace unos 245 millones de años, cuando el 54% de todas las familias existentes se extinguieron. Imagino que los humanos no llegaríamos a tales extremos, ya que nuestra supervivencia como especie probablemente sea imposible con un grado de destrucción mucho menor. Para encontrar un episodio de extinción masiva con causa biológica hay que remontarse a los albores de la vida en nuestro planeta, varios miles de millones de años atrás, cuando las algas unicelulares que inventaron la fotosíntesis contaminaron la atmósfera terrestre con oxígeno y acabaron con la mayor parte de las especies anaerobias existentes hasta entonces.

En fin ¿qué más se puede decir? Somos una especie de reciente aparición, con sólo unos 200.000 años de historia a nuestras espaldas, y gracias a nuestra extraordinaria sapiencia nos las hemos ingeniado para poner en jaque a la diversidad biológica del planeta entero, que representa una historia acumulada, única e irrepetible, de miles de millones de años. No está mal para lo que fue una pequeña población marginal de primates bajados a la fuerza de los árboles de una selva tropical que se desvaneció por causas naturales hace poco más de dos millones de años en el África oriental. Parece que, después de todo, ser tan inteligentes no resulta adaptativo a largo plazo.

El movimiento a favor de la conservación, la solidaridad con los habitantes del futuro cercano, del que todos nosotros somos parte activa de una u otra manera, parece ser una esperanza. Una esperanza pequeñita, pero una luz al final del túnel en cualquier caso. Y siempre vale más tarde que nunca. Esperemos que se expanda en el futuro como un virus altamente contagioso, que se multiplique como una cepa de bacterias bien alimentada y que nuestros tatarabiznietos sigan teniendo la oportunidad de sentirse parte de esta hermosa aventura de la vida, que se remonta a una muy lejana noche de los tiempos.

## 38. Desde un Cadillac sin frenos

*A partir de que la humanidad abandonara la caza y la recolección como principal estrategia para obtener alimento, las presiones ejercidas sobre los recursos naturales han ido en aumento. Nuestra capacidad para transformar el entorno es más rápida que nunca. Ahora nos enfrentamos además a un nuevo escenario dominado por el cambio climático, que no sabemos bien a donde nos lleva.*

En la *Odisea* de Homero una de las peripecias más dificultosas de los navegantes griegos fue el encuentro con Polifemo, en la isla de los cíclopes. Sólo la astucia de Odiseo les permitió escapar de la cueva del monstruo de un solo ojo. Curiosamente, el mito de Polifemo podría atribuirse a que perdurara en la tradición oral la presencia de elefantes enanos en Sicilia hasta el Neolítico (1). En realidad, todas las grandes islas mediterráneas como Chipre, Malta, Córcega, Cerdeña, Sicilia e incluso otras de menor tamaño contaban hasta entonces con versiones enanas de la megafauna paleolítica, previamente extinguida en el continente con ayuda del hombre a lo largo del Pleistoceno. Sin embargo, estos últimos bastiones isleños de la megafauna europea, similar a la que aún perdura en las sabanas africanas, llegaron rápidamente a su fin con la irrupción de nuestra especie.
En tiempos más recientes, un papel parecido al de las islas mediterráneas lo ha jugado el desierto del Sahara, debido a su difícil acceso. Si bien en época

romana se capturaban fieras en el norte de África para alimentar a los hambrientos anfiteatros, la megafauna norteafricana acabó siendo extinguida casi por completo a lo largo de estos últimos 2.000 años de historia. Salvo en las arenas del desierto, donde subsistió hasta los años cincuenta del siglo pasado. Como nos recuerda José Antonio Valverde en sus memorias (2), la llegada del coche al desierto representó el final del oryx, del antílope mohor y del addax, así como de avestruces, hienas y guepardos, especies que poblaban el Sahara hasta entonces. De toda esta gran fauna, en el Sahara occidental hoy tan solo sobreviven pequeños grupos de gacelas dorcas que, por su escasa talla, resultaron menos apetecibles y más difíciles de localizar.

El pueblo saharaui conserva aún su interés histórico por la carne de aquella megafauna, sustituida ahora por dromedarios, importados desde Arabia durante la expansión medieval del islam. No obstante, todavía son deseables las pocas hubaras y gacelas que subsisten, mientras que los animales de pequeña talla carecen de importancia cinegética para los antiguos nómadas del Sahara Occidental. La megafauna marina de la zona, con la foca monje a la cabeza, se ha salvado en gran medida de la escabechina porque los nómadas del desierto llegaron al mar muy recientemente y, por lo tanto, los pescadores no han desarrollado la tradición de perseguir a sus competidores. Todo esto resulta difícil de entender para un pueblo como el nuestro, que perdió contacto con la mayor parte de la megafauna hace milenios y desarrolló toda una economía de subsistencia en torno a pequeñas y abundantes presas como el conejo, la liebre, la perdiz, la codorniz o la paloma. Para la especie humana, capaz de idear armas de caza sofisticadas, probablemente haya sido más eficiente perseguir a las especies de mayor tamaño y, dentro de ellas, a los individuos más grandes, lo cual no es común entre los depredadores apicales terrestres y marinos, que suelen dirigirse hacia las tallas modales, las más abundantes en cualquier población, por pura economía. Quizá por eso seguimos fantaseando con las tallas y aún tiene tirón la caza y la pesca de trofeos.

**Avidez humana**
Durante los últimos 40.000 ó 50.000 años no hemos dejado de extinguir una megafauna tras otra, a medida que íbamos colonizando nuevos territorios (3, 4). Allí donde llegamos, arrasamos (especialmente en las islas), o damos el puyazo final a faunas en decadencia. Tras acabar con la gran fauna

terrestre le llegó el turno a los recursos marinos. Por ejemplo, cuando se descubrió la riqueza del banco sahariano, allá por los años cincuenta del siglo XX, las flotas internacionales acudieron a la llamada del oro y en sólo unas décadas sobreexplotaron las poblaciones de besugos, merluzas, corvinas, sepias, pulpos, sardinas, calamares, caballas, langostas, jureles y alachas (5). La imagen que acompaña a estas líneas muestra a uno de los aproximadamente cien barcos de las flotas de arrastre y cerco varados en la bahía de Cansado (Mauritania), tras arrasar los recursos marinos disponibles. La visión de estos cadáveres de hierro refleja de forma sobrecogedora el proceder de nuestra especie ante los recursos naturales: explotar sin control hasta la extenuación, confiando en que una innovación tecnológica nos sacará de apuros. Hoy en día faenan en el banco sahariano, entre Nouadhibou (Mauritania) y cabo Bojador (al sur de El Aaiún), unos 300 barcos de arrastre dotados de congeladores, que tienen como objetivo principal los cefalópodos (sepias, calamares, chopitos, pulpos). Estos barcos calan entre diez y doce arrastres al día, en contraste con los dos o tres del Mediterráneo, y generan unas 1.000 toneladas diarias de descartes en un área de 225.000 kilómetros cuadrados (un rectángulo de 750 x 300 kilómetros). Incluso la pesca artesanal, a bordo de coloridos cayucos de origen senegalés, ha seguido el mismo patrón que las flotas industriales. En 1998 se capturaban unas 40.000 toneladas anuales de pulpo mediante la importada técnica de la pulpera, mientras que hoy en día ya sólo se pueden extraer unas 7.000 u 8.000 toneladas, a pesar de que el número de barcas no ha dejado de aumentar.

*Antiguo barco pesquero varado en la bahía de Cansado (Mauritania). Durante la segunda mitad del siglo XX una numerosa flota internacional se consagró a la tarea de diezmar el muy productivo banco sahariano. Foto: X. Carlos Brito.*

## Cambio obligado
Pero la innovación técnica más relevante de nuestra historia reciente ha sido sin duda la agricultura. Al parecer, nuestra especie conocía la horticultura a pequeña escala (probablemente practicada por mujeres) pero hasta la extinción de la megafauna pleistocena no nos vimos forzados a intensificar el cultivo de plantas para sobrevivir. El hombre del Paleolítico vivía en pequeñas tribus redistribuidoras, sin jefes, recolectando y cazando, manteniendo en números sostenibles el tamaño de los grupos mediante infanticidio y guerras. El abandono de esta vida simple y bastante contemplativa vino motivada por el cambio climático que delimita el final de la última glaciación cuaternaria y da origen al Holoceno. De hecho, algunos autores sugieren que el Génesis no es otra cosa que la narración, por los pueblos semitas de hace unos 5.000 años, del tránsito de la caza-recolección-horticultura a la agricultura y ganadería a gran escala, de nuestro abandono del "paraíso", del comienzo del trabajo intensivo y, con ello, de gran parte de lo que caracteriza a las sociedades humanas actuales: las clases sociales, el reparto del trabajo, la propiedad privada, las enfermedades infecciosas y las religiones basadas en la figura masculina o en el sol.

En nuestro descargo cabe reseñar que no hicimos ese tránsito por gusto. Durante decenas de miles de años vivimos de una manera sostenible que nos vimos forzados a abandonar al escasear la proteína animal. De hecho, algunos pueblos, como los aztecas del actual México, desarrollaron religiones caníbales, como adaptación a esta escasez de alimento de origen animal (6). Dicho en jerga religiosa, nunca cometimos el "pecado original". La naturaleza nos llevó irremediablemente de la mano al modelo de vida agrosilvopastoral.

## Una nueva tesitura
Tras 10.000 años de cultura agrícola y ganadera, hemos provocado cambios enormes en el paisaje y en la composición de las comunidades, ya sean animales o vegetales, si bien no siempre con pérdida absoluta de diversidad. Por ejemplo, los mosaicos paisajísticos del mediterráneo posiblemente han incrementado la diversidad regional en muchos lugares (1). Finalmente, con el advenimiento de las revoluciones industrial y tecnológica estamos abandonando un sistema de vida que se ha demostrado funcional y sustentable durante los últimos miles de años, para embarcarnos en una aventura llena de incógnitas. Dice Joaquín Sabina, en una de sus canciones, que vivimos en unos tiempos veloces como un Cadillac sin frenos, y no le

falta razón. Vamos a toda vela con rumbo a lo desconocido. Es cierto que siempre hemos explotado nuestro entorno hasta la extenuación, excepto en casos contados (7), pero si antes íbamos andando, o sobre carros tirados por bueyes, ahora nos movemos a una velocidad endiablada. Avanzamos improvisando a cada paso, sin modelo alguno de referencia, y fingiendo que lo tenemos todo bajo control porque confiamos en que la tecnología aporte soluciones para todos nuestros problemas una vez más.

Un cambio climático en el final del Pleistoceno nos sacó del "paraíso terrenal" y nos llevó a construir este mundo superpoblado socialmente y estratificado en el que vivimos. Sabemos que las anomalías climáticas que se han sucedido en los últimos miles de años (ya en el Holoceno) se correlacionan muy bien con periodos de malas cosechas, hambrunas, guerras y caídas de la población (8). Ahora vivimos de nuevo un momento singular de nuestra historia, ya que iniciamos nuestra andadura por otro periodo de anomalía climática. Todo lo aprendido del pasado, gracias a la actividad científica, debería ponerse sobre la mesa para no repetir los mismos errores y para que no se paguen tan altos precios. De momento, convendría no subestimar las consecuencias que tendrá dicha anomalía climática y levantar el pie del acelerador de nuestro descontrolado Cadillac, aunque sólo sea porque yendo despacio se ven venir los obstáculos y se encajan mejor los golpes. Me pregunto si sabremos ser tan astutos como el intrépido Odiseo o no.

## 39. Gestionar el miedo

*A juzgar por el pavor que nos tienen las bestezuelas del campo, se diría que está en los genes de la fauna rehuirnos. Sin embargo, no es menos cierto que los vertebrados pueden habituarse a la presencia humana en plazos de tiempo muy breves, en cuanto perciben que no suponemos una amenaza. Prueba de ello es la megafauna marina, que se deja aproximar por las embarcaciones de observación de cetáceos, después de décadas de huir de barcos balleneros.*

De todos es sabido, aún incluso sin haber estado nunca allí, que las aves marinas de las islas y continentes remotos permanecen impasibles ante la presencia humana. Bueno, en realidad se sabe que los pingüinos sí se estresan internamente ante nuestra presencia, con cierto coste en la reproducción (1), pero me refiero aquí a que no abandonan despavoridos sus puestas y pollos al vernos aparecer. Nuestra inmediata explicación es inequívoca: como estas especies no han estado nunca en contacto con el hombre, no temen nuestra presencia. Sin embargo, en nuestras islas más domésticas, donde el hombre ha estado presente desde hace milenios, coexisten especies que temen al hombre, como las gaviotas, con otras que no lo temen en absoluto, como los petreles. ¿Cómo se explica todo esto? ¿Qué es el miedo? ¿De dónde procede? ¿Cuánto tarda en surgir y en desaparecer? ¿Proceden las aves que no nos temen actualmente de aves originalmente miedosas que han perdido con el tiempo ese miedo al estar aisladas? O, por el contrario ¿han sido ancestralmente las aves no temerosas del hombre y se han visto recientemente seleccionadas las que sí nos temen? ¿Es el miedo algo aprendido?

Lamentablemente, no se sabe demasiado al respecto pero parece que el miedo (evaluado por el hábito de salir volando frente a la presencia humana) ha evolucionado en múltiples ocasiones entre las aves y que las especies más proclives a ello son las omnívoras/carnívoras, altamente sociales y de gran tamaño (2). Así pues, el estado ancestral sería el de carencia de miedo al ser humano. La rápida capacidad de habituación de las aves al hombre, en cuanto cesa su persecución directa, apoya la idea de que el miedo es en realidad un carácter derivado. Bien pensado, la convivencia de las actuales especies ibéricas de vertebrados con el *Homo sapiens* cuentan con tan sólo unas decenas de miles de años de antigüedad, mientras que la mayoría de especies animales son mucho más antiguas que todo eso.

*Cachorro de oso negro fotografiado a pocos metros por visitantes del parque nacional de Yosemite en Estados Unidos. La fauna se habitúa con facilidad a la presencia abundante y frecuente de visitantes pacíficos. Foto del autor.*

Por cierto, se me ocurre que esta perspectiva filogenética podría explicar también por qué los vertebrados que quedan aislados en islas libres de depredadores tienden a cambiar su tamaño y, en concreto, las aves tienden a perder la capacidad de vuelo. Seguramente, para un mamífero, es lo más espontáneo, en ambientes libres de depredadores, tender a hacerse pequeño, para un lagarto hacerse grande y para un ave hacerse no voladora, porque así fueron sus ancestros en circunstancias de baja depredación. Si los herbívoros se hacen grandes es para escapar de los grandes carnívoros, si los reptiles o los peces se hacen pequeños es para ser menos patentes ante sus depredadores, si las aves vuelan es por idénticos motivos. Su estado de "equilibrio económico" es no volar y emplear las plumas (esas escamas de dinosaurio sutilmente modificadas) simplemente para aislarse de las inclemencias climáticas, como hicieron los primeros reptiles emplumados tan eficazmente. Es la opción más económica y la naturaleza normalmente prima la economía.

Podemos imaginarnos lo poco que le debió costar al ser humano del Paleolítico exterminar la incauta megafauna en Norte América, donde nuestra especie sólo está presente desde hace 13.000 años. O al hombre del Neolítico arrasar con las faunas enanas de las islas mediterráneas, ya que éstas no debían temernos en absoluto. Por cierto que sería más correcto llamar fauna gigante a la que habitaba el continente europeo en el Pleistoceno que llamar enana a los restos de aquella que sobrevivieron hasta tiempos más recientes en las islas. La fauna continental de carnívoros y herbívoros estaba metida en una carrera de armas que les llevaba a ser cada vez mayores para poder cazar y no ser cazados, respectivamente. De análoga inocencia debieron hacer gala las focas monje. Exterminarlas debió de ser un juego de niños. Si nuestros petreles no han desarrollado hábitos huidizos frente al hombre durante los últimos miles de años es probablemente debido a que la presión humana tradicional ha ido dirigida sobre todo a los pollos, no dando lugar a procesos selectivos, ya que los pollos no tienen manera posible de huir y por tanto no puede haber selección a favor de los huidizos.

No es por tanto lo "natural" y lo "salvaje" que la fauna nos tema y que los animales salgan como llevados por el diablo al vernos. En realidad nosotros hemos provocado que ese miedo exista. Las ratas viven con los hombres en los templos hindúes en los que las considera animales sagrados, igual que lo hacen los monos, o los buitres a los que se considera enviados de los dioses, encargados de trasladar a los cielos el alma de los muertos.

*Cigüeña blanca "Ciconia ciconia" criando sobre un cartel publicitario a la entrada de un centro comercial en Portugal. Las aves se habitúan fácilmente a la presencia masiva de personas que no las agreden. Foto del autor.*

Todo esto tiene profundas implicaciones en estos tiempos en los que nuestra pelea (al menos directa) contra la fauna salvaje parece ir tocando a su fin en los países enriquecidos. Podríamos gestionar nuestro disfrute de la fauna sabiamente, sin necesidad de prohibiciones y restricciones. Podemos enseñar a la fauna silvestre que ya no somos sus enemigos y llevará poco tiempo demostrárselo. Todo lo que se requiere es un poco de ordenación, repetición y educación. Los linces de Sierra Morena parecen haberlo entendido ya y se dejan ver confiados sentados a las orillas de la carretera mientras pasan los peregrinos motorizados de la romería de la Virgen de la Cabeza. Podemos conseguir lo mismo con las rapaces, uno de los grupos de fauna más huidizos actualmente, probablemente debido a la tradicional persecución a la que los hemos sometido. Ciertamente con los depredadores apicales nos debería resultar especialmente sencillo lograr una convivencia pacífica ya que no temen a nadie más que a nosotros y presentar respuestas antipredatorias es para ellos bastante absurdo.

Actualmente, la aproximación más empleada por los gestores de la fauna salvaje es el uso de las llamadas distancias de alarma y de huida de las distintas especies y poblaciones, para determinar distancias de seguridad que permitan la observación de fauna. En realidad, esa estrategia es un tanto simplista ya que olvida que "salir volando" puede depender de muchas cosas aparte del miedo real, como por ejemplo que haya sitio disponible a donde huir (3, 4).

Ahora que nuestra milenaria necesidad de capturar o espantar a la fauna salvaje para sobrevivir está llegando a su fin, podríamos convivir con las especies silvestres de tú a tú, erradicando el miedo para siempre. Nuestras salidas al campo podrían ser completamente distintas, como ya ocurre en muchos parques nacionales norteamericanos (véase la foto que acompaña a estas líneas). No obstante tendríamos que respetar unas reglas mínimas que permitieran una sana y segura convivencia. Sin armas en las manos somos muy vulnerables los humanos, sobre todo si el desarme es unilateral. Tendríamos que respetar unas reglas mínimas que permitieran una sana y segura convivencia.

Nos hemos hecho temer a lo largo de nuestra historia de convivencia con la fauna salvaje en gran medida por lo vulnerables que somos ¿Qué podían nuestros ancestros remotos sin afilar la flecha y la lanza? En realidad el miedo lo hemos tenido nosotros, especialmente frente a los grandes carnívoros, y hemos acabado engañándolos. Nuestros gestos para espantar a las fieras son como los ladridos del perro, que en realidad se emiten por pánico. Parece incluso que las fieras no temen en realidad al fuego (¿por qué habría un león de temer al fuego si es parte consustancial de la dinámica de la sabana africana?). Más bien el fuego de las hogueras de campamento ha servido a menudo para que los leones comedores de hombres vieran mejor a sus presas humanas que para espantarlos, según comentaba Valverde en algún rincón de sus apasionantes memorias.

Así pues es de prever que en el futuro el tipo de problemas de gestión a los que nos enfrentemos vayan curiosamente dirigidos cada vez más hacia estudiar cómo el hombre puede relacionarse de manera segura con la fauna salvaje, que viceversa, como bien suele apuntar José Antonio Donázar.

*Colonia de elefantes marinos en la costa pacífica de California. Con unas mínimas condiciones de respeto es posible observar a la fauna muy de cerca sin causar problemas. Foto del autor.*

## 40. Paisajes inventados

*Muchos paisajes actuales tienen poco que ver con cómo eran cuando se originaron. Por eso, para gestionarlos de forma adecuada, hay que entender su evolución histórica con todo detalle.*

Para empezar, por citar un caso que conozco de cerca y que es comparable a muchos otros, hablaré de la Albufera de Valencia. Una duda clásica en la gestión del humedal valenciano ha sido si debe promoverse la quema periódica de la franja perimetral de vegetación palustre, como se venía haciendo de manera tradicional. Para responder adecuadamente a esta pregunta, el gestor considera necesario disponer de estudios que evalúen el impacto del fuego sobre la estructura del suelo, la biodiversidad (por ejemplo si beneficia a unas pocas especies de aves, pero perjudica a invertebrados y plantas, algunas de ellas especializadas en las últimas etapas de la sucesión vegetal), la contaminación atmosférica y los riesgos humanos. También debe decidir cuál es la estrategia más adecuada para la quema: si aplicarla sobre un mosaico de parches con diferente grado de madurez o prender fuego sin planeamiento previo.

Los gestores más puristas tenderán a pensar que el fuego es un elemento externo a este sistema natural, al contrario de otros ecosistemas que se queman de manera espontánea como, por ejemplo, las sabanas africanas o los bosques de Eucalyptus de Australia. Los vecinos locales, sin embargo, defenderán que el carrizo y la enea se han quemado "desde siempre" para revitalizar el cinturón de vegetación y protegerlo del oleaje y las plagas, especialmente en ausencia de grandes herbívoros o de animales domésticos que eliminen biomasa.

Toda esta sesuda disquisición podría proseguir eternamente, aunque carecería de sentido si observáramos el ecosistema desde una perspectiva histórica más amplia. La actual laguna litoral se formó hace unos 6.000 años como consecuencia de una transgresión oceánica asociada al final de la última glaciación del Pleistoceno. Su origen hay que buscarlo en una lengua de cantos y arena, materiales arrastrados mayoritariamente por el río Turia, que poco a poco permitió que se cerrara un golfo marino de origen tectónico. Por tanto, la albufera fue antaño una laguna de agua salada y así lo ha seguido siendo hasta hace tan solo unos 300 años, cuando se impidió la entrada de agua de mar mediante la instalación de compuertas en sus vías de comunicación con el mar, tanto naturales como artificiales. Además, a través de la Acequia Real del Júcar, fueron inyectados grandes volúmenes de agua dulce desde este río para fomentar los cultivos de arroz y así sigue sucediendo en nuestros días. Por lo tanto, la albufera ha sido un humedal salado o salobre durante el 95% de su historia y a lo largo de ese tiempo – ¡nada menos que 5.700 años!– no contó con cinturón alguno de carrizos y eneas que pudiera quemarse, ya que estas plantas están asociadas a las aguas dulces. Sí que contaría, sin embargo, con un cinturón de plantas típicas del saladar, ahora prácticamente inexistentes en la zona.

Pero la albufera que recuerdan los cronistas y aún perdura en la memoria de nuestros mayores, la que se emplea como modelo de gestión actual, es una albufera de aguas dulces, abarrotada de macrófitos sumergidos que incluso hacían difícil la navegación a vela latina. Conviene ser conscientes, por tanto, de que cuando nos sentamos a discutir si hay que quemar o no los carrizales agostados, estamos hablando de una cuestión puramente cultural, de un hábito que habrá dado forma a las comunidades de plantas, invertebrados y aves de la laguna durante los últimos pocos siglos, pero no de un fenómeno natural que deba ser incorporado a la gestión porque haya existido en la zona desde sus orígenes. Una albufera que de pronto perdiera sus compuertas y se inundase con agua marina sería mucho más "la albufera de siempre", sin entrar en implicaciones de orden económico o social.

*La Albufera de Valencia que está en el recuerdo de los pescadores más ancianos es una albufera de agua dulce que sólo cuenta con unos 300 años de antigüedad. La laguna litoral ha sido de aguas salobres durante el 95% de su historia. Foto: Nacho Ruiz.*

### El monte está sucio

Un segundo ejemplo de paisaje inventado, que también tiene mucho que ver con el fuego, es el que resulta de la gestión histórica del monte mediterráneo. Durante milenios, aunque con especial intensidad durante los últimos siglos, el ser humano ha dejado en los bosques la huella de su explotación. Hasta hace tan solo unas décadas la mayor parte de la población humana vivía dispersa en pueblos insertados en el medio natural y al bosque acudíamos en busca de numerosos productos que nos eran necesarios. Obviamente, el monte estaba mucho más aclarado que ahora y, a grandes rasgos, había mucho menos matorral que en nuestros días. Se extraía madera para leña y carboneo, el ganado campaba a sus anchas y muchos arbustos del sotobosque servían para hacer camas en los establos o para alimentar hornos de pan, de cerámica o cal. Las personas que vivieron esa abrupta transición entre de la vida rural y la urbana aún están entre nosotros y son, de hecho, nuestros padres y abuelos. Ahora ven cubiertas de matorral y árboles aquellas antiguas tierras de labor, tan duramente ganadas al monte. La impresión lógica que reciben es que el monte está sucio y abandonado.

Es impensable que podamos tener los pinares secundarios de pino carrasco, en los que se abarrotan espontáneamente tojos y romeros, tan despejados como un encinar o un alcornocal climácicos en los que a la radiación solar le cuesta alcanzar el suelo, al igual que ocurre en los bosques tropicales. A lo sumo, habría que fomentar la presencia de herbívoros salvajes en nuestros montes (si bien eso conduce a problemas demográficos debido a la falta de depredadores apicales) o emplear el ganado como herramienta de gestión. Es más, nuestra idea de un bosque de frondosas prístino dista mucho de lo que sería en ausencia de gestión, ya que la madera muerta acabaría apilándose y haría difícil transitar por él. Como solía decir nuestro insigne Ramón Margalef, los árboles se han dedicado con tanto empeño a producir azúcares complejos de difícil consumo que a la propia naturaleza le resulta complicado descomponerlos tras su muerte. Lo que es un problema para la naturaleza, el ser humano lo aprovecha para disponer de muebles de larga duración. Pero ese es otro cantar.

### ¿Playas de arena?

El caso es que este último razonamiento me lleva de manera natural a un tercer y último ejemplo de paisaje inventado: las playas de arenas despejadas. Pocos paisajes asociamos tanto con la naturaleza en estado puro como una playa de arenas limpias y aguas transparentes. En realidad, las aguas transparentes se deben a la pobreza en nutrientes, así que, biológicamente hablando, serían deseables unas aguas más turbias, propias de zonas de alta productividad. Y el tópico de las arenas despejadas se debe, en gran medida, a la limpieza periódica de los residuos que arrastra el mar. Donde se forman playas de arena mineral es porque algún río cercano arrastra esos sedimentos, pero los cursos fluviales también escupen al mar todo tipo de residuos orgánicos. Por su parte, las playas de arenas organogénicas, no ligadas a ríos, como los blancos arenales de las islas Baleares o del Caribe, estarían cubiertas de arribazones procedentes de las praderas submarinas cercanas, porque donde hay tanto molusco como para formar una playa por desintegración de sus conchas, debe haber en su entorno mucha más vida que los sustente. No en vano, en las playas mediterráneas era tradicional aprovechar antaño los restos de hojas, tallos y raíces de posidonia como material de embalaje para transportar productos delicados –de ahí su nombre vulgar de "hierba de los vidrieros"– antes de que la revolución industrial nos inundara con sucedáneos sintéticos.

*Grandes acumulaciones de restos de posidonia "Posidonia oceanica" en una playa de las islas Baleares. Las playas de arenas despejadas son, en gran medida, un invento humano reciente. Foto del autor.*

En el Mediterráneo probablemente ya no exista la posibilidad de restituir sistemas naturales a su situación original, entre otras cosas porque a menudo desconocemos realmente cuál fue. Hemos inventado nuestros propios paisajes a lo largo del tiempo, creando con frecuencia mosaicos que tienen un efecto multiplicativo sobre la diversidad biológica. En realidad, las decisiones de gestión actuales en el Mediterráneo no dependen tanto de lo que debería haber, sino de lo que queremos tener: alta diversidad local y regional, grandes tasas de recambio de especies entre zonas, gran número de rarezas y endemismos, alta abundancia de unas pocas especies con fines prácticos... Dado que las realidades son múltiples, tal vez como los universos, quizá lo mejor fuese tener un poquito de cada cosa para que todo el mundo quede contento.

## 41. Alienígenas

*El trasiego de especies ha existido siempre y tanto las plantas como los animales tienden a colonizar nuevos territorios cuando encuentran condiciones favorables. El volumen y la rapidez de los actuales medios de transporte ha facilitado muchísimo el proceso, hasta el punto de hacerlo incontrolable.*

Es curioso que una especie no nativa acabe desplazando a otras que han evolucionado *in situ*. Desde luego, parece más intuitivo pensar que las especies autóctonas tendrían que ser capaces de resistir los embates provocados por las especies foráneas, ajenas a las condiciones locales, y ser más eficientes en el consumo de los recursos debido al peso de una historia en común. Solemos justificarlo habitualmente diciendo que las especies exóticas (especies de nuestro territorio llevadas a otros sitios o especies de otros lugares traídas hasta nuestras tierras) se ven liberadas a menudo de depredadores, competidores y microparásitos patógenos en sus hogares adoptivos, lo que les permite medrar a veces de forma incontrolada. Pero en realidad de todo esto se deduce una lección que el gran evolucionista Stephen Jay Gould ya nos recordaba en uno de sus memorables trabajos de divulgación, hace más de una década (1): por selección natural no aparecen especies perfectamente adaptadas a su entorno, sino únicamente especies que consiguen sobrevivir en él algo mejor que otras. En palabras de Darwin:

*"Como la selección natural actúa por competencia, adapta a los habitantes de cada sitio sólo en relación al grado de perfección de los demás habitantes; por tanto, no debemos sorprendernos de que los pobladores de cualquier país sean vencidos y suplantados por las producciones naturalizadas de otro lugar."*

Por eso puede darse el caso de que especies que proceden de sitios lejanos, evolucionadas en condiciones ambientales muy distintas, acaben por hacerse un hueco en sus nuevos destinos e incluso lleguen a desplazar a las locales. Por tanto, no es en realidad una contradicción evolutiva, una paradoja, que lo foráneo vapulee eventualmente a lo local. Además, llegados a este punto conviene mencionar que las especies que denominamos "invasoras" no tienen necesariamente una biología seleccionada históricamente para multiplicarse con rapidez o competir de manera especialmente agresiva con los vecinos de su tierra de origen. Pensemos, por ejemplo, en el ojaranzo (*Rhododendrum ponticum*), un arbusto relicto de la laurisilva del Terciario que en España sólo crece en barrancos especialmente húmedos de la provincia de Cádiz (los denominados "canutos") y, sin embargo, alcanza proporciones de "plaga bíblica" en los bosques templados del Reino Unido. Así pues, muchas veces es más adecuado referirse a comunidades más o menos fáciles de invadir que a especies invasoras, aunque incluso más importante que la potencial resistencia biológica de las comunidades a invadir es la llamada presión de propágulo, que es un eufemismo para decir que cuantos más intentos se hagan y con el mayor número posible de individuos mayores son las probabilidades de una conquista exitosa.

**Invasores relativos**
Hay casos sobradamente documentados del daño terrible que puede producir la introducción de una especie alóctona en la fauna local. Uno de los más flagrantes es el de la perca del Nilo (*Lates niloticus*), que fue introducida en el lago Victoria (África oriental) en los años cincuenta y causó la extinción de más de doscientas especies de peces cíclidos que eran endémicos de esa gran masa de agua interior. En cualquier caso, conviene incluir algunos matices en la perversidad de las invasiones biológicas.

Las especies se han movido de un lugar a otro desde hace millones de años. Por ejemplo, Norteamérica ha recibido casi toda su fauna de mamíferos desde Eurasia, excepto unos pocos grupos como los caballos y los camélidos que son originarios del continente americano. Una tras otra fueron llegando especies que en su momento no fueron nativas; pero, que se sepa, en ningún caso provocaron la extinción de un mamífero autóctono americano. Las poblaciones de muchos de ellos se vieron reducidas para acomodar a las recién llegadas, pero sin que llegaran a desaparecer. Este es para mí el *quid* de la cuestión. Una especie exótica debería ser declarada invasora si potencialmente puede llevar a una especie nativa a la extinción.

A otra escala, deberíamos ampliar la advertencia a aquellas especies capaces de alterar de manera sustancial el funcionamiento habitual de un ecosistema o los procesos de cambio evolutivo que tengan lugar. Esta definición de daño por invasión biológica deja fuera a muchas especies exóticas y apunta claramente a ciertos casos concretos, como la entrada de depredadores en lugares tradicionalmente libres de ellos. Un solo gato puede acarrear la extinción de un ave marina endémica en una isla de pequeño tamaño. Las ratas pueden eliminar por completo a pequeñas aves marinas, como los paíños, pero es sabido que las lagartijas o incluso otras aves marinas más grandes, como las pardelas, pueden persistir durante miles de años en islas pobladas por ratas.

*Retirada manual de un tapiz de diente de león "Carpobrotus sp." en una zona costera de Mallorca. Esta planta de procedencia surafricana estaba colonizando una zona de gran diversidad vegetal y con un alto porcentaje de especies endémicas. Foto: Aggeliki Doxa.*

Así pues, la categoría de exótica o invasora es relativa y no absoluta, ya que depende de las características de la comunidad en la que irrumpa. En determinadas circunstancias, las especies exóticas pueden tener incluso efectos positivos. Por ejemplo, parecen estar mejor vistas cuando acaban "ocupando" un nicho ecológico parecido al de alguna especie extinta en el pasado, convirtiéndose en su equivalente funcional, lo cual puede aumentar la resistencia y resiliencia de los ecosistemas ante las perturbaciones. En esta línea, cabe recordar que existe un importante movimiento de excelentes ecólogos americanos que defienden la recuperación de la megafauna perdida de Norteamérica. Los grandes herbívoros americanos probablemente desparecieron por los efectos combinados del cambio climático y la llegada de los cazadores Clovis desde Eurasia hace unos 13-15.000 años. Los cazadores se encontraron con un continente virgen donde sus grandes presas potenciales no temían al hombre. Por su parte, muchas plantas americanas aún conservan frutos con síndromes de dispersión por parte de los grandes herbívoros. Así pues, estos investigadores defienden, por ejemplo, la introducción de elefantes asiáticos actuales como sustitutos del papel que desempeñaban antaño mamuts y mastodontes (2).

*Cartel anunciador de la presencia de coatíes "Nasua nasua" en el término municipal de Sóller, al noroeste de Mallorca. Foto: Albert Fernández.*

Al menos desde un punto de vista académico, muchas especies de fauna nativa que acaban colonizando islas libres de depredadores podrían ser consideradas invasoras, aunque no hayan sido traídas por el ser humano, ya que los fenómenos de aumento de la densidad y expansión del nicho trófico que experimentan las aves isleñas recién llegadas son asimilables al caso de las especies introducidas por la actividad humana. A menudo, la llegada de nuevos generalistas a las islas acaba por extinguir a los viejos especialistas, un fenómeno conocido como "ciclo del taxón".

Nuestra propia especie, que evolucionó en África tropical, se ha caracterizado por su carácter invasor. Hace 30.000-50.000 años entramos en Europa y en Australia, donde acabamos con su megafauna, incluidas otras especies de homínidos. Hace tan sólo 13.000 años hicimos lo propio con la inocente fauna norteamericana. Ahora estamos presentes en todos los rincones del mundo, extinguiendo especies a un ritmo nunca visto. A veces parece que se nos olvida que la especie invasora con mayor capacidad de perturbación somos los propios seres humanos. En el fondo, eucaliptos, visones, tórtolas, acacias, siluros, chumberas, gambusias, cotorras, mejillones, cangrejos y galápagos invasores, son manifestaciones distintas de un mismo fenómeno global: los daños colaterales de nuestra ubicua invasión.

## 42. Lo mejor es enemigo de lo bueno

*Que una medida de gestión se salde con el crecimiento de una población no significa necesariamente que tenga un efecto "positivo". Positivo y negativo son términos antropocéntricos a evitar en ecología.*

Algunos amigos me suelen decir que hablo con el refranero español en las manos. Es posible, pero es que esas píldoras concentradas de conocimiento popular, que han resistido miles de pruebas prácticas de ensayo y error para seguir vivas, encierran una enorme sabiduría, transmitida oralmente de generación en generación. Pero, curiosamente, a veces encontramos refranes que se contradicen, lo cual nos puede brindar jugosos motivos de reflexión.

Una idea muy extendida entre nosotros es que "cuanto más, mejor". La versión valenciana del dicho, que a mí me resulta más familiar, es *"quant més sucre, més dolç"* (cuanto más azúcar, más dulce). Pero la mayor parte de las veces eso no es cierto, al menos en lo tocante a nuestra relación con la naturaleza. En esos casos, suele ser más adecuado el mensaje transmitido por el refrán que da título a este artículo: "lo mejor es enemigo de lo bueno". Por ejemplo, los agricultores de esta era agroquímica (que esperemos vaya tocando a su fin) tienen una gran tendencia a emplear dosis de fertilizantes mayores de las recomendadas, con la esperanza de que ese aporte superior se traduzca en una mejor cosecha. Sin embargo, ese extra pasará directamente a las aguas freáticas, con complicadas repercusiones para la salud humana, ya que las plantas tienen limitaciones fisiológicas en la absorción de nutrientes. A veces, el resultado puede ser el incluso contrario, como cuando se obtiene una planta de semillas tan bien dotadas que el tallo es incapaz de sostenerlas, se dobla por el peso excesivo y queda expuesta a la voracidad de granívoros y microorganismos; al final, la productividad es menor de la esperada. Lo mismo pasa con la vitamina C. Ya puedes tomar mucha que el cuerpo sólo asimilará una cantidad determinada y expulsará el resto con la orina.

Otro ejemplo. Si, para nuestra sorpresa, una especie exótica e invasora se convierte en presa y acaba favoreciendo a poblaciones autóctonas de vertebrados depredadores, no deberíamos decir que esos efectos son "positivos". Sobre todo, si sabemos que ese aumento de los depredadores trae asociado un riesgo para las poblaciones autóctonas de presas debido a una presión mayor de lo habitual. En tal caso, deberíamos simplemente comentar que la tasa de crecimiento de la población de depredadores ha aumentado como consecuencia de la abundancia extra de alimento en el medio. Positivo o negativo, beneficioso o perjudicial, son términos de difícil uso en ecología. De modo que "más" no es necesariamente equiparable a "mejor".

Podría serlo en poblaciones ya empequeñecidas por las actividades humanas, pero puede que no en aquellas que siempre han sido escasas. Tampoco tiene por qué representar una ventaja para las poblaciones demográficamente sanas o para las que nuestros intereses han favorecido a lo largo de la historia. Ser demasiados acarrea todo tipo de problemas dependientes de la densidad.

**Crisis y normalidad**
Parece paradójico, pero una densidad de población en aumento puede conducir a menores tasas de crecimiento, debido a una mayor competencia entre miembros de la misma especie o a un efecto más intenso del parasitismo ¿Es "positivo" que hubiera tanta densidad de cabra montés en Cazorla? Pues... depende de para quién. En primer lugar, la vegetación se vio muy afectada y, en segundo lugar, las propias cabras sufrieron un proceso denso-dependiente de autorregulación (epidemia de sarna) que dio sin duda mucho alimento a los carroñeros de la zona y a los descomponedores.
Un ejemplo más. Las poblaciones de buitres ibéricos están creciendo de manera continuada en las últimas décadas como consecuencia del aporte predecible y abundante de comida. En consecuencia, se están haciendo cada vez más comunes los tríos reproductores en varias especies debido a la falta de dispersión de juveniles e inmaduros (1). Esto acaba por reducir la productividad de las poblaciones afectadas y, con ello, su viabilidad a largo plazo (2). En resumen: "positivo" y "negativo", como "superior" e "inferior" (en sentido jerárquico), son términos antropocéntricos a evitar en los análisis ecológicos de los sistemas naturales. Hay que prestar mucha atención para no caer en el error porque si nos guiamos sólo por la intuición caemos fácilmente en la trampa.

En sentido opuesto, reducir las tasas de crecimiento de una población artificialmente inflada por las actividades humanas podría acercar más a la comunidad entera a un estado más natural, pese al signo negativo del parámetro.
Las palabras son una herramienta de precisión, con un filo tan cortante como el de un bisturí. A veces no nos paramos lo suficiente a escoger el

término más adecuado para expresar nuestras ideas, o bien las palabras ponen de manifiesto lo sesgadas que están las mismas.

## Morir de éxito

En el mundillo de la gestión de la naturaleza, casi todo suele medirse según la "regla del azúcar". Si tenemos un espacio protegido, la manera más habitual de valorar sus servicios, su utilidad para la sociedad, es manejar estadísticas anuales sobre el número de visitantes que recibe. Cuantos más vengan, mejor. Cuantas más visitas reciba el centro de información, mayor éxito. Sin pararnos a pensar si la calidad de la información guarda una relación inversa con la densidad de visitantes. Probablemente sea éste el caso y además apostaría a que esa relación no es lineal, para complicar aún más las cosas. Es decir, que a partir de un cierto umbral de visitas la calidad de la información recibida podría caer en picado. Identificar estos umbrales de rendimiento debería ser una prioridad entre los gestores de espacios protegidos, para establecer así un límite máximo de visitantes.

Cataratas del Niágara, en la frontera entre Canadá y Estados Unidos. Este espacio es un claro ejemplo de cómo se puede morir de éxito por exceso de fama. Foto del autor.

Peor todavía: también ocurre que el aumento de las visitas puede tener repercusiones negativas sobre el propio objeto a preservar, es decir, la diversidad biológica del espacio protegido. Si un espacio (especialmente los más pequeños) acaba haciéndose muy popular, corre el riesgo de morir de éxito, como el que aparece en la fotografía adjunta. Muchas veces bastaría con declarar el suelo como "no urbanizable", garantizar que la norma se cumpla a ultranza y dejarse de espacios naturales que pueden acabar teniendo un efecto contrario al deseado. En realidad, todavía no nos creemos que preservar la biodiversidad, toda la biodiversidad, desde las bacterias a los vertebrados, sea la meta anhelada y no una mayor superficie de espacios protegidos a incluir en los informes políticos, que no dicen casi nada si no se matizan con indicadores de calidad y efectividad. Entonces –y sólo entonces– el movimiento de conservación será creíble, estará maduro y alejará de sí el fantasma de ser tan sólo una moda pasajera más.

En estos tiempos de uso y abuso del término "biodiversidad", parece que la nueva moneda de cambio también será mejor cuanto más abundante. Sin embargo, tendemos a olvidar que hay sistemas que siempre se han caracterizado por ser poco diversos. Por ejemplo, las praderas de *Spartina*, una planta de la familia del esparto (Poáceas), son equiparables a los monocultivos. Tratar de diversificar una de estas praderas, con el bienintencionado (pero mal informado) fin de aumentar su diversidad biológica, sería un craso error. Lo mismo podría decirse de las praderas de fanerógamas marinas, como las de los géneros *Posidonia*, *Zostera* o *Cymodocea*. Las de *Posidonia* al menos, no sólo son un monocultivo, sino que a menudo parecen ser un enorme clon, cuya diversidad genética es por tanto la de un solo individuo (3).
En definitiva: sí, cuanto más azúcar más dulce. Pero ¿quién quiere un pastel intragable por empalagoso, hasta el punto de provocarnos una alerta de glucosa en sangre? La moderación es casi siempre una virtud a perseguir. En ese sentido, la mecánica evolutiva por selección natural es un buen ejemplo: si las cosas simplemente funcionan, es mejor tirar hacia delante sin rizar más el rizo.

## 43. Me perturbas

*Por alguna razón, que intuyo está relacionada en parte con una estructura dicotómica del funcionamiento de nuestro cerebro, y en parte con mitos que vienen de antiguo como el de la Arcadia o el del buen salvaje, los conservacionistas solemos posicionarnos de entrada en contra de cualquier proyecto que tenga asociada una perturbación del medio natural, en lugar de matizar nuestra respuesta. Pero, la perturbación ha existido siempre en la naturaleza y muchas veces no dejarla fluir es hacerle un flaco favor a animales y plantas.*

**Perturbaciones naturales y artificiales**
Dice la teoría ecológica que las perturbaciones intermedias son positivas para el fomento de la diversidad (1, 2). Ni la constancia absoluta ni las perturbaciones exageradas tendrían este efecto benefactor. A menudo me acuerdo de esta máxima ecológica cuando buceando en el mar golpeo sin querer con las aletas un césped de algas y acuden raudos y veloces doncellas y serranos a curiosear entre el revuelo armado involuntariamente. A río revuelto...ganancia de pescadores dice el refrán. Análogamente, en tierra firme, un olmo viejo "hendido por el rayo y en su mitad podrido", como diría Machado, queda a disposición de hongos y otros descomponedores más o menos microscópicos que tienen tanto derecho a aprovecharse de los azúcares complejos del olmo como el mirlo que nidificó entre sus ramas a usarlo de cobijo para la reproducción. Son infinitos los ejemplos que podríamos ir desgranando entre todos. Una gran roca que se desprende de un acantilado y acaba matando a un grupo de ungulados genera recursos para los carroñeros. Un grupo zoológico éste al que debemos especial respeto si no olvidamos que gran parte de la historia de nuestra especie, en sus albores, estuvo basada en el mismísimo carroñeo de los restos dejados por enormes depredadores como hienas o dientes de sable, lo cual fue determinante para que se disparara la evolución de nuestro gran cerebro. Un incendio en un pastizal de herbáceas no sólo favorece a las especies vegetales pirofíticas sino que atrae a depredadores de insectos que quedan a merced de garras y dientes al tratar de huir de la hecatombe local. Esto recuerdo haberlo vivido en multitud de ocasiones en los campos de arroz de la Albufera de Valencia, cuando en otoño se quema el rastrojo y garzas y rapaces diversas vigilan el avance del frente del fuego para ponerse las botas con todo bicho viviente que intenta escapar. De perturbaciones viven también a temporadas las gaviotas que acuden a esos mismos arrozales a comer invertebrados que quedan al descubierto cuando se "fangean" los

arrozales con esos tractores tan especiales de ruedas gigantescas. Una inundación por lluvias torrenciales puede resultar dañina para algunas especies de plantas y animales de lugares secos pero también representa un aporte extraordinario de ricos sedimentos que a larga acabaran favoreciendo a otras especies de hábitos más nitrófilos. En fin, nunca llueve a gusto de todos y creo que nadie duda a estas alturas de que la única regla en la naturaleza es el cambio, como ya hemos comentado en otras ocasiones. Pero, ¿qué pasa cuando las perturbaciones son de origen humano, cuando no es el rayo, ni la lluvia, ni el temporal quienes están detrás de la ruptura de la estaticidad, de la estabilidad, del equilibrio dinámico, sino la mano humana?

Hace ya muchos años aprendí, para mi sorpresa, y no con cierto disgusto, que en una zona de playa valenciana que había sido hoyada por las huellas de un irrespetuoso vehículo todoterreno, los charrancitos y chorlitejos patinegros de la zona habían preferido instalarse para criar en las propias rodadas dejadas por el vehículo que en los ambientes dunares naturales de los alrededores. Aquellas depresiones dejadas en la arena constituían un refugio perfecto para estas avecillas de medios cambiantes, probablemente porque quedaban protegidas de los vientos cargados de arena que azotaban la zona de tanto en tanto. Lo mismo sucedía con los charrancitos que se instalaban a criar en las huellas dejadas por nuestras botas de agua al entrar a un humedal cercano a estudiarlos. ¡Ni el mejor gestor de fauna silvestre del mundo, interesado en favorecer a estas especies, hubiera pensado en una solución semejante ni contando con cien años para tomar la decisión! Creo que esa fue la primera vez que mi idealizada visión de lo natural sufrió un varapalo. ¡Los charrancitos no podían preferir las rodadas de un coche a un hueco natural en las dunas! Seguro que me entendéis.

**Buitres y aerogeneradores**
Mucho más recientemente ha habido otras ocasiones que me han sorprendido en igual dirección. Por ejemplo, desde hace unos años estudiamos los efectos de la instalación de parques eólicos sobre las aves planeadoras del norte de la provincia de Castellón. La coincidencia de la instalación de dichas plantas aerogeneradoras con la escasez de comida derivada de la crisis veterinaria de las "vacas locas", llevó a los buitres leonados de la zona a buscar comida en un vertedero de residuos sólidos a cielo descubierto. Una conducta bastante poco común entre los buitres, al menos en nuestras latitudes. El caso es que la presencia de turbinas eólicas en la ruta aérea de entrada al vertedero provocó, a mediados de la década

del 2000, una mortandad de varios centenares de estas aves. La población, que se encontraba en pleno crecimiento o más concretamente en plena recuperación desde casi la extinción local décadas atrás, sufrió un decrecimiento del 24%, debido a una reducción de la productividad del 35% y del 30% en la probabilidad anual de supervivencia (3). Esto fue un hecho claramente negativo, que acabó solucionándose mediante la intervención

*Paradójicamente la crisis de las vacas locas y el impacto de los aerogeneradores provocaron la expansión geográfica de los buitres leonados en Castellón con el resultado final de una expansión población que podría tener efectos positivos para al conjunto de la población de carroñeros. Foto: Conselleria de Medi Ambient.*

humana (paralización de las turbinas más problemáticas, clausura temporal del vertedero, instalación de comederos de buitres lejos de los parques eólicos tras levantarse la prohibición de los muladares originada por la crisis de las vacas locas) y por causas espontáneas (inmigración de colonias cercanas y regreso a la reproducción de parejas que la habían interrumpido durante la crisis). Pero lo más curioso del asunto es que el hachazo depredador ejercido por las garras y dientes de la granja eólica (en forma de aspas) aparentemente tuvo como consecuencia inesperada la dispersión de buitres hacia el sur de la provincia, llevando a la instalación de nuevas buitreras en zonas hasta entonces no colonizadas por la especie. La dispersión de las colonias por el territorio tendrá a medio plazo beneficios para la recuperación de la especie, al evitarse los problemas negativos asociados a las altas densidades. De hecho la zona sur es la que crece ahora a mayor ritmo y la dispersión ha tenido como consecuencia un aumento del número global de parejas en la provincia.

## Aguiluchos cenizos y aeropuertos

Podría pensarse que el caso anterior es un caso aislado, una casualidad, una golondrina que no hace primavera. Pero no. Sin ir más lejos, en la misma provincia geográfica encontramos un caso bastante parecido que involucra a otra rapaz. El aguilucho cenizo tenía en el año 1991, hace ahora 20 años, un pequeño núcleo incipiente en el interior de Castellón. La población fue creciendo y expandiéndose progresivamente hasta que en los años 2005-2006 la construcción del aeropuerto de Castellón incidió directamente sobre

*Para sorpresa de propios y extraños la perturbación producida por la construcción del polémico aeropuerto de Castellón se saldó con una expansión territorial de los aguiluchos cenizos en la provincia de Castellón y un aumento poblacional. La obra del aeropuerto no necesitaba tener al aguilucho como adalid para dejar clara su falta de sentido. Foto: Conselleria de Medi Ambient.*

el corazón de la pequeña población en crecimiento, como un mazazo ejecutado directamente sobre un hormiguero, destruyendo buena parte del hábitat de reproducción. Lejos de acabar con los aguiluchos, la perturbación provocó, como en el caso de los buitres, una enorme expansión del área de distribución de los aguiluchos que ha tenido como consecuencia el incremento continuado de la población desde una veintena de parejas en 1991 a las más de 150 en 2011, pasando de 100 a más de 150 desde 2005 hasta ahora, y de extenderse su zona de nidificación a lo largo y ancho de unas 100.000 hectáreas de terreno a más de 200.000 has. ¡Ahí es nada! No creo que los lectores duden de que la obra del aeropuerto de Castellón fue altamente innecesaria e inadecuada, por no entrar en valoraciones políticas más agresivas, pero el caso es que desde la óptica del estudio de la naturaleza, podemos y debemos aprovechar el experimento que supuso para al menos aprender sobre el papel, negativo y positivo, que las perturbaciones antrópicas pueden tener sobre la fauna para que cuando nos enfrentemos a casos similares, más necesarios y libres de connotaciones de poca higiene política, sepamos qué recomendar y qué esperar. Podremos así al menos emitir un no con matizaciones o un sí informado y quizás predecir los resultados de una actuación con más fiabilidad. Veamos. El caso de los buitres y los aguiluchos sugiere que las perturbaciones no tienen efectos colaterales positivos para cualquier especie sino en particular para poblaciones de especies en expansión o recolonización, de carácter social, que disponen de abundante hábitat adecuado disponible y una alta movilidad y siempre y cuando se arbitren medidas de conservación para permitir y favorecer dicha expansión. Sin duda, la disponibilidad de hábitat alternativo a donde dirigirse es un factor clave para que una perturbación no acabe teniendo efectos negativos. Los cenizos crían en medio de coscojares extensos que abundan por mor de los demasiado habituales incendios forestales y cortados para buitres no faltan en la montañosa provincia de Castellón. Además, es lógico que muchas especies estén pre-adaptadas para amortiguar las perturbaciones ya que la destrucción de hábitat por una pala excavadora es equivalente a la destrucción de hábitat por una catástrofe natural y la mortalidad es mortalidad, sea causada por una turbina o por los caninos de un diente de sable. Lo que marca las diferencias normalmente entre la actividad humana y la no-humana es la frecuencia de las perturbaciones. Por ejemplo un incendio puede tener ventajas en un área de vegetación pirofítica pero 5 incendios en dos años es simplemente una atrocidad.

Quiero acabar estas reflexiones provocadoras con un último ejemplo que me dejó boquiabierto recientemente, al leer un libro sobre conservación de la biodiversidad de las Baleares (4). Cuenta Mayol en su libro que una de las zonas en las que mejor se conservan los bosques de kelp baleáricos (poblaciones del alga marrón endémica *Laminaria rodriguezii*) son los alrededores del cable submarino de suministro de electricidad que discurre entre Mallorca y Menorca, por la sencilla razón de que la pesca de arrastre está prohibida en su entorno por razones de seguridad. ¡Vivir para ver! No creo que a nadie se le hubiese ocurrido que dicha perturbación sobre la población de Laminarias fuera a tener unos efectos tan positivos como construir un arrecife artificial. Al menos he de reconocer que a mí no se me hubiera ocurrido y a buen seguro hubiera tendido a ponerme de uñas de entrada al saber del proyecto. Todo es endemoniadamente complejo y retorcido y la lección a retener es que debemos aprender de las consecuencias de las perturbaciones para tomar mejores decisiones en el futuro. Decisiones que no siempre pasan por el no a rajatabla.

## 44. El efecto investigador

*Paseaba ese verano por la sierra de Cazorla cuando atiné a pasar por la base de un canchal de piedras desprendidas, de pequeño tamaño. Algunas plantas se las habían apañado para medrar entre ellas. Pensé que eran unas supervivientes muy meritorias, pero también medité sobre cómo diantres podría estudiar la dinámica (o, más bien, ¡la cinemática!) de esa población, que sin duda debe acompañar a las piedras en su movimiento colina abajo. Si me metiese a pie en ese cono de deyección alteraría las condiciones originales y lo que estaría estudiando ya no sería la situación original. ¡Vaya dilema!*

En la biología de campo, situaciones como las descritas en la entradilla se presentan con mucha más frecuencia de lo deseable. Los físicos ya pusieron nombre a este fenómeno hace tiempo, cuando el alemán Werner Heisenberg (1901-1976) formuló su Principio de Incertidumbre. La versión casera viene a decir que no es posible determinar a la vez la posición y la velocidad de un electrón, porque para hacer estas observaciones es preciso iluminarlo –y, por tanto, bombardearlo con fotones–, lo que altera el resultado de las mediciones. Advierto que esta versión cualitativa es poco satisfactoria para un físico de partículas, ya que en realidad el fenómeno es mucho más complejo y trasciende los conceptos de la física clásica, pero a nuestros efectos bastará con esta versión algo descafeinada.

### El efecto investigador y la validez de nuestros resultados

Cuando estudiaba avetorillos (*Ixobrychus minutus*) en la Albufera de Valencia, me encontré en la siguiente tesitura. Seguía dos tipos de nidos: unos situados a orillas de las acequias que atraviesan el arrozal, accesibles desde una embarcación, y otros más alejados de la orilla a los que había que llegar andando, abriéndose paso entre la vegetación palustre. Resultó que los nidos accesibles desde la barca solían salir adelante sin problemas, pero los visitados a pie fracasaban. Tras reflexionar sobre las características diferenciales de ambos tipos de nidos acabé llegando a la sospecha final de que era yo el culpable de aquella diferencia, ya que el camino abierto entre los carrizos y las eneas no sólo era práctico para mí sino también para los depredadores potenciales de huevos y pollos, como las ratas. Ese fue mi primer contacto con el llamado "efecto investigador". Quería evaluar el éxito reproductor de estas pequeñas garzas y era yo mismo quien estaba introduciendo un sesgo en el estudio. Muchos años después me comentaba Carlos Herrera que ese problema se da también entre los ecólogos vegetales, que, sin querer, pueden aumentar las tasas de depredación de semillas y frutos en las plantas visitadas, con lo cual introducen un sesgo involuntario en sus estudios demográficos.

*Estudiar una población de plantas en un canchal de piedras plantea la paradoja de alterar las condiciones del sistema de estudio. Foto del autor.*

En biología, varios ejemplos curiosos del principio de incertidumbre se dan en el mundillo del marcaje de aves. De hecho, en los análisis de captura-recaptura se advierte de entrada que de poco servirá el estudio si las marcas alteran la supervivencia (o la probabilidad de recaptura) de los individuos trampeados. En un artículo publicado en la revista *Nature* en enero de 2011 (1) se ponía de manifiesto que el marcaje de los pingüinos rey (*Aptenodytes patagonicus*) mediante bandas metálicas en las "aletas" les afectaba negativamente, ya que nadaban peor, necesitaban más tiempo para buscar comida y tardaban en regresar a la zona de cría. Todo esto se tradujo en una reducción del 40% en la productividad y un 16% en la supervivencia de las aves marcadas. De modo que las conclusiones sobre el efecto del cambio climático sobre estas aves marinas no son ahora nada fiables y deben ser reexaminadas.

Nosotros también nos preocupamos del posible impacto que pudiéramos tener sobre las colonias de aves marinas que seguimos a largo plazo en el Mediterráneo occidental. Para asegurarnos de que la instalación de geolocalizadores adheridos a una anilla plástica en el tarso de las pardelas cenicientas (*Calonectris diomedea*) no tenía efectos negativos sobre sus parámetros demográficos, se siguió durante tres años una muestra de aves marcadas y otra sin marcar en dos colonias distintas. Los resultados (de nuestras pruebas estadísticas de potencia) indicaron que no había grandes o medianas diferencias en las tasas de retorno, ni tampoco en el éxito reproductor ni en la condición física de las aves marcadas. Sólo se detectaron efectos de pequeña magnitud, a corto plazo, en la condición física en las aves marcadas que se consideraron poco relevantes biológicamente (2) y concluimos que el método era adecuado para obtener información sobre las aves en el mar. Pero tuvimos en cuenta la posibilidad de que se dieran ciertos sesgos cuando las condiciones ambientales fueran muy adversas.

*Los efectos de la implantación de tecnología sobre la fauna silvestre deben ser cuidadosamente analizados para prevenir daños no deseados y resultados engañosos. Foto del autor.*

Otro caso clásico protagonizado por aves es el sesgo que se produce entre los diamantes mandarines (*Taeniopygia guttata*) cuando se marcan con anillas plásticas de colores para estudiar los procesos de selección sexual. Resulta que, al final, las preferencias de las hembras se ven influidas no sólo por la intensidad de la coloración natural de los machos, sino también ¡por el color de las anillas que portan! Claro, el color es el color y resulta ser un rasgo importante para las aves, al igual que para los seres humanos. Entre paréntesis, si me permitís una digresión que no puedo reprimir, diré que curiosamente este papel tan importante de la vista, junto con nuestros sistemas de emparejamiento fundamentalmente monógamos, nos unen más a las aves que a los mamíferos. En efecto, los mamíferos se fían más del oído y del olfato que de la vista y son más proclives a la poligamia que nosotros, seres sólo ligeramente polígamos a juzgar por nuestro bajo dimorfismo sexual y al reducido tamaño relativo de nuestros testículos, que indican un papel poco relevante de la competencia espermática (3).

En cualquier caso no hay que olvidar que también hay casos en los que el efecto del investigador existe y es para bien, sobre todo cuando se aplica el llamado "efecto espantapájaros" (*scarecrow effect*) y los depredadores evitan las zonas visitadas por los investigadores humanos. Algo similar a lo que ocurre en las zonas de pic-nic que la administración forestal instala en los montes, donde algunas avecillas del bosque pueden conseguir un doble beneficio: restos de comida y una menor densidad de pequeños y medianos depredadores.

### Investigaciones y bienestar animal

Con el advenimiento de la tecnología a la carta, los radiotransmisores se han convertido en uno de los artilugios más en boga de los últimos tiempos. Un reciente estudio veterinario ha puesto de manifiesto que el 22% de los milanos reales (*Milvus milvus*) marcados con radiotransmisores, mediante arneses adosados al dorso, para un proyecto de reintroducción en el Reino Unido, sufrieron lesiones físicas severas, lo que pudo reflejarse en el fracaso reproductor de algunos individuos (4). Algo que, sin embargo, no pasó entre los milanos reales cuyos transmisores se montaron en la cola. En este caso no parece que los daños sean relevantes, sobre todo si tenemos en cuenta que se enmarcan en un programa de reintroducción de la especie llevado a cabo desde 1989 por parte de la Royal Society for Preservation of Birds (RSPB) y el Nature Conservancy Council y que se ha saldado con unas mil parejas nidificantes de milanos reales en Inglaterra.

No obstante, hay que valorar siempre los riesgos y beneficios que el marcaje entraña para cada especie. En Mallorca, por ejemplo, el Govern Balear marca también milanos reales con radiotransmisores y gracias a ello ha sido posible pillar con las manos en la masa a propietarios de fincas cinegéticas que estaban colocando cebos envenenados. En tales circunstancias, el marcaje puede representar grandes beneficios, no sólo para los propios milanos sino para mucha otra fauna silvestre.

No quiero dar la falsa impresión de que los investigadores son ahora los culpables de todos los males, porque sinceramente no lo creo y más bien estoy convencido de que gracias al seguimiento de las poblaciones muy a menudo podemos detectar problemas de conservación de modo que los gestores puedan actuar con buen criterio. Pero siempre está bien un poco de autocrítica. Obviamente, nuestro trabajo siempre tiene alguna consecuencia. Se trata de evaluar, caso por caso, si son tolerables o desaconsejables. A veces es también una cuestión de prioridades, de lo que más urja proteger. Si para estudiar una colonia de aves hemos de pisotear una población de plantas endémicas o un perfil de suelo viejo muy valioso, habrá que sopesar si los daños a la vegetación o al suelo se ven compensados por el beneficio a la fauna. Difícil decisión.

El asunto radica en que, cuanto más mejoremos en este aspecto, más exactas y precisas serán nuestras estimas, menor incertidumbre tendrán nuestras predicciones y más inocua será nuestra relación con nuestros queridos modelos de estudio.

## 45. Islas dentro de islas

Un día, mientras paseaba por uno de los muchos picos con más de 1.000 metros de la Sierra de Tramuntana de Mallorca pensaba que si observamos desde un satélite el mediterráneo occidental, la isla "maior" de las Baleares aparece como una sola isla pero, si hacemos un zoom y nos aproximamos más a la mayor de las Gimnesias (nombre que recibe el conjunto geológico de Mallorca, Menorca y el subarchipiélago de Cabrera), podremos intuir que Mallorca es más bien la unión de dos islas en una. Algo similar ocurre con Formentera que es en realidad la unión de dos antiguos islotes: la Mola y el Cap de Barbaria, por medio de materiales geológicos más modernos. O con la isla de Tenerife por ejemplo, originariamente compuesta por los islotes de Anaga, Teno y Roque del Conde (de unos 6 a 11 millones de años de antigüedad), unidos por más recientes erupciones (de aproximadamente hace 2 millones de años). La sierra de Tramuntana y el conjunto de "les Serres de Llevant" fueron durante largo tiempo, a lo largo del Cenozoico, dos islas que emergían dejando encerradas a sus pies unas someras cubetas tropicales ricas en corales en las que campaban a sus anchas unos mamíferos sirénidos semejantes a los actuales manatíes y dugongos. Pero si avanzamos un poco más aún con el zoom descubriremos que estas dos islas montañosas están compuestas a su vez por varias islas menores. Estas islas adicionales están constituidas por los picos de mayor altura, los cuales sabemos, desde que Robert McArthur y Edward O. Wilson formularan su teoría de la biogeografía de islas allá por 1967 (1; 2), que actúan en la práctica como islas biogeográficas, desde el punto de vista de las causas de su diversidad, conjugando las tasas a las que suceden los procesos de colonización y extinción de las especies. Así pues en el fondo, ante la apariencia externa de una sola isla, tenemos en realidad un sistema triple encajado de islas dentro de islas.

*El Puig Major, con sus 1.445m de altura, es una isla biogeográfica dentro de la isla de Mallorca. Foto del autor.*

Una especie de juego de muñecas matrioskas que seguramente podríamos seguir extendiendo si por ejemplo pintáramos la distribución de los endemismos vegetales en los picos de las montañas. Un sistema complejo de organización geomorfológica que explica los patrones biogeográficos tan de distribución de la flora endémica. Por ejemplo, si bien algunos endemismos baleáricos, como *Hypericum balearicum* (la "estepa joana") o *Crocus cambessedesii* ("safrà bord"), se reparten extensamente por Tramuntana, las sierras de Levante e incluso están presentes en Menorca y hasta en Ibiza, otros, como *Ligusticum huteri*, *Euphorbia fontqueriana* o *Agrostis barceloi* (curiosamente sin nombres comunes), entre otros muchos, han sido detectados tan sólo en unas pocas localidades de la sierra mallorquina. Sería digno de estudio el averiguar a qué se debe que algunos endemismos estén tan localizados geográficamente mientras otros son más eclécticos. ¿Es una limitación filogenética? ¿Se debe al tipo de dispersión o de polinización? ¿Es debido a las preferencias de tipo de suelo? ¿Es la distribución actual en realidad un artefacto por desaparición de otras localidades históricas? O, por contra, ¿es reciente la presencia de especies restringidas en localidades de gran altura debido al calentamiento global?

El caso es que esta reflexión espacial nos lleva a pensar en lo localizado de la distribución de buena parte de los endemismos. Las islas oceánicas, los picos de montaña, los humedales o las cuevas (otros tipos de islas a fin de cuentas) son puntos calientes de concentración de endemismos, es decir, de formas vivas exclusivas de una región, que no existen en ningún otro lugar del planeta. A menudo los "puntos calientes" para los endemismos no coinciden con los puntos calientes de diversidad. Las islas típicamente son espacios relativamente pequeños y por ello albergan pocas especies pero, por el contrario, cuentan con un elevado porcentaje de especies propias, que han evolucionado en aislamiento de las formas continentales de las que proceden. La conservación de los puntos calientes para los endemismos debe ser una prioridad conservacionista máxima ya que el objetivo de la conservación de la biodiversidad regional pasa por la preservación de los enclaves ricos en endemismos, que representan un recambio en la composición de especies. Es decir, no tiene la misma diversidad una región que en conjunto albergase 100 especies (diversidad gamma o regional) pero en la que cada uno de los hábitats que consideremos tenga las mismas 100 especies que otra en la que en conjunto haya también 100 especies pero con la particularidad de que cada uno de sus hábitats albergue alguna especie distinta a la de las cuadrículas vecinas. La primera región es mucho más homogénea que la segunda o, más estrictamente hablando, para una misma diversidad regional, la diversidad beta es mayor en el segundo caso. Una mayor diversidad beta indica mayor heterogeneidad espacial, lo que hace de cada pieza del puzle un parte única e imprescindible para el conjunto del puzle.

*Estepa joana "Hypericum balearicum", un endemismo balear de amplia distribución. Foto: Beatriz Vigalondo*

*"Ligusticum huteri"*, *endemismo mallorquín de muy restringida distribución. Foto: Llorenç Sáez.*

Si recordamos que éste es un planeta de insectos, ya que cerca de la mitad del millón setecientas cincuenta mil especies de seres vivos (plantas incluidas) descritos hasta la fecha son insectos, todo apunta a que la conservación de la diversidad biológica es sobre todo un asunto de conservación de insectos y, en gran medida, de conservación de insectos endémicos. A modo de muestra un botón: de las casi 550 formas endémicas de fauna de las Baleares, a nivel de especie o subespecie, la mitad son insectos endémicos (3) y de las ca. 6.500 especies de invertebrados de Canarias la mitad son endémicas, la mayor parte insectos. Las selvas lluviosas tropicales son las que albergan la mayor diversidad de insectos y esto es en gran medida porque los árboles que las componen actúan como islas dentro de un mar de árboles. Muchos insectos sólo viven sobre una determinada especie de árbol o planta nutricia y muchas especies de árboles tropicales cuentan con una abundancia muy baja y una distribución muy amplia, lo que da lugar a densidades muy bajas que hacen de cada árbol una auténtica isla rodeada de terreno verde inhóspito para sus huéspedes invertebrados. Esto hace que sea casi imposible saber cuántas especies de insectos hay en el mundo (o lo que es casi lo mismo, saber cuántas especies animales hay sobre el planeta) o estimar a qué velocidad los estamos perdiendo con la destrucción de los bosques tropicales. Todo lo que podemos decir es que ese bioma es el que está experimentando un mayor grado de destrucción a resultas de la actividad humana y que esos "archipiélagos" forestales, concentran – a modo de archivo .rar de compresión- la historia antigua del planeta. Durante el Eoceno, la segunda época del Cenozoico, cuyos límites se establecen entre hace 55 millones de años y hace 33 millones de años, los bosques tropicales ocuparon el planeta hasta la latitud de 45º norte y sur y los bosques templados llegaban hasta los mismos polos, como ya he recordado en otros capítulos. Durante esa época de unos 20 millones de años de duración hubo, por ejemplo, una enorme diversificación de las aves y de las hormigas. Lo que se conserva de aquel esplendoroso pasado tropical del planeta (en el que las palmeras poblaban Alaska y Groenlandia debido a un calentamiento global provocado probablemente por la emisión masiva de gas metano liberado de los sedimentos marinos) está reducido hoy en día a una estrecha franja en torno al ecuador, entre las latitudes 23º norte y sur, debido al progresivo deterioro del clima planetario que comenzó con la formación de la corriente circumpolar antártica, al separarse Australia de la Antártida a mediados del Eoceno y continuó en el hemisferio norte.

En definitiva, la conservación de la diversidad planetaria pasa en gran medida por la conservación de la insularidad, porque en las islas, ya sean éstas marinas, cuevas, picos o árboles aislados en un mar de árboles, la vida se muestra con especial originalidad.

## 46. La regla del veinte

*Era un verano de hace dos o tres años. Viajábamos en grupo por la isla balear de Formentera y cada vez que cenábamos en algún restaurante no era necesario hacer muchos cálculos: no había manera de evitar que saliéramos a 20€ por cabeza. En las sobremesas hablábamos de ecología y de conservación y acabamos por concluir que muchos cambios en materia de gestión sostenible y protección del espacio requieren periodos de al menos 20 años para convertirse en realidades. Así que bautizamos aquel proceso entre nosotros como "la regla del 20".*

Los cambios sociales son lentos. Al menos los pacíficos. A mediados de los años 80, con la transferencia de las competencias en medio ambiente desde Madrid a las recién estrenadas autonomías, comenzó la creación en masa de parques naturales y demás espacios protegidos en el estado español. Los que alguna manera participamos en el asunto, teníamos claro que esa estrategia era positiva para la conservación de la recién bautizada "biodiversidad" y también para el bienestar económico de las poblaciones humanas sujetas a algún tipo de restricción de sus actividades habituales, como consecuencia de la protección legal del espacio y de las especies. Pero que no hubiera dudas de la bondad de esa línea de acción entre los promotores de los primeros parques autonómicos no significa que no las hubiera entre las personas afectadas.

Recuerdo como en la Albufera de Valencia los cazadores quemaban las instalaciones de la guardería y nos dedicaban *graffitis* tan poco apetecibles como "biólogos muertos", en las paredes de los edificios que solíamos emplear como base de anillamiento de aves. Hoy en día, algo más de 20 años después, la Albufera es un parque natural consolidado en el que, de manera espontánea, han surgido pequeñas empresas turísticas dedicadas a mostrar los valores naturales de la zona a los numerosos turistas que allí acuden con la esperanza de ver patos salvajes y comerse luego una buena paella. Hoy, los arroceros no incluidos dentro de los límites del espacio protegido son los que reclaman formar parte de él porque han visto como las ayudas europeas de la Política Agraria Común, además de ayudas del gobierno autonómico, han venido a compensar sus pérdidas de renta y a valorar el empleo de métodos tradicionales de cultivo, como la inundación de enormes superficies de antiguas marjales (unas 15.000 hectáreas nada menos) y la eliminación de malas hierbas del arrozal mediante medios físicos.

Leona con tres crías sesteando bajo una acacia en el parque nacional de Tsavo (Kenia). El uso del veneno no es sólo cosa de los cotos de caza españoles. En África oriental se ha extendido el uso del pesticida americano Furadano para eliminar leones, como medida de venganza frente a la corrupción asociada a la compensación de daños a las comunidades humanas locales. Foto del autor.

Digamos que las ayudas económicas ponen en valor la contribución del agricultor al mantenimiento artificial de los servicios prestados por los ecosistemas húmedos litorales. Podríamos decir, sin ánimo irónico, aquello de "vivir para ver", alegrándonos de que sea así pero a la vez sorprendiéndonos del largo espacio de tiempo que ha tenido que transcurrir para que los pobladores locales comprobasen y asumiesen que las restricciones de usos a las que se enfrentaban 20 años atrás por culpa de los "biólogos" eran para bien de todos.

**Veneno, corrupción, ONG y leones**
Pero puede volverse a caer en un periodo oscuro después de esos veinte años de consolidación de cualquier práctica conservacionista que sanciona la regla. Un ejemplo reciente es el hallazgo de una nueva cepa viral de la enfermedad hemorrágica del conejo tras dos décadas de lucha contra la enfermedad (1). Por otra parte, los cambios en la estructura política o socio-económica del país pueden demostrarnos empíricamente que actitudes que creíamos profundamente arraigadas no lo estaban tanto en realidad. Resultan ser actitudes más bien cosméticas o, si se prefiere, situaciones coyunturales o circunstanciales. Véase si no el repunte del uso de veneno en los acotados de caza ibéricos, cuando el infausto recuerdo de la estricnina en nuestros campos ya estaba casi olvidado.

Recientemente descubrí, por medio de la revista *Swara* publicada por la East African Wildlife Society), que en África oriental hay también, desde hace algunos años, un tremendo problema de conservación con las aves carroñeras debido al uso del pesticida americano Furadan (cuyo principal principio activo es el carbofurano, una de las sustancias más tóxicas del mundo, que sustituyó al DDT tras su prohibición en la década de los 60) como veneno contra grandes depredadores (2,3). El veneno (prohibido en Estados Unidos desde 2010) es empleado ahora por el pueblo masai (ya que está disponible comercialmente en Tanzania, Ruanda y Uganda) como venganza al hecho de que las compensaciones económicas por daños al ganado nunca llegan, debido a la corrupción reinante en el gobierno keniano. Además, resulta paradójico que otro factor que contribuye a complicar aún más la escena sea la participación, bienintencionada pero fatídica, de particulares y ONG internacionales que ha hecho de los masai un pueblo sedentario, tras cinco siglos de adaptativo nomadismo por las sabanas de Kenia y Tanzania.

Así pues las poblaciones de leones en Kenia están declinando de manera alarmante en Kenia y las aves carroñeras mueren en masa como efecto colateral del envenenamiento de los grandes mamíferos depredadores. Actualmente hay unos 2.000 leones en toda Kenia y se estima que mueren unos 100 al año nada menos. Un sencillo cálculo nos indica que, de mantenerse el ritmo actual, podrían extinguirse en 20 años. El león, uno de los carnívoros con más amplia distribución mundial en el pasado, es asediado actualmente en sus últimos refugios planetarios. Por el mismo motivo las poblaciones de buitres africanos (seis de las 8 especies de buitres del este de África, nuestro alimoche entre ellos) han disminuido hasta un 65% en las últimas dos décadas y ahora las carroñas se acumulan en el campo, con un enorme desarrollo de larvas de mosca y bacterias que acaban supliendo, mucho más lentamente el papel sanitario realizado antaño por las aves carroñeras. Me pregunto si África no estará inmersa en un nuevo ciclo negativo de 20 años de duración. Pero dos décadas suponen un lujo que no podemos permitirnos sin entrar en situaciones irreversibles. La única forma de evitarlo es a través de la presión internacional.

*Grupo de elefantes en el Parque Nacional de Tsavo (Kenia). Las matanzas ilegales de elefantes en África parecían algo superado. Sin embargo vuelven a darse en nuestros días en paralelo con el desarrollo del capitalismo chino. Foto del autor.*

El gravísimo problema reciente en Asia con las aves carroñeras (descenso del 95% en las poblaciones de India, Nepal y Pakistán), debido al empleo ganadero del antiinflamatorio Diclofenaco (principio activo del comercial Voltaren), parece estar en vías de solución tras la prohibición de esta droga en 2006 y su sustitución por el Meloxicam que no parece tener efectos negativos sobre los buitres, aunque la recuperación de los tamaños poblacionales perdidos muy posiblemente sí requiera un par de décadas de crecimiento poblacional, teniendo en cuenta las lentas tasas de multiplicación de los longevos buitres. Salvo que el vacío pueda ser rellenado por inmigración desde zonas no afectadas, si es que existen. En este caso el papel de los buitres ha sido sustituido en gran medida (aunque con una eficiencia mucho menor) por perros asilvestrados, lo que está provocando una gran expansión de la rabia en India y de las manadas de perros como depredadores.

**Caza furtiva y capitalismo chino**
En África oriental no sólo ha regresado con fuerza el uso del veneno sino que regresa también al parecer el furtiveo de la megafauna relicta, después de varias décadas de protección a ultranza de la fauna de la sabana, que se ha convertido en una de las principales fuentes de divisas en países como Kenia, Tanzania, Ruanda o Uganda. En una reciente visita al parque nacional de Amboseli, tras sucumbir ante la belleza de una manada de unos 200 elefantes con una gran variedad de clases de edad, me enteré de la triste noticia de que semanas antes una manada de 11 individuos había sido eliminada por furtivos, para sorpresa de todos. Fue una desagradable noticia que me recordó a las focas monje griegas, que aún hoy en día sucumben al disparo de los pescadores.

La moraleja que podemos extraer de esta negativa noticia es que la represión contra el furtivo no puede ser la única baza a jugar para preservar la megafauna que aún sobrevive. Hay una creciente demanda en el mundo, y sobre todo en Asia, en paralelo con la emergente economía capitalista china, en relación al marfil y a los cuernos de rinoceronte. Es pues en Asia donde se debe incidir para proteger rinos y proboscidios. Sobre todo desintoxicando a la población sobre los recientes y falsos rumores acerca de las propiedades anticancerígenas del cuerno de rinoceronte. En campañas que podrían requerir 20 años para ser efectivas, aunque no podamos permitirnos esos plazos. Las ONG internacionales, como Wildlife Conservation Society, tienen ahí un enorme y complejo campo de actuación. Recientemente descubrí que existe un comercio (no sé cuán legal) de colmillos sub-fósiles de mamut procedentes del ártico ruso. Pudiera ser que ese comercio estuviese ralentizando inintencionadamente la intensidad de persecución de los elefantes africanos, ya de por sí muy elevada.

Incluso en nuestro entorno actitudes que parecían muy superadas se destapan ahora, con la crisis, como asignaturas pendientes. En Mallorca por ejemplo, cuna de hoteleros de España, parecía imposible que alguien volviera hablar de construir macro-hoteles junto a playas muy bien preservadas como la de Es Trenc y sin embargo está sucediendo, por increíble que parezca. No es ya que los hoteleros mallorquines nunca asimilaran la lección y simplemente se trasladaran a destruir otros paraísos naturales en el Caribe o en el norte de África sino que vuelven a la carga aquí mismo, a la primera de cambio. Es muy frustrante comprobar cuan coyunturales han sido algunas de las batallas ambientales ganadas en las últimas décadas, a pesar de los esfuerzos educativos realizados y del desarrollo de legislación ambiental de enorme calidad.

Sin duda hemos de aprender de este experimento natural que representa la crisis para reflexionar seriamente sobre la lentitud de los cambios de actitud y sobre su vulnerabilidad. En el fondo subyace la ignorancia, tanto la de los consumidores asiáticos de polvo de cuerno de rinoceronte como la del hotelero que olvida que de nada servirá tener hoteles vacíos si el turista ya no quiere acudir a playas destrozadas y menos aún en Mallorca, donde la oferta hotelera supera ya con creces a la demanda, como muchos empresarios turísticos reconocen. Las restricciones, necesarias a corto plazo, sirven de poco si no van acompañadas de campañas a largo plazo de concienciación cuyos efectos no veremos, con suerte, hasta dentro de 20 años.

## 47. Después del abandono

*Las montañas del solar ibérico han estado sometidas, histórica y prehistóricamente, a todo tipo de actividades humanas para aprovechar sus recursos naturales. Hasta tal punto, que los hábitats prístinos probablemente sólo existan en nuestra imaginación.*

Los seres humanos han explotado los ambientes de montaña durante milenios. Así que fue un complejo entramado de actividades de muy diversa índole (carboneo, ganadería, repoblaciones, caza, pesca, agricultura) el que dio forma a los ecosistemas montañeses tal cual llegaron hasta los años cincuenta. Los montes fueron durante siglos focos de actividad preindustrial, un lugar donde producir hielo, cal o combustible en forma de carbón vegetal. La imagen que ahora tenemos los paseantes del siglo XXI, para quienes las montañas parecen destinadas al ocio dominical, dista mucho del aspecto que debieron tener en tiempos pasados. A menudo trato de imaginarme la sierra de Tramuntana mallorquina tan sólo un siglo atrás o incluso menos, llena de personas que a diario acudían temprano a sus puestos de trabajo, como ahora se hace en las oficinas citadinas. Pero toda esa febril actividad forestal de arrieros con sus carros y mulas, de pastores, carboneros, resineros y caleros, cesó de golpe con la llegada del turismo y de la industria.

*Hasta hace unos cincuenta o sesenta años, la sierra de Tramuntana estaba sometida a diversos tipos de actividades preindustriales, como atestigua esta carbonera o "sitja", en el catalán hablado en Mallorca. Foto del autor.*

En Mallorca ese punto de inflexión se dio hace sólo cincuenta o sesenta años, cuando llegó el turismo en masa. La industria se instaló un poco antes en la Península, ya que las minas asturianas de carbón mineral, explotadas a partir del siglo XIX por capital extranjero, marcaron la diferencia (en Mallorca sólo había unas pequeñas minas de lignitas que perduraron hasta los años 80). El abandono súbito de la vida rural, con la correspondiente concentración de nuestros padres y abuelos en grandes ciudades industriales, trajo consigo un profundo cambio en los sistemas agrosilvopastorales. Los mismos que habían seleccionado la fauna y flora que llegó hasta la era industrial. De este modo, terrenos antaño ganados al bosque para abrir pastos se han visto ahora reclamados de nuevo por el bosque, que ha aumentado mucho en densidad (1). Esta evolución del paisaje ha de conllevar necesariamente beneficios para algunas especies animales y vegetales, al igual que perjuicios para otras. Por ejemplo, parece que las mariposas de los prados abiertos están de capa caída (2), mientras que corzos y lobos consiguen expandirse.

### Gallos salvajes y cambios en el paisaje

Sin embargo, aves tan genuinamente forestales como los urogallos demuestran, con su ligero declive en el Pirineo, que unas masas forestales más densas no son buenas para ellos (3). Los urogallos son originarios de la taiga del norte de Europa, donde las coníferas se encuentran bastante separadas unas de otras. Los bosques pirenaicos, hasta donde llegaron los urogallos empujados por los hielos de las glaciaciones pleistocenas, han sido siempre subóptimos para la especie. Aún menos óptimos desde que el abandono del campo ha favorecido el aumento de la densidad. En bosques tan densos entra muy poca luz para el arándano, un importante recurso alimenticio, directo e indirecto, para los urogallos. El aumento de la vegetación limita asimismo su capacidad de huida frente a los depredadores (3), lo cual es especialmente importante ahora que son más numerosos los de mediano tamaño, como zorros y mustélidos. Aparte de que afortunadamente se haya relajado la persecución de estos carnívoros, es indudable que han salido favorecidos por la falta de depredadores apicales, capaces de regular sus poblaciones de forma natural, y también por el alimento suplementario que proporcionan las actividades humanas. Aunque la mayor cantidad de alimento se encuentra en los vertederos, tampoco son despreciables los restos de caza mayor, a menudo procedentes de especies exóticas, como el gamo. En consecuencia, ahora que se han desmontado casi por completo los sistemas tradicionales de explotación, constatamos hasta qué punto estaba imbricada la fauna y la flora que ha llegado nuestros días en el entramado rural. La presencia humana era ubicua, desde las humildes montañas litorales hasta las altivas cumbres de los Pirineos y ubicuas están siendo las consecuencias de su abandono, como no podía ser de otra manera.

## Cabras, flores, quemas y endemismos
En la montaña mallorquina, que es la que tengo más a mano, se da una situación muy particular relacionada con el abandono de la vida rural. La sierra de Tramuntana, una prolongación insular del sistema Bético, alberga una importante cantidad de endemismos vegetales. En torno al 10% de la flora mallorquina está formada por plantas endémicas de las Baleares, cifra similar a la que se registra en las otras grandes islas del Mediterráneo occidental. Estos endemismos han coexistido históricamente con las

quemas de "càrritx" (*Ampelodesmos mauritanica*) para abrir pastos al ganado y con el ramoneo de cabras asilvestradas y cerdos. De entrada, podría pensarse que ambos factores representan un impacto, una amenaza para los endemismos vegetales, y que sería deseable suprimirlos. Sin embargo, el asunto merece estudiarse con mayor detalle.

Tras el abandono de las terrazas ganadas al bosque para cultivar olivos, almendros y algarrobos, el "càrritx" lo ha invadido todo y ahora hay ciertos endemismos, como el eléboro (*Helleborus lividus*), que sobreviven envueltos en un mar de gramíneas. ¿La quema del càrritx podría beneficiar a los eléboros? O, por el contrario, ¿colonizan los eléboros, que prefieren los sitios umbríos, zonas más soleadas cuando crecen a la sombra del càrritx? No creo que nadie tenga las respuestas, así que valdría la pena hacer algunos experimentos en parcelas sometidas a fuegos controlados y comparar los resultados con otras que se hayan dejado tal cual.

Aparte están las cabras asilvestradas, con sus dientes y sus heces. En las primeras fotos de este capítulo se ve claramente un hecho común a tres plantas: el azafrán borde (*Crocus cambessedesii*), la quitameriendas (*Merendera filifolia*) y la bellorita (*Bellis sylvestris*): todas ellas crecen a menudo rodeadas por abundantes excrementos de cabra. Es posible, por lo tanto, que una retirada de las cabras asilvestradas tuviera consecuencias inesperadas para las plantas pratenses amantes de suelos nitrificados. El efecto de las cabras en la isla es especialmente interesante si pensamos que durante más de cinco millones de años la vegetación de Mallorca estuvo regulada por la abundante presencia del pequeño bóvido *Myotragus balearicus*, que al parecer se extinguió con la llegada de los primeros humanos hace poco más de 4.000 años (4, 5). Por ello cabe esperar que las plantas endémicas hayan desarrollado mecanismos de defensa frente a la herbivoría, ya sea en forma de compuestos tóxicos o a través de su capacidad para colonizar ambientes donde no llegue el diente de la cabra, como las paredes verticales. Al tiempo que muchas de ellas se benefician del abonado que proporcionan los excrementos.

Sin duda, muchas plantas son rupícolas por necesidad y no por gusto. Si crecen en grietas de acantilados, en condiciones muy apartadas del óptimo imaginable, es porque no les queda otro remedio. Aquí también habría que llevar a cabo experimentos con parcelas donde no pudieran entrar los herbívoros para dilucidar qué especies salen beneficiadas y cuáles perjudicadas por la presencia de los ramoneadores, y en qué densidades.

*Ejemplares rupícolas de cincoenrama de roca "Potentilla caulescens", manzanilla "Helichrysum ambiguum" y mostajo "Sorbus aria". La presión ejercida durante cinco millones de años por "Myotragus balearicus", un bóvido ya extinto, y por las cabras domésticas asilvestradas en tiempos históricos, ha hecho que muchas plantas sobrevivan sólo en acantilados rocosos. Estrategia que siguen incluso algunos árboles como tejos, arces, serbales y acebos. Foto del autor.*

## Usos tradicionales y gestión del espacio protegido

Uno de los errores más graves que se cometen al gestionar espacios protegidos en la región mediterránea (y fuera de ella también) es interrumpir a rajatabla los usos tradicionales, con la sana intención de preservar mejor la biodiversidad. Lo más recomendable es, seguramente, que un espacio protegido tenga un poco de todo. Por ejemplo, habría que crear mosaicos con comunidades vegetales en distintos grados de madurez. En este sentido, tratar de que todo esté en estado clímax es tan poco realista como deseable. Si pudiéramos comparar la actual diversidad biológica de los espacios protegidos de montaña con la existente hace varias décadas, antes de su protección, probablemente nos encontraríamos con la desagradable sorpresa de que el balance fuera negativo. A mi primo Pipo Sierra, experto naturalista del rural gallego, le gusta recordarme que el Parque Nacional da Peneda-Gerês, el único de esta categoría que existe en Portugal, se declaró sobre todo para conservar cinco o seis parejas de águila real y que, cuarenta años después, la especie se ha extinguido. Imagino que muchos lectores recuerdan casos similares. El bucardo del Pirineo sería uno paradigmático. Una de las razones por las que esto pasa es la gestión de los espacios protegidos como islas en un mar de ambiente inhóspito. En esas circunstancias el destino de cualquier isla es perder especies.

Trabajar en esta línea de investigación aplicada, en la frontera entre la muerte súbita del motor que gestionaba nuestros ecosistemas forestales y el mantenimiento futuro de la biodiversidad heredada, debería estar entre las prioridades de nuestras administraciones públicas, ONG y entidades privadas con intereses en conservación. Habría que hacerlo, además, desde una perspectiva que nos permita aprovechar todo lo positivo de la experiencia pasada, para no caer en los mismos errores. Perseguir lobos para salvar ovejas no puede ser ya el modelo a seguir, sino uno más integrador en el que haya hueco para todos. No es extraño que el turismo de montaña, bien enfocado, se perfile como una de las alternativas más claras a la pérdida de renta que lleva asociada la conservación.

## 48. ¡Qué limpio está mi jardín!

*Mucha gente que llega al mundillo de la conservación de la naturaleza se sorprende al descubrir que buena parte de los indicadores ambientales, tanto ibéricos como europeos, han seguido una tendencia positiva durante las últimas décadas. La razón es que aún se mantiene la inercia de los mensajes catastrofistas lanzados en los años sesenta y setenta, cuando se pasó de golpe de una sociedad rural, agraria y ganadera, a otra urbana e industrial.*

Ciertamente, la lista de los avances es enorme: la destrucción de humedales costeros ha sido detenida, se han creado infinidad de espacios protegidos – incluidas redes europeas que en España atañen a un 5% del territorio–, ya no se arrasan bosques autóctonos para plantar cultivos madereros, las aguas fecales e industriales son separadas y depuradas, y nadie usa plaguicidas tan nocivos como el DDT o aquellos fluorocarbonos que dañaban la capa de ozono. Además, se ha potenciado la agricultura ecológica, el reciclaje de residuos sólidos y las energías limpias. La gasolina con plomo está prohibida e incluso se ha avanzado mucho en resolver el problema del plumbismo debido a la munición de caza. También se han impulsado innumerables proyectos para reintroducir fauna amenazada, la ley obliga a reducir los impactos de las obras de infraestructura, se han restaurado zonas degradadas y los ríos ya no se repueblan con especies exóticas, al tiempo que se trata de controlar a las ya establecidas y las nutrias ganas territorios perdidos.

En fin, no creo necesario seguir enumerando ejemplos para apoyar la tesis de que llevamos al menos veinte años mejorando en conjunto (con sus más y sus menos) la maltrecha situación en la que dejamos la naturaleza europea tras nuestro abandono del sistema agrosilvopastoral tradicional de supervivencia. No quisiera que esta introducción se convirtiera en una larga argumentación al estilo de *El origen de las especies* de Darwin o *Colapso* de

Jared Diamond (1). En los primeros capítulos de ambas obras sus autores aportan pruebas más que suficientes para vislumbrar que lo que defienden es cierto. De hecho, cada lector podría añadir alguna contribución del movimiento conservacionista a la lista del primer párrafo.

Monocultivo de Agave (género americano de plantas) en Kenia, sobre terrenos robados a la sabana tropical africana por manos europeas. Destrozando el trópico mantenemos la diversidad biológica de nuestras latitudes, pero a un precio altísimo a nivel planetario. Foto del autor.

## El precio global de la conservación local

La cuestión que realmente me interesa abordar aquí es a qué coste hemos conseguido todos esos avances. La duda me asaltó un buen día en el puerto de Castellón. Nos disponíamos a navegar hacia las islas Columbretes y en uno de los muelles había unas montañas enormes de arcillas que estaban siendo desestibadas de un no menos enorme carguero allí amarrado. Alguno de nuestros tripulantes me comentó que aquellos conos de arcilla estaban destinados a proporcionar materia prima a la industria de la cerámica castellonense y que procedían de Marruecos. Entonces cobró sentido para mí que fuera posible compaginar la protección de las principales sierras locales –Calderona, Espadà, Desert de les Palmes, Penyagolosa, Tinença– con la existencia de un elevadísimo número de empresas azulejeras ávidas de arcillas. El material no provenía de explotar las canteras locales, sino las marroquíes. Es decir, se trataba de un daño exportado. Lo que se denomina, con uno de esos eufemismos hoy tan en boga, "externalizar el coste ambiental", una nueva expresión del conocido acrónimo americano NIMBY: *Not in my backyard*, o sea, "No en mi patio trasero". En otras palabras, nadie se niega a que se depreden los recursos, siempre y cuando no se haga dentro de su territorio. Así pues, la batalla de conservar los espacios naturales castellonenses está ganada, pero la guerra de conservar la naturaleza en el Paleártico Occidental está perdida, al menos de momento.

Ahora vivo en Mallorca y aquí me he encontrado con situaciones muy parecidas. Gracias a las campañas del Grupo de Ornitología Balear (GOB), del que soy orgulloso miembro, se consiguió paralizar la urbanización de numerosos espacios naturales de alto valor, como la playa de Es Trenc o la isla de Sa Dragonera, en los años del auge turístico. Sin embargo, hemos de ser conscientes de que aquello sólo fue una batalla ganada contra los grandes especuladores hoteleros, ya que éstos simplemente trasladaron sus destrozos a otros enclaves más o menos lejanos: el Caribe, las costas del Magreb o la península mexicana de Yucatán, por poner algunos ejemplos.

En realidad, ni siquiera se ganó la batalla de forma definitiva. Ahora, tras el salvaje recorte de avances democráticos amparado en la crisis económica, los hoteleros –y los políticos que los secundan– vuelven al ataque con la amenaza de un nuevo hotel en el entorno de Es Trenc, como ya avanzaba en el capítulo 46. Así de frágiles son nuestras conquistas. Este asunto de trasladar las barbaridades a otros lugares me recuerda el resultado que suelen tener los descastes en masa (es decir, controles de población) de gaviotas patiamarillas. La colonia bajo tratamiento ve reducido su número en gran medida porque las aves se desplazan a otras colonias, con lo que simplemente se llevan el problema a otro sitio. La solución a las grandes densidades de gaviotas pasa por adoptar medidas que ataquen el problema de raíz, fundamentalmente evitar que dispongan de comida sin límite en los vertederos a cielo abierto o a través de los descartes de la pesca del arrastre. Los parches sirven de poco.

*Selva tropical en el sur de México, Chiapas. La tala de madera tropical en países tropicales, ricos en biodiversidad, tiene una gran relación de causa/efecto con la actual conservación de los bosques europeos. Desvestimos unos santos de primera para vestir santos de segunda: nuestros santos. Foto: Alicia Montesinos.*

## Un mundo globalizado, para bien y para mal

Vivimos en un mundo absolutamente globalizado. Pero es un desastre que sólo se haya globalizado la depredación de los recursos y no su conservación. Es el mismo problema al que se enfrenta la economía de la Unión Europea: no puede funcionar el mercado único, incluso con una moneda única, sin una fiscalidad de ámbito europeo. Hay que estar a las duras y a las maduras, si no, no vale. El problema también se parece al de los paraísos fiscales: no cesarán los desfalcos mientras el dinero pueda fluir libremente por el mundo a lugares donde sea intocable. En otras palabras, o globalizamos para todo, o es mejor que sigamos siendo unos provincianos. Mantener limpio nuestro patio trasero a costa de ensuciar el del vecino (cercano o lejano) no es una manera válida de proceder en este mundo que se nos queda pequeño. Un caso especialmente grave es cuando la famosa "externalización del coste ambiental" se hace dañando las zonas del planeta más ricas en biodiversidad, es decir, los trópicos.

Recuerdo un ejemplo que viví en mis propias carnes. A mediados de los años noventa, la Conselleria d'Obres de la Generalitat Valenciana andaba gestionando un horrendo paseo marítimo de la época franquista, construido sobre el campo de dunas de las playas de El Saler, frente a la Albufera de Valencia. La demolición del paseo elevado de hormigón y la restauración de las dunas fue una obra sumamente acertada y necesaria. Sin embargo, el remate no lo fue tanto. En sustitución del adefesio de hormigón, se optó por construir un paseo de madera detrás del primer campo de dunas. Hasta ahí todo suena a ecológico si no fuese porque aquella madera era de origen tropical (ya que aguanta mejor a la intemperie) y no venía certificada. A nadie pareció importarle ese pequeño detalle. Pues bien, lo que hemos de entender es que no era ningún "pequeño detalle" y que es injusto vestir a un santo con las ropas de otro; sobre todo si el santo desvestido vive entre las latitudes 23ºN y 23ºS, es decir, entre los trópicos de Cáncer y Capricornio, donde se agolpa la histórica diversidad del planeta.

## Claves para una gestión global

Mucho me temo que, como nos recuerda Tim Flannery, para conseguir una gestión global de la biodiversidad del planeta son necesarios cambios fundamentales en aspectos que no están muy en manos de los conservacionistas (2). Nuestros esfuerzos deben dirigirse a erradicar la pobreza y las guerras, desmontar los paraísos fiscales y crear sociedades más justas, educadas e igualitarias. La globalización de la democracia permitiría estabilizar el crecimiento demográfico en los países empobrecidos y superar los desfasados tabúes de las religiones monoteístas en contra de la planificación familiar; aunque no en contra de incrementar la esperanza de vida, que sí se considera curiosamente "natural". Sin esto, el proceso de "nimbyzación" –perdón por la palabreja inventada– seguirá adelante y conseguiremos mantener impolutas las regiones del planeta más pobres en biodiversidad, mientras condenamos al desastre los lugares verdaderamente repletos de vida, almacenes que empaquetan la historia más antigua de un planeta que fue, en épocas no tan lejanas, casi todo él tropical.

## 49. Patrones emergentes

*Tomo al azar el cuaderno de Quercus número 290 de abril de 2010. Con tan sólo una lectura en diagonal saltan a la vista algunos patrones emergentes en materia de conservación de la biodiversidad, de entre el conjunto de contribuciones individuales e independientes de la revista.*

En la página 4 Jesús Duarte denuncia el atropello de varias nutrias en un tramo negro de poco más de 1000 m de longitud de una ronda periurbana que da acceso a urbanizaciones y campos de golf en un municipio malagueño. Un ejemplo desgraciadamente claro de nuestro actual modo de afectar a la fauna de manera indirecta a través de nuestras infraestructuras, ahora que la persecución directa de las nutrias es historia. Además no deja de sorprenderme que las nutrias en cuestión empleen las lagunas artificiales de los campos de golf locales para capturar carpas y anfibios a placer. Desde luego que la fauna que ha llegado hasta nuestros días es el producto de un proceso de selección de las conductas más flexibles. Las nutrias, esos mustélidos que asociamos mentalmente a tramos de ríos prístinos, cargados de truchas autóctonas y madrillas, resulta que son capaces de sobrevivir visitando piscifactorías y lagunas de campos de golf. Por eso tenemos nutrias todavía y además en expansión. Plasticidad es la palabra clave.

En la misma página se denuncia la muerte de milanos reales por choque contra aerogeneradores en Navarra. De nuevo nuestras estructuras e infraestructuras más modernas haciendo de depredadores de largas garras. Sin embargo, la columna editorial de la página vecina nos recuerda que aún sigue habiendo una peligrosa modalidad de persecución activa de la fauna vertebrada ibérica: el veneno. Una práctica impropia de nuestros tiempos cuya erradicación debe figurar entre lo más alto de nuestras prioridades de conservación. La noticia de la página 58, de Carlos Cano, sobre el envenenamiento masivo y sistemático de rapaces carroñeras en una finca extremeña nos lo recuerda patentemente.

Los atropellos de mamíferos en carretera son una de las maneras más habituales en las que las infraestructuras causan un daño no-intencionado a la fauna silvestre. Foto: Centro de recuperación de fauna de El Saler, Valencia; Gineta *"Genetta genetta"*.

En la página 12 se destaca el estudio de Frederic Bartomeus y colaboradores, publicado en la revista Current Biology, del que se hizo eco la revista Science, según el cual las pardelas baleares siguen, entre semana, a los barcos de pesca para alimentarse de los peces descartados, mientras que los fines de semana, cuando cesa la actividad pesquera, se dedican a capturar presas por sus propios medios. Esta noticia es curiosa en varios aspectos. Primero es una muestra más de la flexibilidad en la conducta de la fauna que ha llegado hasta nuestros días, incluso en el medio marino. Pero además resulta curioso que los medios de comunicación se hayan hecho eco de este hallazgo de manera generalizada a estas alturas. Por ejemplo, con gaviotas y con garcillas bueyeras (véase artículo de J.M. Igual en el cuaderno de Quercus de enero de 1995) esta asociación con los calendarios humanos es un hecho demostrado desde hace varias décadas y sin embargo ha recibido poca atención por parte de los medios de divulgación. ¿Por qué ahora sí? Bueno, quizás porque en este caso afecta a una especie globalmente amenazada o porque el trabajo, de gran calidad, fue publicado en una revista considerada de alto impacto en el ámbito científico. La nota de Science además incide en un aspecto que ni el propio artículo original comenta, a saber, que las pardelas se han aficionado a la "comida rápida" durante los días laborales, acudiendo al "restaurante" los fines de semana.

Una metáfora aceptable pero que centra la atención del lector en un aspecto distinto del que los autores destacan en la fuente original. En fin, el camino del éxito es impredecible. Curiosamente con la pardela cenicienta sucede algo parecido pero más preocupante. Cuando no faenan los arrastreros, las pardelas acuden a las barcas de palangre y quedan enganchadas en sus grandes anzuelos. Las pardelas baleares se libran de eso al ser demasiado pequeñas para intentar robar los cebos de los anzuelos del palangre.

En la página 13 una noticia denuncia la captura accidental de tortugas bobas en el Mediterráneo, un problema que afecta a más de 20.000 ejemplares al año. Además nos recuerda que según las investigaciones de varias instituciones malagueñas la mayor parte de las capturas se produce de día, a más de 35 millas de la costa y en verano por lo que bastaría con limitar la actividad del palangre en esas condiciones para evitar la captura de los reptiles marinos. Esta noticia, no sólo hace hincapié en un serio problema de afección indirecta a la fauna sino que acierta en el blanco de la gestión. En numerosas ocasiones solucionar un problema no consiste en prohibir o erradicar su causa, sino simplemente en ordenarla. No todos los palangreros son potencialmente peligrosos para las tortugas, como no todas las gaviotas patiamarillas de una colonia son comedoras de paíños (sino unas pocas especialistas), ni todas las turbinas de un parque eólico son igualmente mortíferas para las aves. Identificar las condiciones de peligrosidad, mediante una aproximación rigurosa, es la manera correcta y equilibrada de proceder.

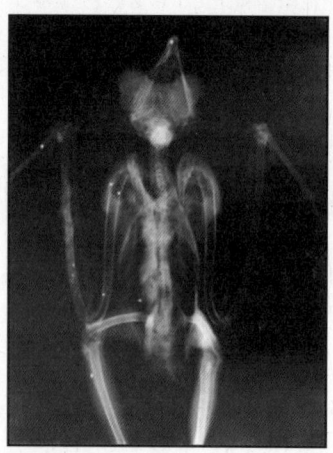

*Radiografía de un búho real "Bubo bubo" tiroteado. Afortunadamente la presión directa sobre la fauna salvaje ibérica ha ido disminuyendo en las últimas décadas como refleja la disminución en el número de licencias de caza en España en las últimas dos décadas, con 500.000 licencias menos expedidas. Foto: Jorge Crespo.*

En la página 23 Isabel Afán y colaboradores nos comunican que las gaviotas de Audouin han colonizado los islotes españoles de la costa marroquí de Alhucemas. Curiosamente esta colonización fue fruto del cierre del acceso a los islotes desde el conflicto del islote Perejil. Otra confirmación: la mejor gestión conservacionista de las especies pasa por la gestión del espacio. La protección de la Punta de la Banya en el Delta del Ebro es un ejemplo paradigmático en este sentido y habla por sí solo. Por desgracia la normativa vigente prima la conservación de los espacios sólo cuando ya de entrada reúnen una serie de especies de interés para la conservación. Esto resulta tan absurdo como que para tener un permiso de residente un inmigrante necesite primero un contrato laboral y que para obtener dicho contrato se le requiera previamente la residencia. Los parches vacíos, especialmente en poblaciones estructuradas en el espacio, son muchas veces tan buenos o mejores como los que hoy vemos ocupados. Incorporar plenamente este principio a nuestro quehacer conservacionista sería un gran paso adelante.

Del artículo de Javier Luzardo y colaboradores, en las páginas 29 a 35, explicando que la musaraña de Osorio de Gran Canaria ha pasado de ser considerada un endemismo a tenerse por especie translocada por el hombre me llama la atención la relación de las musarañas con las islas. En Mallorca, por ejemplo, antes de la llegada del hombre, como nos cuenta el equipo de Josep Antoni Alcover, sólo existían unos pocos mamíferos que habían atinado con el blanco del archipiélago y habían logrado persistir en el tiempo: un bóvido con aspecto de cabra, un lirón algo agigantado y una musaraña. Musarañas y lirones parecen ser mamíferos especialmente proclives a persistir a largo plazo en islas. Seguramente ello se deba al pequeño tamaño corporal de ambos grupos, que les permite sobrevivir con poco, y también a los hábitos hibernantes de los lirones, que los retiran de las necesidades mundanas hasta durante medio año. No en vano los grandes mamíferos, como elefantes o hipopótamos, que en el pasado colonizaron islas disminuyeron su talla, haciéndose versiones enanas de sus antepasados. Las musarañas, aunque voraces, ya son enanas de partida y ese puede ser uno de los rasgos que les confieran ventaja como colonizador de medios pobres en recursos. Por otro lado, asistimos últimamente a ejemplos de especies que se pensaban autóctonas, como la musaraña de Osorio o el cangrejo de río, que han resultado no serlo, y todo lo contrario, especies que se consideraban introducidas (totuga mora, rabilargo, meloncillo) que resultan ser nativas. Esto nos habla de la necesidad de no dar las cosas por sentadas antes de su estudio.

La noticia de la página 42, relatando la cría de abubillas en el interior de un bidón de plástico en Gran Canaria, no deja de ser otro bonito ejemplo de flexibilidad de conducta. Los animales silvestres se empeñan una y otra vez en romper nuestras preconcepciones sobre lo que es o no natural o normal para una especie. Esa noticia entronca con otras varias aparecidas en cuadernos recientes de Quercus sobre la cría de pitos verdes en los sitios más insospechados. Puede que para una abubilla sea óptimo criar en el interior de un tronco de algarrobo o de encina, pero subóptimamente lo puede hacer en muchos otros lugares, hasta en el desangelado interior de un bidón de plástico que ha podido contener cualquier sustancia poco amigable con la naturaleza.

En la página 64 WWF España nos ofrece una penosa pieza más para la confirmación del patrón emergente de los daños colaterales del desarrollo de nuestras infraestructuras sobre la fauna. Nada menos que 24 linces atropellados en una sola década en las carreteras del entorno de Doñana. ¿Una sociedad capaz de las proezas tecnológicas más sorprendentes es sin embargo incapaz de encontrar una solución efectiva para evitar el atropello continuado del felino más amenazado del planeta? Sin solucionar este aspecto parece lógico pensar que de poco servirá criar linces en cautividad, teniendo en cuenta la creciente fragmentación de nuestro territorio por la red de carreteras.

Finalmente, y volviendo a la enorme importancia de la conservación del espacio para la conservación de las especies, es muy de lamentar que no sólo fragmentemos el territorio sino que no haya tocado fondo aún el modelo trasnochado de destrucción de hábitats escasos, ejemplificado en este caso por el proyecto de campo de golf para el área de Son Bosch en Mallorca (ver página 60) y por el visto bueno para la urbanización de una relicta cala en la hermosa costa cartagenera (ver página 70). Nuestra tolerancia con este tipo de desmanes debería ser cero, a estas alturas del juego.

# EPÍLOGO

Creo en el viejo lema según el cual el que conoce ama y el que ama respeta. Es un lema bastante manido, pero no por ello falso. Desde luego el que ama respeta y, aunque se puede amar sin conocer, espero haber convencido al lector en este libro de que el conocimiento aporta una capa extra de belleza a la realidad, de manera que amar la biosfera se convierte en un acto absolutamente inevitable. Valdría para cualquier campo del saber. Aquí me he limitado a divulgar lo que las ciencias de la ecología y la evolución han ido aprendiendo en los últimos siglos, porque son las que conozco menos mal. Habrá intuido el lector que ambas ciencias están continuamente sujetas a escrutinio y a cambio. Esa es precisamente la grandeza de la ciencia. Crea paradigmas abiertos a la discusión y a la modificación. De todos modos los grandes cambios no se dan fácilmente. La ciencia, como la naturaleza, se siente cómoda en los equilibrios que acaba creando o encontrando y no los abandona con facilidad. Hacen falta fuertes perturbaciones o perturbaciones sinérgicas para que se dé un salto de régimen, tanto en la naturaleza como en la ciencia. Normalmente hay cierta tendencia a pensar que lo abandonado es inferior y erróneo. Esta es una visión que Stephen Jay Gould se empeñó en desterrar y que yo comparto totalmente. El conocimiento se construye subiéndose a hombros de gigantes, los hombros de nuestros predecesores. No salen de la nada. Y muchas veces la teoría superada tiene su parte de razón, bajo determinadas circunstancias. Einstein mejoró a Newton, pero no lo barrió del mapa. Darwin propuso una idea alternativa a la de Lamarck, pero sin intención de anular su línea de pensamiento. Y el tiempo está demostrando que Darwin no se equivocaba al dejar la puerta abierta a diversos mecanismos de cambio en las poblaciones. La complejidad de la naturaleza es tal que hay hueco para la evolución a la darwiniana, a la lamarckiana, para la reutilización de genes y estructuras y para mucho más. No me cansaré de insistir en que la complejidad que vemos en la biosfera radica sobre todo en la enorme profundidad del tiempo geológico, que tanto le cuesta integrar a un primate "sabio" que, con mucha suerte, vive algo más de cien años. Podemos repetir en voz alta los nombres de las eras geológicas, pero difícilmente podemos imaginar qué significan 200 millones de años y no digo ya 3.000. Pero la aventura de la vida viene desde ese horizonte lejano y conviene no olvidarlo.

Eso me lleva a rematar este epílogo hablando de la tercera pata de este libro. La conservación, los avances de la joven ciencia de la biología de la conservación. La vida tiene raíces profundas y la conservación es la ciencia que intenta garantizar que esas raíces persistan en el futuro. Si la evolución se encarga de analizar el alfa y el omega, la originación y la extinción, la biología o ecología de la conservación se encarga de las claves para la persistencia de las formas vivas, en sus distintos grados de organización: genes, individuos, poblaciones, metapoblaciones, comunidades, metacomunidades y ecosistemas. Vivimos en una época de grandes desafíos en este sentido. Y no me refiero al siglo XXI exclusivamente sino a todo lo que llevamos andado desde el Neolítico. Diez mil años de intensa alteración de los sistemas naturales, de domesticación de formas salvajes de animales y plantas y de nuestra propia domesticación. La resistencia de los sistemas naturales al cambio es grande y la de recuperación o resiliencia tras las perturbaciones no menos importante. Pero estos han evolucionado bajo condiciones distintas a las que nuestra especie ahora impone. La vegetación mediterránea se recupera fácilmente del fuego, pero no si el fuego se repite cada 10 años, por ejemplo. La fauna puede amortiguar o tamponar impactos sobre la supervivencia de los individuos mediante dispersión desde poblaciones fuente, reduciendo la edad a la primera reproducción o aumentando el esfuerzo reproductor, pero hasta cierto punto claro. Unos pocos gatos introducidos en una isla llena de aves reproductoras sin mecanismos antipredatorios es una catástrofe garantizada. También es cierto que la gestión conservacionista no es tarea sencilla por la facilidad con la que se pueden dar efectos inesperados. En el caso de los gatos y las islas, nos pueden crecer las poblaciones de roedores a niveles también preocupantes para esas aves de las que hablábamos, si eliminamos los gatos. Por tanto, debemos insistir en la necesidad de tomar decisiones de manejo en base a criterios aportados desde la ecología y la evolución, evitando caer en dogmas, tanto por parte de los gestores como de los científicos de la conservación. Hemos de proceder con cautela, previendo siempre que "el tiro nos puede salir por la culata", pero con flexibilidad de pensamiento a la vez. Las especies introducidas no son siempre perjudiciales para mantener la homeostasis de un sistema. Todo depende. Y en algunos casos pueden realizar sustituciones funcionales que mantengan activos procesos ecológicos como la polinización o la dispersión de frutos, antes extirpados. Tratamos con la complejidad de la naturaleza y no es tarea fácil tomar decisiones a la hora de intervenir. Igual que no es sencilla la tarea de desentrañar los secretos de la naturaleza. El tránsito hecho por la humanidad desde el *mythos* al *logos* es de lo más meritorio. En especial la identificación de la evolución como hilo conductor de la vida en este mundo de gérmenes. Quizás la postura más adecuada sea una de humildad y prudencia ante nuestros actos. ¡Larga vida a la biosfera!

# BIBLIOGRAFÍA

**INTRODUCCIÓN: (-La poesía del conocimiento-).**

(1) **Schubin, N. 2008.** *Your inner fish: a journey into the 3.5-billion year history of the human body.* Pantheon books, New York.
(2) **Matthiessen, P. 1978.** *El leopardo de las nieves.* Penguin books.

Capítulo 1.

(1) **Martínez-Abraín, A. 2007.** *Are there any differences? A non-sensical question in ecology.* Acta Oecológica, 32: 203-206.
(2) **Martínez-Abraín, A. 2008.** *Statistical significance and biological relevance: A call for a more cautious interpretation of results in ecology.* Acta Oecológica, 34: 9-11.

Capítulo 2.

(1) **Gilroy, J.J. y Sutherland, W.J. 2007.** *Beyond ecological traps: perceptual errors and undervalued resources.* Trends in Ecology and Evolution, 22: 351-356.
(2) **Martínez-Abraín, A. y otros autores. 2007.** *Hunting sites as ecological traps for coots in southern Europe: implications for the conservation of a threatened species.* Endangered Species Research, 3:69-76.

Capítulo 3.

(1) **Kerley, G.I.H., Kowalczyk, R., Cromsigt y P.G.M. 2011.** *Conservation implications of the refugee species concept and the European bison: king of the forest or refugee in a marginal habitat?* Ecography, 35: 519-529.
(2) **González, L.M. y M'Barek y H.O. 2004.** *Un recorrido por la historia natural del Guerguerat y la península de Cabo Blanco.* Dirección General para la Biodiversidad. Ministerio de Medio Ambiente. Madrid.
(3) **Sergio, F. y otros autores 2004.** *The importance of interspecific interactions for breeding-site selection: peregrine falcons seek proximity to raven nests.* Ecography, 27: 818-826.
(4) **Brambilla, M.; Rubolini, D. y Guidali, F. 2004.** *Rock climbing and raven (Corvus corax) occurrence depress breeding success of cliff-nesting peregrines (Falco peregrinus).* Ardeola, 51: 425-430.

Capítulo 4.

(1) **Oro, D. y otros autores. 2005.** *Estimating predation on breeding European storm-petrels by yellow-legged gulls.* Journal of Zoology, 265:421-429.
(2) **Tavecchia, G. y otros autores. 2008.** *Living close, doing differently: small-scale asynchrony in demographic parameters in two species of seabirds.* Ecology, 89: 77-85.
(3) **Jefferies, D.J. 1989.** *Otters crossing watersheds.* Journal of the Otters Trust, 2: 17-19.
(4) **Ruiz-García, M. y otros autores. 2007.** *Genética de poblaciones amazónicas: la historia evolutiva del jaguar, ocelote, delfín rosado, mono lanudo y Piura, reconstruida a partir de sus genes.* Animal Biodiversity and Conservation, 30: 115-130.

Capítulo 5.

(1) **Saether, B.E. y otros autores. 1996.** *Life history variation, population processes and priorities in species conservation: towards a reunion of research paradigms.* Oikos, 77: 217-226.
(2) **Pilastro, A., Tavecchia, G. y Marin, G. 2003.** *Long living and reproduction skipping in the fat dormouse.* Ecology, 84: 1.784-1.792.

(3) Sanz-Aguilar, A. y otros autores. 2009. *Evidence-based culling of a facultative predator: efficacy and efficiency components.* Biological Conservation, 142: 424-431.

**Capítulo 8.**

(1) Urios, G. y Martínez-Abraín, A. 2006. *The study of nest-site preferences in Eleonora's falcon Falco eleonorae through digital terrain models on a western Mediterranean islands.* Journal of Ornithology, 147: 13-23.

**Capítulo 9.**

(1) Martínez-Abraín, A. 2010. *Flexibilidad.* Quercus, 288: 6-7.
(2) Zamora, R. 2000. *Functional equivalence in plant-animal interactions: ecological and evolutionary consequences.* Oikos, 88: 442-447.
(3) Bucher, E.H. y Bocco, P.J. 2009. *Reassessing the importance of granivorous pigeons as massive, long-distance seed dispersers.* Ecology, 90: 2.321-2.327.
(4) Bernis, F. 1973. *Guión de la avifauna balear.* Ardeola, 2: 25-27.
(5) Alcover, J.A. 1988. *Els mamífers de les Balears.* Moll. Palma de Mallorca.
(6) www.chrismaer.com/redundancy.htm
(7) Fonseca, C.R. y Ganade, G. 2001. *Species functional redundancy, random extinctions and stability of ecosystems.* Journal of Ecology, 89: 118-125.
(8) Herrera, C.M. 2007. *Contaminación, despilfarro y futuro.* Quercus, 255: 6-7.

**Capítulo 10.**

(1) Del Hoyo, J. y otros autores. 1992. *Handbook of the birds of the World.* Vol, 1. Lynx Edicions. Barcelona.
(2) Götmark, F. 1987. *White underparts in gulls function as hunting camouflage.* Animal Behaviour, 35: 1786-1792.
(3) Senar, J. 2004. *Mucho más que plumas.* Monografies del Museu de Ciències Naturals, 2. Ayuntamiento de Barcelona. Barcelona.
(4) Fredericksen, M. y otros autores. 2008. *The demographic impact of extreme events: stochastic weather drives survival and population dynamics in a long-lived bird.* Journal of Animal Ecology, 77: 1.020-1.029.

**Capítulo 12.**

(1) Bryson, B. 2004. *Una breve historia de casi todo.* RBA Editores. Barcelona.

**Capítulo 13.**

(1) Stewart, G.B. y otros autores. 2008. *Are marine protected areas effective tools for sustainable fisheries management? I: Biodiversity impact of marine reserves in temperate zones.* Systematic Review, 23. Disponible en:
http://www.environmentalevidence.org/Documents/Summary/Summary-SR23.pdf
(2) Caut, S. y otros autores. 2007. *Rats dying for mice: modelling the competitor release effect.* Austral Ecology, 32: 858-868.
(3) Le Corre, M. 2008. *Cats, rats and seabirds.* Nature, 451: 134-135.
(4) Cuthbert, R. y Hilton, G. 2004. *Introduced house mice Mus musculus: a significant predator of threatened and endemic birds on Cough Island, South Atlantic Ocean?* Biological Conservation, 117: 483-489.
(5) Donlan, J. y otros autores. 2006. *Pleistocene rewilding: an optimistic agenda for twenty-first century conservation.* The American Naturalist, 168: 660-681.

(6) Palmer, T.M. y otros autores. 2008. *Breakdown of an ant-plant mutualism follows the loss of large herbivores from an African savanna.* Science, 319: 192-195.
(7) Pugnaire, F.I., Armas, C. y Tirado, R. 2002. *Interacciones entre plantas de alta montaña.* Quercus, 200: 28-32.
(8) Herrera, C.M. 2007. *Cada problema complejo tiene siempre una solución sencilla, que generalmente es errónea.* Quercus, 251: 10-11.
(9) Ellison, A.M. 1996. *An introduction to Bayesian inference for ecological research and environmental decision-making.* Ecological Applications, 6: 1.036-1.046.
(10) Carrete, M. y otros autores. 2006. *Linking ecology, behaviour and conservation: does habitat saturation change the mating system of bearded vultures?* Biology Letters, 2: 624-627.
(11) Oro, D. y otros autores. 2013. *Ecological and evolutionary implications of food subsides from humans.* Ecology.

Capítulo 14.

(1) MacArthur, R. y Wilson, E.O. 1963. *An equilibrium theory of island zoogeography.* Evolution, 17: 373-387.
(2) Emerson, C.B. y Kolm, N. 2005. *Species diversity can drive speciation.* Nature, 438: E1-E2.
(3) Ricklefs, R.E. 2004. *A comprehensive framework for global patterns in biodiversity.* Ecology Letters, 7: 1-15.
(4) Hubell, S.P. 2001. *The unified neutral theory of biodiversity and biogeography.* Princeton University Press. Princeton.
(5) Janzen, D. 1985. *On ecological fitting.* Oikos, 45: 308-310.
(6) Ricklefs, R.E. y Bermingham, E. 2001. *Non-equilibrium diversity dynamics of the lesser Antillean avifauna.* Science, 294: 1.522-1.524.
(7) Carrión, J.S. y Fernández, S. 2009. *Taxonomic depletions and ecological disruption of the Iberian flora over 65 million years.* Journal of Biogeography, 36: 2.023-2.024.

Capítulo 15.

(1) Calviño-Cancela, M. 2011. *Gulls (Laridae) as frugivores and seed dispersers.* Plant Ecology, 212: 1.149-1.157.
(2) Nogales, M. y otros autores. 2001. *Ecological and biogeographical implications of yellow-legged gulls (Larus cachinnans Pallas) as seed dispersers of Rubia fruticosa Ait. (Rubiacea) in the Canary Islands.* Journal of Biogeography, 28: 1.137-1.145.
(3) Padrón, B. y otros autores. 2011. *Integration of invasive Opuntia spp. by native and alien seed dispersers in the Mediterranean area and the Canary Islands.* Biological Invasions, 13: 831-844.
(4) Traveset, A. y otros autores. 2012. *Long-term demographic consequences of a seed dispersal disruption.* Proceedings of the Royal Society of London B, 279: 3298-3303.
(5) Rodríguez-Pérez, J. y Traveset, A. 2012. *Demographic consequences for a threatened plant after the loss of its only disperser. Habitat suitability buffers limited seed dispersal.* Oikos, 121: 835-847.

Capítulo 16.

(1) Tenorio, M.C., Morla, C. y Sainz-Ollero, H. (eds.). 2005. *Los bosques ibéricos: una interpretación geobotánica.* Planeta. Barcelona.
(2) Korpimäki, E. y otros autores. 2005. *Vole cycles and predation in temperate and boreal zones of Europe.* Journal of Animal Ecology, 74: 1.150-1.159.
(3) Fernández-Olalla, M. y otros autores. 2012. *Assessing different management scenarios to reverse the declining trend of a relict capercaillie population: a modelling approach within an adaptive management framework.* Biological Conservation, 148: 79-87.
(4) Verdú, M. y otros autores. 2010. *The phylogenetic structure of plant facilitation networks changes with competition.* Journal of Ecology, 98: 1.454-1.461.

(5) Godefroid, S. y otros autores. 2011. *How successful are plant species reintroductions?* Biological Conservation, 144: 672-682.

**Capítulo 18.**

(1) De Waal, F. 1997. *Bonobo. The forgotten ape.* University of California Press. Berkeley.
(2) Margullis, L. y Sagan, D. 2003. *Captando genomas.* Kairós. Barcelona.
(3) Herrera, C.M. 2010. *Novedades, flores y MacGyver.* Quercus, 293: 6-7.
(4) Shubin, N. 2008. *Your inner fish: a journey of the 3.5 billion year history of the human body.* Pantheon Books. New York.
(5) Herrera, C.M. 2011. *A vueltas con los vestigios: recuerdos que se heredan.* Quercus, 301: 6-8.
(6) Agustí, J. 2010. *El ajedrez de la vida.* Crítica. Barcelona.
(7) Gould, S.J. 1989. *La vida maravillosa.* Crítica. Barcelona

**Capítulo 21.**

(1) Gould, S.J. y Lewotin, R.C. 1979. *The spandrels of San Marco and the panglossian paradigm: a critique of the adaptationist program.* Proceedings of the Royal Society of London B, 205: 581-598.
(2) Herrera, C.M. 2011. *A vueltas con los vestigios: recuerdos que se heredan.* Quercus, 301: 6-8.

**Capítulo 24.**

(1) Gould, S.J. 1977. *Ontogenia y filogenia.* Editorial Crítica. Barcelona.
(2) Huxley, J. y De Beer, G.R. 1934. *The elements of experimental embryology.* Cambridge University Press. Cambridge (UK).
(3) Gribbin, J. y Cherfas, J. 1982. *The monkey puzzle.* The Bodley Head. London.
(4) Huxley, A. 1987. *Viejo muere el cisne.* Seix Barral. Barcelona.

**Capítulo 25.**

(1) Laneri, K. y otros autores. 2010. *Trawling regime influences longline seabird bycatch in the Mediterranean: new insights from a small-scale fishery.* Marine Ecology Progress Series, 420: 241-252 .
(2) García-Barcelona, S y otros autores. 2010. *Modelling abundance and distribution of seabird by-catch in the Spanish Mediterranean longline fishery.* Ardeola, 57 (Especial): 65-78.
(3) Mateos, R.M. y otros autores. 2010. *La avalancha de rocas de Son Cocó (Alaró, Mallorca). Descripción y análisis del movimiento.* Boletín Geológico y Minero, 121: 153-168.
(4) Martínez-Abraín, A. y Oro, D. 2006. *Pequeñas poblaciones, grandes problemas.* Quercus, 245: 36-39.

**Capítulo 26.**

(1) Diamond, J. 1999. *¿Por qué es divertido el sexo? La evolución de la sexualidad humana.* Random House Mondadori. Barcelona.

**Capítulo 27.**

(1) Mosterín, J. 2011. *La naturaleza humana.* Espasa Libros S.L. Barcelona.
(2) Morris, D. 2003. *El mono desnudo.* Ciencia de Bolsillo. Barcelona.

**Capítulo 30.**

(1) Reznick, D. y Ricklefs, R.E. 2009. *Darwin's bridge between microevolution and macroevolution.* Nature, 457: 837-842.
(2) Ricklefs, R.E. y Bermingham, E. 2002. *The concept of the taxon cycle in biogeography.* Global Ecology and Biogeography, 11: 353-361.

(3) **Agustí, J. 2010.** *El ajedrez de la vida: una reflexión sobre la idea de progreso en evolución.* Editorial Crítica. Barcelona.

## Capítulo 31.

(1) **Margalef, R. 1997.** *Our biosphere.* En *Excellence in Ecology*, 10. O. Kinne (ed.). Ecology Institute. Germany.
(2) **Janzen, D. 1977.** *Why fruits rot, seeds mold, and meat spoils.* The American Naturalist, 111: 691-713.

## Capítulo 32.

(1) http://www.avesfosiles.com/OtraDoc/Yacimientos.html
(2) **Mosterín, J. 2006.** *La naturaleza humana.* Austral.
(3) **Herrera, C.M. 1995.** *Plant-vertebrate seed dispersal systems in the Mediterranean: ecological, evolutionary and historical determinants.* Annual Reviews of Ecology and Systematics, 265: 705-727
(4) **Herrera, C.M. 1988.** *Habitat-shaping, host plant use by a hemiparasitic shrub, and the importance of gut fellows.* Oikos, 51: 383-386.
(5) **Janzen, D. 1985.** *On ecological fitting.* Oikos, 45: 308-310.

## Capítulo 34.

(1) **Mosterín, J. 2008.** *La naturaleza humana.* Austral.
(2) **Punset, E. 2004.** *Cara a cara con la vida, la mente y el universo.* Editorial Destino.
(3) **Lane, N. 2008.** *Los diez grandes inventos de la evolución.* Ariel.
(4) **Arsuaga, J.L. 2002.** *Los aborígenes: la alimentación en la evolución humana.* RBA libros
(5) **Bauch, C. y otros autores. 2012.** *Telomere length reflects phenotypic quality and costs of reproduction in a long-lived seabird.* Proceedings of the Royal society of London B, 276: 3157-3165.

## Capítulo 35.

(1) **Wilson, E. O. 2004.** *On human nature.* Harvard University Press, Cambridge, Massachusetts.
(2) **Wilson, E.O. 2000.** *Sociobiology: the new synthesis.* Harvard University Press, Cambridge, Massachusetts.
(3) **Mosterín, J. 2006.** *La naturaleza humana.* Espasa-Calpe.
(4)**Wilson, E.O. 1984.** *Biophilia: the human bond with other species.* Harvard University Press, Cambridge, Massachusetts.

## Capítulo 36.

(1) **Gould, S.J. 2003.** *Acabo de llegar.* Editorial Crítica. Barcelona.
(2) **Barash, D.P. 1973.** *The ecologist as zen master.* The American Midland Naturalist, 89: 214-217.
(3) **Allendorf, F.W. 1997.** *The conservation biologist as a zen student.* Conservation Biology, 11: 1045-1046.

## Capítulo 37.

(1) **Boyd, R. 2008.** *Does an evolutionary perspective help understand environmental degradation?* Trends in Ecology and Evolution, 24: 71-72.
(2) **Arrieta, J.M., Arnaud-Haond, S. y Duarte, C.M. 2010.** *What lies undeerneath: Conserving the oceans' genetic resources.* Proceedings of the National Academy of Sciences, 107: 1838-18324.

## Capítulo 38.

(1) **Blondel, J. 2007.** *On humans and wildlife in Mediterranean islands.* Journal of Biogeography. Disponible en DOI: 10.1111/j.1365-2699.2007.01819.x.
(2) **Valverde, J.A. 2004.** *Memorias de un biólogo heterodoxo, 3: Sahara, Guinea y Marruecos.* Quercus, V&V. Madrid.
(3) **Flannery, T. 2002.** *The eternal frontier: an ecological history of North America and its peoples.* Grove/Atlantic, Inc. Melbourne (Australia).
(4) **Burney, D.A. y Flannery, T.F. 2005.** *Fifty millennia of catastrophic extinctions after human contact.* Trends in Ecology and Evolution, 20: 395-401.
(5) **González, L.M. y M'Barek, H.O. 2004.** *Un recorrido por la historia natural del Guerguerat y la península de Cabo Blanco.* Ministerio de Medio Ambiente. Madrid.
(6) **Harris, M. 1987.** *Caníbales y reyes.* Alianza Editorial. Madrid.
(7) **Diamond, J. 2006.** *Colapso: por qué unas sociedades perduran y otras desaparecen.* Debate. Madrid.
(8) **Zhang, D.D. y otros autores. 2007.** *Global climate change, war, and population decline in recent human history.* Proceedings of the National Academy of Sciences, 104: 19.214-19.219.

## Capítulo 39.

(1) **Blumstein, D.T. 2006.** *Developing an evolutionary ecology of fear: how life history and natural history traits affect disturbance tolerance in birds.* Animal Behaviour, 71: 389-399.
(2) **Ellemberg, U. y otros autores. 2006.** *Physiological and reproductive consequences of human disturbance in Humboldt penguins: The need for species-specific visitor management.* Biological Conservation, 133: 95-106.
(3) **Beale, C.M. y Monaghan, P. 2004.** *Human disturbance: people as predation-free predators?* Journal of Applied Ecology, 41: 335-343.
(4) **Gill, J.A., Norris, K. y Sutherland, W.J. 2001.** *Why behavioural responses may not reflect the population consequences of human disturbance.* Biological Conservation, 97: 265-268.

## Capítulo 41.

(1) **Gould, S.J. 1998.** *An evolutionary perspective on strengths, fallacies, and confusions in the concept of native plants.* Arnoldia, 58: 3-10.
(2) **Donlan, C.J. y Martin, P.S. 2003.** *Role of ecological history in invasive species management and conservation.* Conservation Biology, 18: 267-269.

## Capítulo 42.

(1) **Luque, E., Dobado, P. y Arenas, R. 2010.** *Reproducciones atípicas del buitre negro en Andalucía.* Quercus, 291: 48-49.
(2) **Carrete, M. y otros autores. 2006.** *Linking ecology, behaviour and conservation: does habitat saturation change the mating system of bearded cultures?* Biology Letters, 2: 624-627.

## Capítulo 43.

(1) **Connell, J.H. 1978.** *Diversity in tropical rain forests and coral reefs.* Science, 199: 1302-1310.
(2) **Menges, E.S. 1990.** *Population viability analysis of an endangered plant.* Conservation Biology, 4: 52-62.
(3) **Martínez-Abraín, A. y otros autores. 2011.** *The effects of wind farms and food scarcity on a large scavenging bird species after the Bovine spongiform encephalopaty epidemic.* Journal of Applied Ecology, 49: 109-117.
(4) **Mayol, J. 2008.** *Qué punyetes es aixó de la biodiversitat?* Documenta Balear.

## Capítulo 44.

(1) **Saraux, C. y otros autores.** 2011. *Reliability of flipper-banded penguins as indicators of climate change.* Nature, 469: 203-206.
(2) **Igual, J.M. y otros autores.** 2005. *Short-term effects of data-loggers on Cory's Shearwater.* Marine Biology, 146: 619-624.
(3) **Arsuaga, J.L.** 2004. *Los aborígenes: la alimentación en la evolución humana.* RBA Editores. Barcelona.
(4) **Peniche, G. y otros autores** 2011. *Long-term health effects of harness-mounted radio transmitters in red kites (Milvus milvus) in England.* Veterinary Record (en prensa).

## Capítulo 45.

(1) **McArthur, R. y Wilson, E.O.** 1967. *The theory of island biogeography.* Princeton University Press, Princeton.
(2) **Losos, J.B. y Ricklefs, R.E.** 2010. *The theory of island biogeography revisited.* Princeton University Press.
(3) **Pons, G.X. y Palmer, M.** 1996. *Fauna endèmica de les illes Balears.* Institut d'Estudis Baleàrics, Conselleria d'Obres Públiques, Ordenació del Territori i Medi Ambient i Societat d'Historia Natural de les Balears. Palma de Mallorca.

## Capítulo 46.

(1) **Calvete, C. y otros autores.** 2012. *Detectada una nueva cepa viral de la enfermedad hemorrágica del conejo.* Quercus, 322: 30-35.
(2) **Kahumbu, P.** 2012. *Banned in America killing in Kenya. The history of a poison.* Swara, Oct-Dic 2012: 30.
(3) **Kendall, C.** 2012. *Poison empties skies that once were full.* Swara, Oct-Dec 2012: 24-29.

## Capítulo 47.

(1) **Ameztegui, A. y otros autores.** 2010. *Land-use changes as major drivers of mountain pine (Pinus uncinata Ram.) expansion in the Pyrenees.* Global Ecology and Biogeography, 19: 632-641.
(2) **Stefanescu, C. y otros autores.** 2005. *Butterflies highlight the conservation value of hay meadows highly threatened by land-use changes in a protected Mediterranean area.* Biological Conservation, 126: 234-246.
(3) **Fernández-Olalla, M. y otros autores.** 2012. *Assessing different management scenarios to reverse the declining trend of a relict capercaillie population: a modelling approach within an adaptive management framework.* Biological Conservation, 148: 79-87.
(4) **Bover, P. y Alcover, J.A.** 2003. *Understanding Late Quaternary extinctions: the case of Myotragus balearicus (Bate, 1909).* Journal of Biogeography, 30: 771-781.
(5) **Alcover, J.A.** 2008. *The first Mallorcans: prehistoric colonization in the western Mediterranean.* Journal of World Prehistory, 21: 19-84.

## Capítulo 48.

(1) **Diamond, J.** 2006. *Colapso: por qué unas sociedades perduran y otras desaparecen.* Debate. Barcelona.
(2) **Flannery, T.** 2011. *Aquí en la Tierra.* Taurus. Madrid.

# AGRADECIMIENTOS

**Cap. 4**. A Juan Jiménez por ofrecerme el ejemplo de las nutrias.

**Cap. 6**. A Daniel Oro por sus sugerencias sobre el comportamiento de la gaviota de Audouin a la hora de seleccionar el lugar de cría.

**Cap. 9**. A Carlos M. Herrera, por nuestras conversaciones en torno al desperdicio ecológico en su primera y memorable visita a la isla de Mallorca en febrero de 2011.

**Cap. 10**. A José Manuel Igual, por nuestras hermosas conversaciones de sobremesa sobre el color de las aves y sobre muchos otros temas apasionantes de la historia natural. A Alberto Velando y Joan Carles Senar, por revisar sendos borradores del artículo.

**Cap. 11**. A Daniel Oro, por su sugerencia sobre la posible labor de selección que ejerce la alimentación suplementaria de las gaviotas; a Mario Díaz, por confirmarme que los ratones son esencialmente rutinarios; y a Pablo Sierra, por ayudarme con la foto lobera.

**Cap. 15**. A Daniel Oro, por revisar un borrador del artículo y por su sentido crítico hacia los clichés de buenas y malas que solemos adjudicar a las especies silvestres. A Anna Traveset, por proporcionarme abundante bibliografía sobre sus estudios con el olivillo. A José Manuel Igual, por sus quirúrgicos comentarios.

**Cap. 16**. A Daniel Oro y Mariana Fernández Olalla leyeron sendos borradores del trabajo y aportaron sus valiosos puntos de vista. En cualquier caso, el artículo solamente expresa la opinión del autor.

**Cap. 18**. A José Manuel Igual y Carlos Herrera por sus comentarios alentadores y constructivos. A Arantxa López e Inmaculada Meseguer por su revisión del texto y por proporcionarme las preciosas fotos de microorganismos.

**Cap.20**. A mis compañeros del Grupo de Ecología de Poblaciones del Imedea y a Carlos Herrera por sus comentarios críticos.

**Cap.23**. A José Manuel Igual, por sus constructivos y acertados consejos.

**Cap. 24**. A Carlos M. Herrera, por sus atinados comentarios.

**Cap. 25**. A Carlos Herrera por sus comentarios, siempre tan acertados.

**Cap. 30**. A Carlos Herrera, por sus constructivos comentarios.

**Cap. 32**- A Juan Antonio Gómez que me pasó el link de una página web fenomenal sobre aves fósiles ibéricas.

**Cap. 43**. A Juan Jiménez, de la Conselleria de Medi Ambient de la Generalitat Valenciana, de quien tantas cosas he aprendido, por su detallado seguimiento de las poblaciones de buitres y aguiluchos cenizos en la provincia de Castellón y de las consecuencias de las perturbaciones humanas sobre ellas.

**Cap. 44**. A José Manuel Igual y Juan Jiménez, por sus comentarios a un borrador de este trabajo.

**Cap. 45**. A Damià Jaume por hacerme ver que las estimas actuales del posible número de especies que alberga el planeta tienen tanta incertidumbre que son realmente inservibles. A Llorenç Sáez y Anna Traveset por revisar y mejorar borradores del texto.

**Cap. 46.** A Sergi Pérez por su enorme hospitalidad y generosidad en mi visita a Kenia en noviembre de 2012 y a Juan Antonio Gómez, por sus comentarios sobre el papel de las ONG en el declive de los leones.

**Cap. 47.** A Llorenç Sáez y Xavi Rotlán, por la información sobre el porcentaje de endemismos en la flora mallorquina. A Josep Antoni Alcover, que revisó un borrador del escrito.

**Cap. 48.** A José Manuel Igual, por sus buenos consejos y sus ánimos.

**A todos los amigos que me han dejado una foto desinteresadamente.** Fermín Muñoz Ochotea, Gavin Stewart, Ana Sanz, Antonio Cortizo, Beatriz Vigalondo, Ángel J. España, Eduardo Infantes, Isabel Donoso, Clara García-Ripollés, Héctor Ruiz, Daniel Oro, Inmaculada Meseguer, J.L. Tella, Francisca Guzmán, Albert Bertolero, Waleska Vázquez, Vicente Sancho, Antoni Amengual, Rosa María Mateos, Antonio Guillén, José Santamaría / Ullades naturals, Conxa Martínez, Fermín Muñoz, José Manuel Igual, Covadonga Viedma, Pere Bover, X. Carlos Brito, Nacho Ruiz, Aggeliki Doxa, Albert Fernández, Llorenç Sáez, Alicia Montesinos, Conselleria de Medi Ambient de la Generalitat Valenciana, Centro de recuperación de fauna de El Saler y Jorge Crespo.

**A José Manuel Igual, Isabel Donoso y Francisco José Abraín** por su inestimable colaboración en la revisión de los textos.

El autor estuvo financiado como investigador postdoctoral mediante un contrato "Junta de Ampliación de Estudios" del CSIC y mediante un contrato del programa "Isidro Parga-Pondal" de la Xunta de Galicia durante la escritura de este libro y estuvo adscrito al Instituto Mediterráneo de Estudios Avanzados y la Universidade da Coruña en esos años (2008-2014).

# Índice de términos técnicos

Actinopterigios 145
Agrosilvopastoral 186, 224, 228
Almadraba 181
Alóctona 107, 198
Antipredatorio, mecanismo 240
Aquenio 136
Arquea 98, 99
Atavismo 153, 154
ATP 20
Azar 26, 68, 91, 95, 103, 114, 232
Bergmann, regla de 26
Biodiversidad 39, 73, 78, 81, 82, 101, 147, 152
Biosfera 14, 99, 101, 179, 239, 241
Branquiópodos 146
Calcoarenita 93
Cámbrico 82, 147
Carbofurano 220
Carga evolutiva 28, 143
Ciclo del taxón 150, 200
Cilio 18
Circadiano 119
Circunmediterráneo 51
Clorofila 70
Cloroplasto 18, 169
Clupeidos 162
Colonialidad 46
Competencia intraespecífica 79
Comunes, tragedia de los 180
Conespecífica 44
Contaminación lumínica 37
Convergencia adaptativa 162
Co-opción 99, 113
Cretácico 92, 182
Cuello de botella 38
Descartes 23, 68, 77, 185, 230
Devónico 146, 182
Diversidad 35, 50, 81, 116, 182, 199, 204, 205
Ecological engineering 83
Ecological fitting 159
Ectotermo 103
Efecto espantapájaros 213
Endemismo 51, 196, 215, 216, 217, 225, 226, 235
Endolítico 64
Endotermo 103
Energía 11, 20, 131, 137, 158, 166, 169, 228
Eoceno 82, 140, 148, 150, 151, 217, 218
Epigenética 100, 113
Equilibrio dinámico 79, 80, 81, 83, 152, 206
Especiación 82, 127, 150, 151, 152

Estadística 23, 24, 25, 78, 203, 211
Evapotranspiración 88
Exaptación 100, 116
Facilitación 76, 90, 94
Fecundidad 39, 40, 41, 75, 122, 168
Filogenia 63, 123, 145, 164
Fitness 137, 153, 169
Forestales 31, 33, 34, 42, 66, 68, 91, 121, 139
Furadano 219
Gap theory 78
Gen 17, 48, 103, 104, 157, 158, 164
Genética 17, 20, 26, 48, 82, 98, 99, 100, 101
Geolocalizadores 211
Gremio 58, 59
Habitat shaping 159
Hayflick, límite de 165
Hernia 17, 140
Herbivoría 90, 226
Heterocronía 126, 139
Heterogeneidad 26, 37, 39, 216
Hibernación 45
Hipo 17, 140,
Homología 161, 164
Holoceno 28, 29, 76, 93, 186, 187
Heteroespecífica 43
Iberomagrebí 51
Investigador, efecto 210
Iterópara 36
Kin selection 153, 155
Linaje 48, 50, 72, 114, 123, 130, 137, 143, 144, 151
Macroevolución 80, 98, 129, 130
Macrófito 89, 194
Megafauna 50, 76, 119, 121, 142, 148, 183, 184
Mesiniense 72
Mesolitoral 74
Mesozoico 49, 102, 114, 121, 145, 162, 163
Metacomunidades 240
Metano 218
Metapoblaciones 240
Microevolución 100, 116, 126, 130
Mitocondria 18, 166, 167, 168, 169
Muestra 24, 25, 211, 217
Multituberculados, mamíferos 151
Mutación 98, 103, 113
Mutualismo 53, 86, 97
Neocórtex 20, 73, 97, 171, 173
Neodarwiniano 98
Neotenia (neoténico) 111, 124, 125, 126, 139
Nevero 29, 30

Nicho ecológico 163, 199
Nitrófilo 206
Oligoceno 115, 162
Ontogenia 123, 124
Ornitisquios 162
Palangre 127, 128, 234
Paleártico, occidental 229
Pequeña edad de hielo 29, 30
Pérmico 182
Pirofítica 205, 209
Placentados, mamíferos 151
Plásmido 99
Plasticidad 52, 56, 57, 59, 82, 142, 232
Pleiotropía 103
Plioceno 49, 141
Plumbismo 228
Poligenia 104
Poliploidía 127
Procariota 18, 99
Propágulo 34, 198
Protista 86, 98, 148, 154
Radiación 20, 51, 63, 138, 152, 161, 168, 174, 195
Radiotransmisores 213
Redes tróficas 38
Redundancia 57, 58, 59, 87
Rupícola 226, 227

Relicto 47, 48, 49, 50, 51, 64, 85, 88, 147, 150
Resiliencia 59, 79, 199, 240
Respuesta funcional 79
Respuesta numérica 79
Sarcopterigios 145
Saurisquios 162
Selección natural 33, 40, 45, 62, 71, 97, 102
Selección sexual 63, 121, 212
Semílpara 36
Senescencia 42, 165, 167, 168
Sumidero 27
Supervivencia 13, 27, 30, 37, 40, 41, 42, 45, 47
Tamponamiento 79
Tapetum lucidum 137, 138
Telómero 168
Termodinámica 131
Trampa ecológica 27, 28
Transposones 99
Triásico 146, 182
Vicarianza 116, 151
Würm, glaciación del 141